高性能8位单片机
程序设计与实践

余小清 万旺根 邓继军 王亚男 编著

上海大学出版社

·上海·

内 容 摘 要

高性能 8 位 EM78 系列单片机已被广泛应用在家用电器、工业控制、仪器仪表等领域,其优良的结构、性能以及性价比为广大用户所认同。本书的定位是以 EM78F6xx 这款高性能芯片为例,帮助读者快速掌握义隆系列单片机,成长为专业的单片机系统开发人员。在学习本书之前,要求读者具有一定的 C 语言基础。

本书从单片机基础知识点开始讲起,通过单片机应用程序范例讲解编程和开发,训练开发思路及系统设计,内容图文并茂,实例丰富,内容循序渐进,具有很强的实用性。

本书可以作为单片机开发设计者的参考用书,也可为相关高校的师生在单片机系统教学实验、课程设计、毕业设计及电子设计竞赛等许多方面提供参考。

图书在版编目(CIP)数据

高性能 8 位单片机程序设计与实践 / 余小清等编著.
—上海:上海大学出版社,2012.6
ISBN 978-7-5671-0163-0

Ⅰ. ① 高… Ⅱ. ① 余… Ⅲ. ① 单片微型计算机-程序设计 Ⅳ. ① TP368.1

中国版本图书馆 CIP 数据核字(2012)第 082514 号

责任编辑 王悦生
封面设计 柯国富

高性能 8 位单片机程序设计与实践
余小清 万旺根 邓继军 王亚男 编著
上海大学出版社出版发行
(上海市上大路 99 号 邮政编码 200444)
(http://www.shangdapress.com 发行热线 021-66135112)
出版人:郭纯生
*
南京展望文化发展有限公司照排
上海华教印务有限公司印刷 各地新华书店经销
开本 787×1092 1/16 印张 24.5 字数 581 千
2012 年 6 月第 1 版 2012 年 6 月第 1 次印刷
ISBN 978-7-5671-0163-0/TP·055 定价:58.00 元

前 言
Foreword

由于单片机具有体积小、功耗低、功能强、可靠性高、实时性强、简单易学、使用方便灵巧、易于维护和操作、性能价格比高、可实现网络通信等特点，因而在自动化装置、智能仪表、家用电器，乃至数据采集、工业控制、计算机通信、汽车电子、机器人等领域得到了广泛的应用。本书以义隆 EM78F6xx 单片机为例，从单片机基础知识开始介绍，通过单片机应用程序范例讲解使用知识、开发思路以及系统设计方法，具有很强的实用性。

本书作者结合实践经验，分八章对义隆单片机进行详细介绍。第 1 章介绍了台湾义隆电子公司推出的 8 位 EM78F6xx 系列芯片体系结构，该系列单片机具有增强的 Flash-ROM 功能和高效的程序更新优势，用户可以通过义隆仿真器和烧写器方便地进行程序开发和代码烧录。第 2 章对汇编语言程序设计进行了详细介绍。第 3 章介绍 C 语言程序设计及 C 编译器；第 4 章介绍 C 语言控制硬件的相关编程。由于 C 语言功能强大，便于模块化开发，所带库函数非常丰富，编写的程序易于移植，诸多优点使之成为单片机应用系统开发最快速高效的程序设计语言，这两章重点介绍了 C 语言在单片机系统设计上的应用。第 5 章介绍了 eUIDE 软件使用，该软件是义隆电子公司为 8 位微控制器提供的集成开发环境（IDE），也是一款操作友好、功能强大、传输速率高且性能稳定的用户应用软件。第 6 章和第 7.章为基本应用实例和实际应用范例部分，在这两章中，分别综合了单片机内部资源和外部扩展硬件，给出了综合设计案例，通过对这些案例的分析、调试运行，可提高读者使用 C 语言设计单片机应用系统的能力。第 8 章详细介绍了义隆 UWTR 烧录器系统，在义隆 EM78 系列闪存芯片上的编程，以及在工业、商用级别的 OTP 芯片上的编程。

由于编著者水平有限，加之时间仓促，书中难免会有疏漏和不足之处，敬请广大读者不吝赐教。

编者

2012 年 3 月 30 日

目 录
Contents

第 1 章
EM78F6xx 芯片体系结构

台湾义隆电子公司推出的 8 位 EM78F6xx 系列(EM78F54x/F56x/F64x/F66x)单片机广泛应用在家用电器、工业控制、仪器等方面,其优良的单片机结构和性能被用户所认同。EM78F6xx 单片机是采用低功耗、高速 CMOS 工艺制造的抗干扰性强的 8 位单片机,可以提供 3 个保护位来确保闪存信息不被读出,有 13 个选择位可以完全满足用户使用需要。该系列单片机具有增强的 Flash-ROM 功能和高效的程序更新优势,用户可以通过义隆仿真器与烧写器方便地进行程序开发和代码烧录。本章如无特别说明,均以 EM78F664N 为例进行介绍。

1.1 EM78F6xx 单片机功能特点

1. 工作电压范围

(1) 在−40～85℃的工业级温度下工作电压范围为:2.5～5.5 V;

(2) 在 0～70℃的商用级温度下工作电压范围为:2.3～5.5 V。

2. 工作频率范围(基于 2 个时钟周期)

(1) 晶振模式:DC～16 MHz@5～5.5 V;DC～8 MHz@3～5.5 V;DC～4 MHz@2.3～5.5 V;

(2) ERC 模式:DC～16 MHz@5～5.5 V;DC～8 MHz@3～5.5 V;DC～4 MHz@2.3～5.5 V;

(3) IRC 模式:DC～16 MHz@5～5.5 V;DC～4 MHz@2.3～5.5 V。

3. I/O 端口结构

(1) 4 组双向 I/O 端口:P5,P6,P7 和 P8;

(2) 25 个 I/O 端口;

(3) 唤醒端口:P6;

(4) 高灌电流端口:P6;

(5) 14 个可编程下拉 I/O 引脚;

(6) 14 个可编程上拉 I/O 引脚;

(7) 8 个可编程漏极开路 I/O 引脚;

(8) 外部中断带有唤醒功能:P60。

4. 中断源

14 个中断源,其中 11 个内部中断源,3 个外部中断源。

5. A/D 转换

8 通道 A/D 转换,分辨率高达 10 位。

6. 一组比较器

补偿电压小于 10 mV。

7. 定时器/计数器

(1) 两个 8 位实时定时/计数器:TC1 定时/计数/捕捉,TC3 定时/计数/可编程分频器输出/脉宽调制模式;

(2) 16 位实时定时/计数器:TC2 定时/计数/窗口。

8. 收/发接口

(1) SPI 串行外围接口:3 线同步通信;

(2) UART 通用异步收/发接口。

9. 外围配置

(1) 8 位实时时钟/计数器(TCC)的信号源、触发沿可编程选择,溢出产生中断;

(2) 外部中断输入引脚;

(3) 每条指令 2/4/8/16 时钟周期由代码选项选择;

(4) 省电(休眠)模式;

(5) 高抗 EFT 安全性;

(6) 单指令周期。

10. 特别功能

(1) 可编程自由运行看门狗定时器;

(2) 上电复位门限电压(由高到低 2.0 V,由低到高 2.2 V):2.0~2.2 V。

11. 封装类型

10-pin MSOP 118 mil:

EM78F541NMS10J/S	EM78F561NMS10J/S
EM78F641NMS10J/S	EM78F661NMS10J/S

16-pin DIP 300 mil

EM78F541NAD16J/S	EM78F561NAD16J/S
EM78F641NAD16J/S	EM78F661NAD16J/S

16-pin SOP 150 mil

EM78F541NASO16AJ/S	EM78F561NASO16AJ/S
EM78F641NASO16AJ/S	EM78F661NASO16AJ/S

18-pin DIP 300 mil:

EM78F542ND18J/S　EM78F562ND18J/S　EM78F642ND18J/S　EM78F662ND18J/S

18-pin SOP 300 mil:

EM78F542NSO18J/S	EM78F562NSO18J/S
EM78F642NSO18J/S	EM78F662NSO18J/S

20-pin DIP 300 mil:

EM78F542ND20J/S　EM78F562ND20J/S　EM78F642ND20J/S　EM78F662ND20J/S

20-pin SOP 300 mil：

　　　　　　EM78F542NSO20J/S　EM78F562NSO20J/S

　　　　　　EM78F642NSO20J/S　EM78F662NSO20J/S

20-pin SSOP 209 mil：

　　　　　　EM78F542NSS20J/S　EM78F562NSS20J/S

　　　　　　EM78F642NSS20J/S　EM78F662NSS20J/S

24-pin skinny DIP 300 mil：

EM78F544NK24J/S　EM78F564NK24J/S　EM78F644NK24J/S　EM78F664NK24J/S

24-pin SOP 300 mil：

　　　　　　EM78F544NSO24J/S　EM78F564NSO24J/S

　　　　　　EM78F644NSO24J/S　EM78F664NSO24J/S

28-pin skinny DIP 300 mil：

　　　　　　EM78F544NK28J/S　EM78F564NK28J/S

　　　　　　EM78F644NK28J/S　EM78F664NK28J/S

　　　　　　EM78F548NK28J/S　EM78F568NK28J/S

　　　　　　EM78F648NK28J/S　EM78F668NK28J/S

28-pin SOP 300 mil：

　　　　　　EM78F544NSO28J/S　EM78F564NSO28J/S

　　　　　EM78F644NSO28J/S　　EM78F664NSO28J/S

　　　　　　EM78F548NSO28J/S　EM78F568NSO28J/S

　　　　　　EM78F648NSO28J/S　EM78F668NSO28J/S

40 pin DIP：

EM78F548ND40J/S　EM78F568ND40J/S　EM78F648ND40J/S　EM78F668ND40J/S

44 pin QFP：

EM78F548NQ44J/S　EM78F568NQ44J/S　EM78F648NQ44J/S　EM78F668NQ44J/S

以 EM78F664NS024J/S 为例，芯片的命名规则如图 1-1-1 所示。

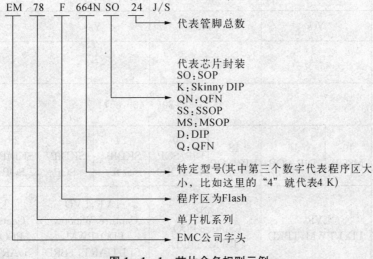

图 1-1-1　芯片命名规则示例

F54x、F56x、F64x 和 F66x 系列芯片功能比较如表 1-1-1 所示。

表 1-1-1　F54x、F56x、F64x 和 F66x 系列芯片功能比较

	F54x series（WinTM）Flash GPIO Type（Industrial Grade）								
Part No.	EM78F541N		EM78F542N		EM78F544N		EM78F548N		
Memory Type	Flash								
Operating Voltage (V)	2.2～5.5(2.4～5.5)				2.4～5.5(2.6～5.5)				
Oscillation Mode	IRC, ERC, HXT:, XT:, LXT1:, LXT2:								
PROM (Bit)	1 K		2 K		4 K		8 K×15		
SRAM (Byte)	48		80		144		304		
I/O (Pins)	8	14	16	18	21	25	26	38	40
Interrupt (Ex/In)	5(3/2)		7(3/4)		13(3/10)		18(4/14)		
Timer Modules	8×2		8×3, 16×1		8×3, 10×2, 16×1		8×3, 10×2, 16×1		
PWM (Bit×C)	8×1(TC3)		8×1(TC3)		8×1(TC3), 10×2		8×1(TC3), 10×2		
Compar. (OPamp)	1(0)		1(0)		1(0)		2(0)		
IRC	Yes		Yes		Yes		Yes		
EEPROM (Byte)	—		—		—		—		
Oper. Temp. (℃)	0～70(−40～85)								
Package Type	10 MSOP	16 DIP/SOP	18 DIP/SOP	20 DIP/SOP/SSOP	24 SKDIP/SOP	28 SKDIP/SOP	28 SKDIP/SOP	40 DIP	44 QFP
Remark	LVR, PDO/PWM,TBRD		LVR, Capture/PDO/ PWM, TBRD		LVR,LVD Capture/Window/ PDO/PWM, SPI/UART, TBRD		LVR,LVD Capture/Window/ PDO/PWM,SPI/ UART/12C, TBRD		

F56x series (WinTM) Flash ADC Type (Industrial Grade)									
Part No.	EM78F561N		EM78F562N			EM78F564N		EM78F568N	
Memory Type	Flash								
Operating Voltage (V)	2.2～5.5 (2.4～5.5)		2.2～5.5 (2.4～5.5)			2.3～5.5 (2.5～5.5)		2.4～5.5 (2.6～5.5)	
Oscillation Mode	IRC，ERC，HXT₁，LXT1₁，LXT2₁								
PROM (Bit)	1 K		2 K			4 K		8 K×15	
SRAM (Byte)	48		144			144		304	
I/O (Pins)	8	14	14	16	18	21	25	26	38	40
Interrupt (Ex/In)	6(3/3)		7(3/4)			14(3/11)		19(4/15)	
Timer Modules	8×2		8×2，16×1			8×3，10×2，16×1		8×3，10×2，16×1	
PWM (Bit×Ch)	8×1(TC3)		8×1(TC3)			8×1(TC3)，10×2		8×1(TC3)，10×2	
Compar. (OPamp)	1(0)		1(0)			1(0)		2(0)	
ADC (Bit×Ch)	10×6		10×8			10×8		12×8	
EEPROM (Byte)	—		—			—		—	
Oper. Temp. (℃)	0～70(—40～85)								
Package Type	10 MSOP	16 DIP/SOP	16 DIP/SOP	18 DIP/SOP	20 DIP/SOP	24 SKDIP/SOP	28 SKDIP/SOP 32QFN	28 SKDIP/SOP	40 DIP	44 QFP
Remark	LVR，PDO/PWM，TBRD		LVR，Capture/PDO/PWM，TBRD			LVR,LVD Capture/Window/PDO/PWM，SPI/UART，TBRD		LVR,LVD Capture/Window/PDO/PWM,SPI/UART/12C，TBRD	

续　表

F64x series (WinTM) Flash GPI0 Type with EEPROM (Industrial Grade)								
Part No.	EM78F641N		EM78F642N		EM78F644N		EM78F648N	
Memory Type	Flash							
Operating Voltage (V)	2.2～5.5(2.4～5.5)						2.4～5.5(2.6～5.5)	
Oscillation Mode	IRC，ERC，HXT：，XT：，LXT1：，LXT2：							
PROM (Bit)	1 K		2 K		4 K		8 K×15	
SRAM (Byte)	48		80		144		304	
I/O (Pins)	8	14	16	18	21	25	26	38	40
Interrupt (Ex/In)	5(3/2)		7(3/4)		13(3/10)		18(4/14)	
Timer Modules	8×2		8×3，16×1		8×3，10×2，16×1		8×3，10×2，16×1	
PWM (Bit×C)	8×1(TC3)		8×1(TC3)		8×1(TC3)，10×2		8×1(TC3)，10×2	
Compar. (OP amp)	1(0)		1(0)		1(0)		2(0)	
IRC	Yes		Yes		Yes		Yes	
EEPROM (Byte)	128		128		256		256	
Oper. Temp. (℃)	0～70(−40～85)							
Package Type	10 MSOP	16 DIP/SOP	18 DIP/SOP	20 DIP/SOP/ SSOP	24 SKDIP/ SOP	28 SKDIP/ SOP	28 SKDIP/ SOP	40 DIP	44 QFP
Remark	LVR，PDO/PWM，TBRD		LVR，Capture/PDO/ PWM，TBRD		LVR，LVD Capture/Window/ PDO/PWM，SPI/UART，TBRD		LVR，LVD Capture/Window/ PDO/PWM，SPI/ UART/12C，TBRD	

续　表

F66x series（WinTM）Flash ADC Type with EEPROM（Industrial Grade）										
Part No.	EM78F661N		EM78F662N			EM78F664N		EM78F668N		
Memory Type	Flash									
Operating Voltage（V）	2.2～5.5（2.4～5.5）		2.2～5.5（2.4～5.5）			2.3～5.5（2.5～5.5）		2.4～5.5（2.6～5.5）		
Oscillation Mode	IRC, ERC, HXT:, XT:, LXT1:, LXT2:									
PROM（Bit）	1 K		2 K			4 K		8 K×15		
SRAM（Byte）	48		144			144		304		
I/O（Pins）	8	14	14	16	18	21	25	26	38	40
Interrupt（Ex/In）	6(3/3)		7(3/4)			14(3/11)		19(4/15)		
Timer Modules	8×2		8×2, 16×1			8×3, 10×2, 16×1		8×3, 10×2, 16×1		
PWM（Bit×Ch）	8×1(TC3)		8×1(TC3)			8×1(TC3), 10×2		8×1(TC3), 10×2		
Compar.（OP amp）	1(0)		1(0)			1(0)		2(0)		
ADC（Bit×Ch）	10×6		10×8			10×8		12×8		
EEPROM（Byte）	128		128			256		256		
Oper. Temp.（℃）	0～70(−40～85)									
Package Type	10 MSOP	16 DIP/SOP	16 DIP/SOP	18 DIP/SOP	20 DIP/SOP	24 SKDIP/SOP	28 SKDIP/SOP 32QFN	28 SKDIP/SOP	40 DIP	44 QFP
Remark	LVR, PDO/PWM, TBRD		LVR, Capture/PDO/PWM, TBRD			LVR, LVD Capture/Window/PDO/PWM, SPI/UART, TBRD		LVR, LVD Capture/Window/PDO/PWM, SPI/UART/12C, TBRD		

1.2　EM78F6xx 单片机引脚功能

下面以 EM78F644N 和 EM78F664N 两款单片机为例,来说明 EM78F6xx 系列单片机的引脚功能。

1.2.1　引脚分布图

EM78F644N 单片机根据引脚数,分为 24 个引脚和 28 个引脚两种类型,它们所对应的引脚分布图分别如图 1-2-1 和图 1-2-2 所示。

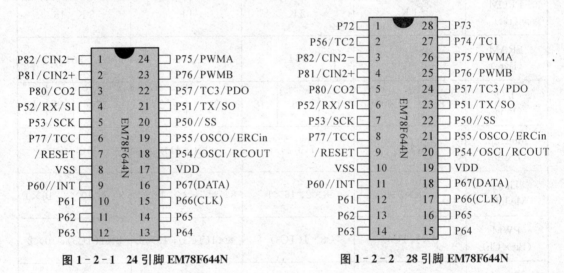

图 1-2-1　24 引脚 EM78F644N

图 1-2-2　28 引脚 EM78F644N

EM78F664N 单片机根据引脚数,分为 24 个引脚、28 个引脚和 32 个引脚三种类型,它们所对应的引脚分布图分别如图 1-2-3、图 1-2-4 和图 1-2-5 所示。

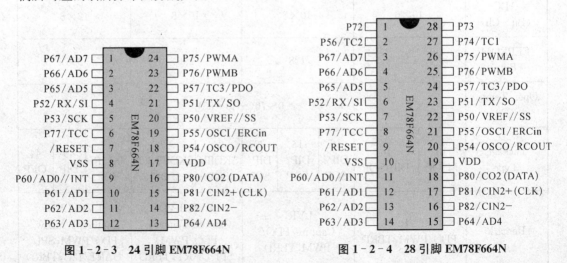

图 1-2-3　24 引脚 EM78F664N

图 1-2-4　28 引脚 EM78F664N

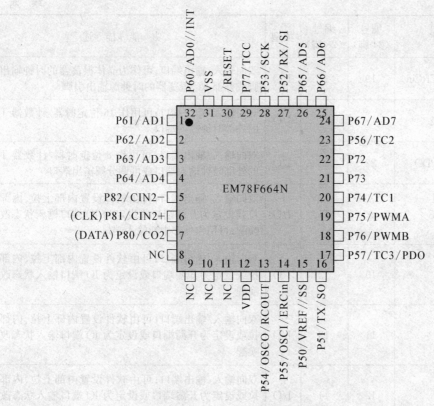

图 1-2-5　32 引脚 EM78F664N

1.2.2　引脚功能说明

　　EM78F644N 和 EM78F664N 管脚功能说明分别如表 1-2-1 和表 1-2-2 所示。

表 1-2-1　EM78F644N 管脚功能说明

名　称	编号 (24 脚)	编号 (28 脚)	类型	功　能　描　述
P50/SS	20	22	I/O	双向输入/输出端口；可由软件设置内部下拉；可用作 SPI 的从机选择端口
P51/TX/SO	21	23	I/O	双向输入/输出端口；可由软件设置内部下拉；可用作 SPI 的串行数据输出端口或者 UART 的 TX 输出端口
P52/RX/SI	4	6	I/O	双向输入/输出端口；可由软件设置内部下拉；可用作 SPI 的串行数据输入端口或者 UART 的 RX 输入端口
P53/SCK	5	7	I/O	双向输入/输出端口；可由软件设置内部下拉；可用作 SPI 的串行时钟输入/输出端口
P54/OSCI/RCOUT	18	20	I/O	双向输入/输出端口；可作为晶体振荡器的时钟源输入引脚或内部 RC 振荡器的时钟输出引脚或外部 RC 振荡器的时钟输出引脚(开漏)

名　　称	编号 （24 脚）	编号 （28 脚）	类型	功 能 描 述
P55/OSCO/ERCin	19	21	I/O	双向输入/输出端口；可作为晶体振荡器的时钟输出引脚或外部 RC 振荡器的时钟源输出引脚
P56/TC2	—	2	I/O	双向输入/输出端口；可用作 16 位定时器/计数器 TC2 的外部时钟输入端口
P57/TC3/PDO	22	24	I/O	双向输入/输出端口；可用作 8 位定时器/计数器 TC3 的外部时钟输入端口或可调分频输出端口
P60/INT	9	11	I/O	双向输入/输出端口；可由软件设置内部上拉、内部下拉或设定为开漏端口或设定为 IO 端口输入状态改变唤醒；可用作外部中断输入端口
P61	10	12	I/O	双向输入/输出端口；可由软件设置内部上拉、内部下拉或设定为开漏端口或设定为 IO 端口输入状态改变唤醒
P62	11	13	I/O	双向输入/输出端口；可由软件设置内部上拉、内部下拉或设定为开漏端口或设定为 IO 端口输入状态改变唤醒
P63	12	14	I/O	双向输入/输出端口；可由软件设置内部上拉、内部下拉或设定为开漏端口或设定为 IO 端口输入状态改变唤醒
P64	13	15	I/O	双向输入/输出端口；可由软件设置内部上拉或设定为开漏端口或设定为 IO 端口输入状态改变唤醒
P65	14	16	I/O	双向输入/输出端口；可由软件设置内部上拉或设定为开漏端口或设定为 IO 端口输入状态改变唤醒
P66(CLK)	15	17	I/O	双向输入/输出端口；可由软件设置内部上拉或设定为开漏端口或设定为 IO 端口输入状态改变唤醒；烧写程序时作为时钟端口
P67(DATA)	16	18	I/O	双向输入/输出端口；可由软件设置内部上拉或设定为开漏端口或设定为 IO 端口输入状态改变唤醒；烧写程序时作为数据端口
P72	—	1	I/O	双向输入/输出端口；可由软件设置内部上拉或内部下拉
P73	—	28	I/O	双向输入/输出端口；可由软件设置内部上拉或内部下拉
P74/TC1	—	27	I/O	双向输入/输出端口；可由软件设置内部上拉或内部下拉；可用作 8 位定时器/计数器 TC1 的外部时钟输入端口
P75/PWMA	24	26	I/O	双向输入/输出端口；可由软件设置内部上拉或内部下拉；可用作 PWM 波形输出端口

续　表

名　　称	编号 （24 脚）	编号 （28 脚）	类型	功　能　描　述
P76/PWMB	23	25	I/O	双向输入/输出端口；可由软件设置内部上拉或内部下拉；可用作 PWM 波形输出端口
P77/TCC	6	8	I/O	双向输入/输出端口；可由软件设置内部上拉或内部下拉；可用作 8 位实时时钟/计数器 TCC 的外部时钟输入端口，这时为施密特触发器类型的输入端口
P80/CO2	3	5	I/O	双向输入/输出端口；可用作比较器 2 输出端口
P81/CIN2＋	2	4	I/O	双向输入/输出端口；可用作比较器 2 正相输入端口
P82/CIN2－	1	3	I/O	双向输入/输出端口；可用作比较器 2 反相输入端口
/RESET	7	9	I	施密特触发器类型的输入端口；如果这个引脚得到逻辑低电平，芯片将复位；烧写程序时作为 VPP 引脚
VDD	17	19	—	电源脚
VSS	8	10	—	接地脚

表 1-2-2　EM78F664N 管脚功能说明

名　　称	编号 （24 脚）	编号 （28 脚）	编号 （32 脚）	类型	功　能　描　述
P50/SS/VREF	20	22	15	I/O	双向输入/输出端口；可由软件设置内部下拉；可用作 ADC 外部参考电压输入管脚或 SPI 的从机选择端口
P51/TX/SO	21	23	16	I/O	双向输入/输出端口；可由软件设置内部下拉；可用作 SPI 的串行数据输出端口或者 UART 的 TX 输出端口
P52/RX/SI	4	6	27	I/O	双向输入/输出端口；可由软件设置内部下拉；可用作 SPI 的串行数据输入端口或者 UART 的 RX 输入端口
P53/SCK	5	7	28	I/O	双向输入/输出端口；可由软件设置内部下拉；可用作 SPI 的串行时钟输入/输出端口
P54/OSCO/ RCOUT	18	20	13	I/O	双向输入/输出端口；可作为晶体振荡器的时钟输出引脚或内部 RC 振荡器的时钟输出引脚或外部 RC 振荡器的时钟输出引脚(开漏)
P55/OSCI/ ERCin	19	21	14	I/O	双向输入/输出端口；可作为晶体振荡器的时钟源输入引脚或外部 RC 振荡器的时钟源输入引脚
P56/TC2	—	2	23	I/O	双向输入/输出端口；可用作 16 位定时器/计数器 TC2 的外部时钟输入端口
P57/TC3/PDO	22	24	17	I/O	双向输入/输出端口；可用作 8 位定时器/计数器 TC3 的外部时钟输入端口或可调分频输出端口

名　　称	编号 （24 脚）	编号 （28 脚）	编号 （32 脚）	类型	功 能 描 述
P60/AD0/INT	9	11	32	I/O	双向输入/输出端口；可由软件设置内部上拉、内部下拉或设定为开漏端口或设定为 IO 端口输入状态改变唤醒；可用作 A/D 采样端口或外部中断输入端口
P61/AD1	10	12	1	I/O	双向输入/输出端口；可由软件设置内部上拉、内部下拉或设定为开漏端口或设定为 IO 端口输入状态改变唤醒；可用作 A/D 采样端口
P62/AD2	11	13	2	I/O	双向输入/输出端口；可由软件设置内部上拉、内部下拉或设定为开漏端口或设定为 IO 端口输入状态改变唤醒；可用作 A/D 采样端口
P63/AD3	12	14	3	I/O	双向输入/输出端口；可由软件设置内部上拉、内部下拉或设定为开漏端口或设定为 IO 端口输入状态改变唤醒；可用作 A/D 采样端口
P64/AD4	13	15	4	I/O	双向输入/输出端口；可由软件设置内部上拉或设定为开漏端口；可用作 A/D 采样端口
P65/AD5	3	5	26	I/O	双向输入/输出端口；可由软件设置内部上拉或设定为开漏端口或设定为 IO 端口输入状态改变唤醒；可用作 A/D 采样端口
P66/AD6	2	4	25	I/O	双向输入/输出端口；可由软件设置内部上拉或设定为开漏端口或设定为 IO 端口输入状态改变唤醒；可用作 A/D 采样端口
P67/AD7	1	3	24	I/O	双向输入/输出端口；可由软件设置内部上拉或设定为开漏端口或设定为 IO 端口输入状态改变唤醒；可用作 A/D 采样端口
P72	—	1	22	I/O	双向输入/输出端口；可由软件设置内部上拉或内部下拉
P73	—	28	21	I/O	双向输入/输出端口；可由软件设置内部上拉或内部下拉
P74/TC1	—	27	20	I/O	双向输入/输出端口；可由软件设置内部上拉或内部下拉；可用作 8 位定时器/计数器 TC1 的外部时钟输入端口
P75/PWMA	24	26	19	I/O	双向输入/输出端口；可由软件设置内部上拉或内部下拉；可用作 PWM 波形输出端口
P76/PWMB	23	25	18	I/O	双向输入/输出端口；可由软件设置内部上拉或内部下拉；可用作 PWM 波形输出端口
P77/TCC	6	8	29	I/O	双向输入/输出端口；可由软件设置内部上拉或内部下拉；可用作 8 位实时时钟/计数器 TCC 的外部时钟输入端口，这时为施密特触发器类型的输入端口

续　表

名　称	编号 (24 脚)	编号 (28 脚)	编号 (32 脚)	类型	功　能　描　述
P80/CO2 (DATA)	16	18	7	I/O	双向输入/输出端口；可用作比较器 2 输出端口；烧写程序时作为数据端口
P81/CIN2+ (CLK)	15	17	6	I/O	双向输入/输出端口；可用作比较器 2 正相输入端口；烧写程序时作为时钟端口
P82/CIN2−	14	16	5	I/O	双向输入/输出端口；可用作比较器 2 反相输入端口
/RESET	7	9	30	I	施密特触发器类型的输入端口；如果这个引脚得到逻辑低电平，芯片将复位；烧写程序时作为 VPP 引脚
VDD	17	19	12	—	电源脚
VSS	8	10	31	—	接地脚
NC	—	—	8~11		无功能引脚

1.3　EM78F6xx 单片机中央处理器 CPU

1.3.1　结构概述

EM78F664N 单片机的中央处理器 CPU 有 4 K×13 位片上闪存、144×8 位 RAM、8 级堆栈和 256 字节系统内可编程 EEPROM(最多可循环读/写使用 100 万次，数据保持时间长于 10 年)。三级可编程的低电压复位值(LVR)为：4.1 V、3.7 V、2.7 V。低功耗：在 5 V/4 MHz 条件下的耗电流小于 1.5 mA；在 3 V/32 kHz 条件下的耗电流典型值为 20 μA；在睡眠模式下耗电流典型值为 1.5 μA。系统结构如图 1-3-1 所示。

1.3.2　通用寄存器

程序存储器结构如图 1-3-2 所示，数据存储器配置如图 1-3-3 所示。

R0(间接寻址寄存器)：R0 并非物理实现的寄存器，它用作一个间接地址指针。任何使用 R0 作指针的指令实际上是存取 RAM 选择寄存器(R4)所指向的 RAM 地址。

R1(定时器时钟/计数器)：R1 对来自 TCC 引脚的外部信号边沿触发或内部指令周期进行加 1 计数，TCC 引脚信号边沿由 CONT 寄存器的 TE 位设定。如同其他寄存器一样，它是可写可读的。它是通过重置 PSTE(CONT_3)来定义的。如果 PSTE(CONT_3)被重置，预分频器将被分配到 TCC。

R2(程序计数器和堆栈)：取决于不同的设备类型，R2 和硬件堆栈是 12 位。其结构在图 1-3-2 中有描述。配置结构产生 4 K×13 位片上闪存 ROM 地址到相关程序指令编

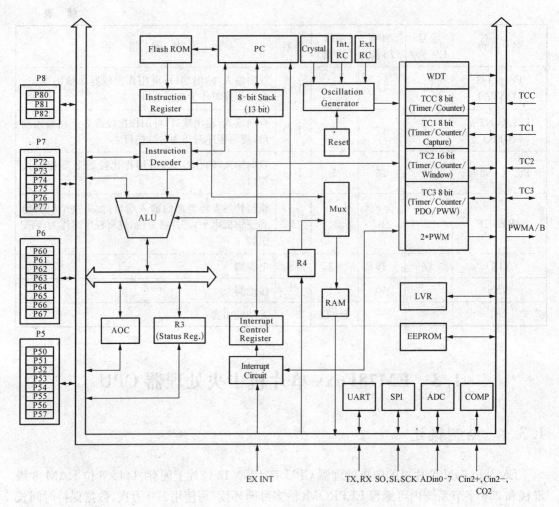

图 1－3－1　系统结构图

码。一个程序片页有 1 024 字。重置状态下 R2 所有位都设为 0。

　　"JMP"指令允许该程序计数器低 10 位直接加载,因此,"JMP"允许 PC 在一个程序页内的任何位置跳转。

　　"CALL"指令加载 PC 的低 10 位,然后 PC＋1 被压入栈,因此,子程序的入口地址可以在一页中的任何位置加载。

　　"RET"指令是将栈顶内容加载程序计数器。

　　"ADD R2,A"允许把相对地址加到当前的 PC,PC 上的第九位以及更高位会随着一起增加。

　　"MOV R2,A"允许将 A 寄存器的内容加载 PC 的低 8 位,PC 的第九和第十位保持不变。

　　向 R2 寄存器写入的指令中,除了"ADD R2,A"外的所有其他指令(如"MOV R2,A","BC R2,6")都不会使 PC 的第九和第十位(A8、A9)发生改变。除了改变 R2 中内容的指令需要多一个指令周期外,其他指令都是单指令周期(fclk/2,fclk/4, fclk/8 或 fclk/16)都是单指令周期。

　　注意:对于 EM78F664N,"JMP"和"CALL"指令只需要一个指令周期。

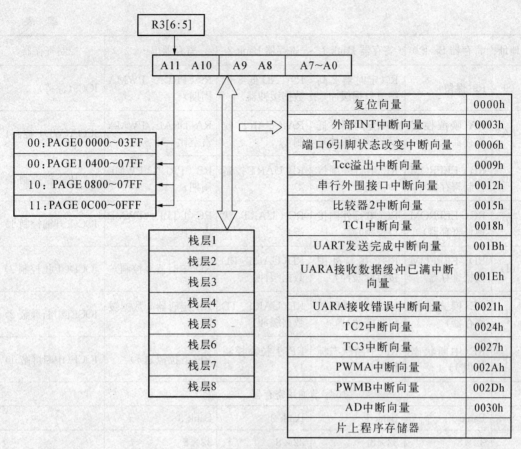

图 1-3-2　程序存储器结构

表 1-3-1　数据存储器的配置

地址	寄存器 Bank 0	寄存器 Bank 1	寄存器 Bank 2	寄存器 Bank 3	控制寄存器
01	R1（TCC 缓冲）				
02	R2（程序计数器）				
03	R3（状态）				
04	R4（RSR，Bank 选择）				
05	R5（接口 5 I/O 数据）	R5（定时器 1 控制）	R5（ADC 输入选择寄存器）	R5（定时器 A 和定时器 B 控制寄存器）	IOC5（接口 5 I/O 控制）
06	R6（接口 6 I/O 数据）	R6（定时器 1 数据缓冲 A）	R6（ADC 控制寄存器）	R6（保持）	IOC6（接口 6 I/O 控制）
07	R7（接口 7 I/O 数据）	R7（定时器 1 数据缓冲 B）	R7（补偿校准寄存器）	R7（比较器 2 或 PWMA/B 控制寄存器）	IOC7（接口 7 I/O 控制）
08	R8（接口 8 I/O 数据）	R8（定时器 2 控制）	R8（AD 高 8 位数据缓冲器）	R8（PWMA/B 周期低 2 位和占空比控制寄存器）	IOC8（接口 8 I/O 控制）

地址	寄存器 Bank 0	寄存器 Bank 1	寄存器 Bank 2	寄存器 Bank 3	控制寄存器
09	R9(保留)	R9(定时器 2 高字节数据缓冲)	R9(AD 低 8 位数据缓冲器)	R9(PRDA：PWMA 周期)	IOC9(保持)
0A	RA(唤醒控制寄存器)	RA(定时器 2 低字节数据缓冲)	RA(UART 控制 1)	RA(DRAL：PWMA 占空比)	ICOA(WDT 控制)
0B	RB(EEPROM 控制寄存器)	RB(串行外围接口状态)	RB(UART 控制 2)	RB(PRDB：PWMB 周期)	IOCB(下拉控制 2)
0C	RC(EEPROM 地址寄存器)	RC(串行外围接口控制)	RC(UART 状态)	RC(DTBL：PWMB 占空比)	IOCC(开漏控制 1)
0D	RD(EEPROM 数据寄存器)	RD(串行外围接口读缓冲)	RD(UART_RD 数据缓冲)	RD(定时器 3 控制)	IOCD(上拉控制 2)
0E	RE(模式选择寄存器)	RE(串行外围接口写缓冲)	RE(UART_TD 数据缓冲)	RE(定时器 3 数据缓冲)	IOCE(中断屏蔽 2)
0F	RF(中断状态标识 1)	RF(中断状态标识 2)	RF(上拉高控制 1)	RF(下拉控制 1)	IOCF(中断屏蔽 1)
16 字节通用寄存器					
Bank 0	Bank 1	Bank 2	Bank 3		
32×8	32×8	32×8	32×8		

1. R3(状态寄存器)

Bit 7	Bit 6	Bit 5	Bit 4	Bit 3	Bit 2	Bit 1	Bit 0
—	PS1	PS0	T	P	Z	DC	C

　　Bit 6～Bit 5(PS1～PS0)：页选位。PS1～PS0 是用来在超过 IK 容量之前设置新的程序存储页(参见表 1 - 3 - 2)。当执行"JMP"或"CALL"指令时,程序计数器会被压栈,并且 PS1～PS0 会被加载到程序计数器的第 11 和第 12 位。执行完重置指令(RET,RETI)后,从堆栈弹出的数据将被加载到程序计数器。因此,程序流程将返回到以前的程序存储页。

表 1 - 3 - 2　程序存储页选择

PS1	PS0	程序存储页[地址]
0	0	页 0[0000 - 03FF]
0	1	页 1[0400 - 07FF]
1	0	页 2[0800 - 0BFF]
1	1	页 3[0C00 - 0FFF]

Bit 4(T)：溢出位。通过"SLEP"和"WDTC"命令置 1，或上电或 WDT 溢出重置为 0。

Bit 3(P)：低功耗位。执行 WDTC 指令或上电复位后该位置 1，"SLEP"指令重置为"0"。

Bit 2(Z)：零标志位。如果一个算术或逻辑运算的结果是零，则设置为"1"。

Bit 1(DC)：辅助进位标志。

Bit 0(C)：进位标志。

在图 1-3-3 中可以看到数据存储器配置。

2. R4(RAM 选择寄存器)

Bit 7～Bit 6：用于选择 Bank 0～Bank 3。

Bit 5～Bit 0：用于以间接寻址方式选择寄存器(地址为 00～3F)，参见表 1-3-1 所示数据存储器配置。

3. Bank 0 R5～R8(端口 5～端口 8)

R5～R8 是 I/O 寄存器。

4. Bank 0 R9(TBLP：TBRD 指令的表指针寄存器)

	Bit 7	Bit 6	Bit 5	Bit 4	Bit 3	Bit 2	Bit 1	Bit 0
EM78F664N	RBit7	RBit6	RBit5	RBit4	RBit3	RBit2	RBit1	RBit0

Bit 7～Bit 0：程序代码地址的低 8 位。

5. Bank 0 RA(唤醒控制寄存器)

	Bit 7	Bit 6	Bit 5	Bit 4	Bit 3	Bit 2	Bit 1	Bit 0
EM78F664N	CMP2WE	ICWE	ADWE	EXWE	SPIWE	—	—	—

Bit 7(CMP2WE)：比较器 2 唤醒使能位。当需要用比较器 2 的输出状态改变将 EM78F6xxN 从睡眠状态唤醒或唤醒进中断，CMP2WE 位必须设置为"Enable"。

Bit 6(ICWE)：端口 6 输入状态改变唤醒使能位。

Bit 5(ADWE)：ADC 唤醒使能位。当需要在 AD 转换完成将 EM78F664N 从休眠状态唤醒或唤醒进中断时，ADWE 位必须置为"Enable"。

Bit 4(EXWE)：外部 INT 唤醒使能位。

Bit 3(SPIWE)：SPI 串行接口唤醒使能位，当 SPI 为从设备时起作用。

Bit 2～Bit 0：保留位，全置"0"。

6. Bank 0 RB(电可擦除控制寄存器)

	Bit 7	Bit 6	Bit 5	Bit 4	Bit 3	Bit 2	Bit 1	Bit 0
EM78F664N	RD	WR	EEWE	EEDF	EEPC			

Bit 7 (RD)：读控制位。

0：执行读 EEPROM 完成；

1：读取 EEPROM 内容(RD 可由软件置 1，在读指令执行完成后被硬件清零)。

Bit 6 (WR)：写控制位。

0：写 EEPROM 周期完成；

1：初始化写周期（WR 可软件置 1，写周期完成后 WR 被硬件清零）。

Bit 5（EEWE）：EEPROM 写使能位。

0：禁止写 EEPROM；

1：允许写 EEPROM。

Bit 4（EEDF）：EEPROM 侦测标志位。

0：写周期完成；

1：写周期未完成。

Bit 3（EEPC）：EEPROM 掉电控制位。

0：关闭 EEPROM；

1：打开 EEPROM。

Bit 2～Bit 0：保留位，全置"0"。

7. Bank 0 RC(256 字节 EEPROM 地址寄存器)

Bit 7	Bit 6	Bit 5	Bit 4	Bit 3	Bit 2	Bit 1	Bit 0
EE_A7	EE_A6	EE_A5	EE_A4	EE_A3	EE_A2	EE_A1	EE_A0

Bit 7～Bit 0：256 字节 EEPROM 地址。

8. Bank 0 RD(256 字节 EEPROM 数据寄存器)

Bit 7	Bit 6	Bit 5	Bit 4	Bit 3	Bit 2	Bit 1	Bit 0
EE_D7	EE_D6	EE_D5	EE_D4	EE_D3	EE_D2	EE_D1	EE_D0

Bit 7～Bit 0：256 字节 EEPROM 数据。

9. Bank 0 RE(模式选择寄存器)

Bit 7	Bit 6	Bit 5	Bit 4	Bit 3	Bit 2	Bit 1	Bit 0
0	TIMERSC	CPUS	IDLE	0	0	0	0

Bit 7：保留位，置"0"。

Bit 6（TIMERSC）：TCC，TC1，TC2，TC3，Timer A 和 Timer B 的时钟源选择。

Bit 5（CPUS）：CPU 振荡源选择。

Bit 4（IDLE）：空闲模式使能位。

Bit 3～Bit 0：保留位，全置"0"。

10. Bank 0 RF(中断状态寄存器 1)

Bit 7	Bit 6	Bit 5	Bit 4	Bit 3	Bit 2	Bit 1	Bit 0
—	ADIF	SPIIF	PWMBIF	PWMAIF	EXIF	ICIF	TCIF

注："1"表示有中断请求；"0"表示没有中断发生。

Bit 7：保留位，置"0"。

Bit 6（ADIF）：模数转换中断标志位。AD 转换结束被置"1"，由软件清零。

Bit 5（SPIIF）：SPI 模式中断标志，标志由软件清零。

Bit 4（PWMBIF）：PWMB（脉冲宽度调制）中断标志。当到选择周期时置"1"，由软件清零。

Bit 3（PWMAIF）：PWMA（脉冲宽度调制）中断标志。当到选择周期时置"1"，由软件清零。

Bit 2（EXIF）：外部中断标志。/INT 引脚发生边沿中断时置"1"，由软件清零。

Bit 1（ICIF）：端口 6 输入状态改变中断标志位。由端口 6 输入状态改变置"1"，软件清零。

Bit 0（TCIF）：TCC 溢出中断标志位。由 TCC 溢出置"1"，软件清零。

注意：

（1）RF 可由指令清除，不能置位；

（2）IOCF 是中断屏蔽寄存器；

（3）读 RF 的结果是 RF 和 IOCF 的逻辑"与"；

（4）"1"意为中断请求；"0"意为没有中断发生。

11. R10～R3F

所有这些都是 8 位通用寄存器。

12. Bank 1 R5 TC1CR（定时器 1 控制）

Bit 7	Bit 6	Bit 5	Bit 4	Bit 3	Bit 2	Bit 1	Bit 0
TC1CAP	TC1S	TC1CK1	TC1CK0	TC1M	TC1ES	—	—

Bit 7（TC1CAP）：软件捕捉控制位。

0：禁止软件捕捉；

1：允许软件捕捉。

Bit 6（TC1S）：定时器/计数器 1 起动控制。

0：停止并清除计数器；

1：启动。

Bit 5～Bit 4（TC1CK1～TC1CK0）：定时器/计数器 1 时钟源选择（参见表 1-3-3）。

表 1-3-3　定时器/计数器 1 时钟源选择

TC1CK1	TC1CK0	时　钟　源	分　辨　率	最　大　时　间
		正常/空闲	Fc=4 MHz	Fc=4 MHz
0	0	$Fc/2^{12}$	1 024 μs	262 144 μs
0	1	$Fc/2^{10}$	256 μs	65 536 μs
1	0	$Fc/2^7$	32 μs	8 192 μs
1	1	外部时钟（TC1 引脚）	—	—

Bit 3(TC1CK0)：定时器/计数器 1 模式选择。

0：定时器/计数器 1 模式；

1：捕捉模式。

Bit 2(TC1ES)：TC1 信号边缘。

0：TC1 引脚有从低到高的上升沿信号定时器加 1；

1：TC1 引脚有从高到低的下降沿信号定时器加 1。

Bit 1~Bit 0：不使用，总是设为"0"。

定时器/计数器 1 配置如图 1-3-3 所示。具体说明如下：

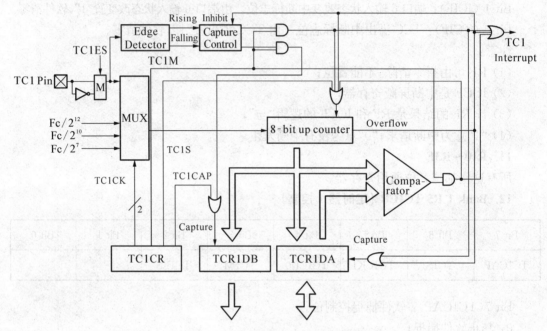

图 1-3-3　定时器/计数器 1 配置

定时器模式：通过内部时钟进行计数操作。当加计数器与 TCR1DA 匹配，则产生中断，同时计数器清零，计数器清零后计数又恢复；当前加计数器的内容通过将 TC1CAP 置 1 来加载到 TCR1DB。

计数器模式：通过外部时钟引脚输入来计数，取上升沿或者是下降沿，但不能同时用。当加计数器的内容与 TCR1DA 匹配，则产生中断，同时计数器清零，当前加计数器的内容通过将 TC1CAP 置 1 来加载到 TCR1DB。

捕捉模式：脉冲宽度，TC1 引脚的输入周期与占空比在这种模式下测量，它可以用来解码遥控信号。那个计数器由内部时钟自由运行。在 TC1 输入的上升(下降)沿，计数器中的内容加载到 TCR1DA，然后计数器被清除，中断产生。在 TC1 引脚输入一个下降(上升)沿时，计数器内容加载到 TCR1DB。计数器仍然在计数，在下一个 TC1 引脚输入的上升沿，计数器内容加载到 TCR1DA，计数器被清除，中断产生。如果边缘检测之前发生溢出，则 FFH 加载到 TCR1DA 同时溢出中断产生的。中断处理过程中，可以通过检测 TCR1DA 的值是否为 FFH 判断是否发生溢出。中断生成后(捕获到 TCR1DA 或溢出检测)，捕捉和溢出检测停止，直到 TCR1DA 被读出。捕捉模式的时序图如图 1-3-4 所示。

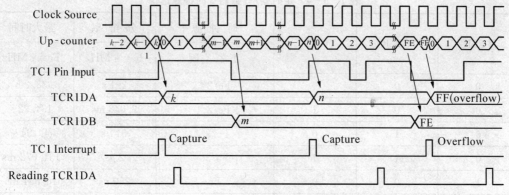

图 1-3-4　捕捉模式的时序图

13. Bank 1 R6 TC1DA(定时器 1 数据缓冲器 A)

Bit 7	Bit 6	Bit 5	Bit 4	Bit 3	Bit 2	Bit 1	Bit 0
TCR1DA7	TCR1DA6	TCR1DA5	TCR1DA4	TCR1DA3	TCR1DA2	TCR1DA1	TCR1DA0

Bit 7～Bit 0(TCR1DA7～TCR1DA0)：8 位定时器/计数器 1 的数据缓冲器。

14. Bank 1 R7 TCR1DB(定时器 1 数据缓冲器 B)

Bit 7	Bit 6	Bit 5	Bit 4	Bit 3	Bit 2	Bit 1	Bit 0
TCR1DB7	TCR1DB6	TCR1DB5	TCR1DB4	TCR1DB3	TCR1DB2	TCR1DB1	TCR1DB0

Bit 7～Bit 0(TCR1DB7～TCR1DB0)：8 位定时器/计数器 1 的数据缓冲器。

15. Bank 1 R8 TC2CR(定时器 2 控制)

Bit 7	Bit 6	Bit 5	Bit 4	Bit 3	Bit 2	Bit 1	Bit 0
—	—	TC2ES	TC2M	TC2S	TC2CK2	TC2CK1	TC2CK0

Bit 7～Bit 6：不使用,总是设为"0"。

Bit 5 (TC2ES)：TC2 信号边沿。

0：TC2 引脚电压由低到高转变时(上升沿)加 1；

1：TC2 引脚电压由高到低转变时(下降沿)加 1。

Bit 4(TC2M)：定时器/计数器 2 模式选择。

0：定时器/计数器模式；

1：窗口模式。

Bit 3(TC2S)：定时器/计数器启动控制。

0：停止并清除计数器；

1：启动。

Bit 2～Bit 1(TC2CK2～TC2CK0)：定时器/计数器 2 时钟源选择(参见表 1-3-4)。

表 1 - 3 - 4　定时器/计数器 2 时钟源选择

TC2CK2	TC2CK1	TC2CK0	时 钟 源	分 辩 率	最 大 时 间
			正常/空闲	Fc=4 MHz	Fc=4 MHz
0	0	0	$Fc/2^{23}$	2.1 s	38.2 h
0	0	1	$Fc/2^{13}$	2.048 ms	134.22 s
0	1	0	$Fc/2^{8}$	64 μs	4.194 s
0	1	1	$Fc/2^{3}$	2 μs	131.072 ms
1	0	0	Fc	250 ns	16.384 ms
1	0	1	—	—	—
1	1	0	—	—	—
1	1	1	外部时钟(TC2 引脚)	—	—

定时器模式:通过内部时钟计算。当加计数器与 TCR2(TCR2H＋TCR2L)匹配,则产生中断同时计数器清零,计数器清零后计数恢复。定时器模式时序图如图 1 - 3 - 5 所示。

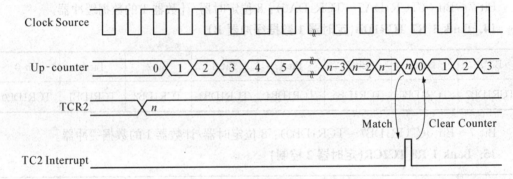

图 1 - 3 - 5　定时器模式时序图

计数器模式:通过外部时钟引脚(TC2)输入来计数,取上升沿或者是下降沿,但不能同时用。当加计数器的内容与 TCR2(TCR2H＋TCR2L)匹配时,则产生中断,同时计数器清零,计数器清零后计数恢复。计数器模式时序图如图 1 - 3 - 6 所示。

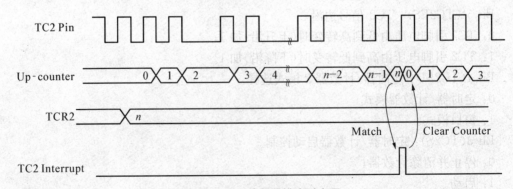

图 1 - 3 - 6　计数器模式时序图

窗口模式：在脉冲的上升沿计数，这是内部时钟和 TC2 引脚（窗口脉冲）逻辑"与"操作。当加计数器的内容与 TCR2(TCR2H＋TCR2L)匹配时，则产生中断，同时计数器清零。此时，频率必须小于选择的内部时钟。在向 TCR2L 写入时，比对停止，直到 TCR2H 被写入。窗口模式时序图如图 1-3-7 所示。

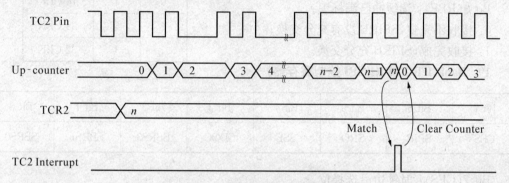

图 1-3-7　窗口模式时序图

16. Bank 1 R9 TC2DH(定时器 2 高位字节数据缓冲)

Bit 7	Bit 6	Bit 5	Bit 4	Bit 3	Bit 2	Bit 1	Bit 0
TC2D15	TC2D14	TC2D13	TC2D12	TC2D11	TC2D10	TC2D9	TC2D8

Bit 7～Bit 0(TCR2D15～TCR2D8)：定时器/计数器 2 高位字节数据缓冲。

17. Bank 1 RA TC2DL(定时器 2 低位字节数据缓冲)

Bit 7	Bit 6	Bit 5	Bit 4	Bit 3	Bit 2	Bit 1	Bit 0
TC2D7	TC2D6	TC2D5	TC2D4	TC2D3	TC2D2	TC2D1	TC2D0

Bit 7～Bit 0(TC2D7～TC2D0)：定时器/计数器 2 低位字节数据缓冲。

18. Bank 0 RS SPIS(SPI 状态寄存器)

Bit 7	Bit 6	Bit 5	Bit 4	Bit 3	Bit 2	Bit 1	Bit 0
DORD	TD1	TD0	—	OD3	OD4	—	RBF

Bit 7 (DORD)：数据传输顺序。

0：左移（最高位先传输）；

1：右移（最低位先传输）。

Bit 6～Bit 5(TD1～TD0)：SDO 的状态输出延迟时间选择（参见表 1-3-5）。

Bit 4：保留位，置"0"。

Bit 3 (OD3)：漏极开路控制位。

0：SDO 漏极开路禁止；

1：SDO 漏极开路使能。

Bit 2 (OD4)：漏极开路控制位。

0：SCK 漏极开路禁止；

1：SCK 漏极开路使能。

Bit 1：保留位，置"0"。

Bit 0(RBF)：读缓冲已满标识。

0：接收不完整，SPIRB 没有充分交换；

1：接收完成，SPIRB 充分交换。

表 1-3-5　SDO 的状态输出延迟时间选择

TD1	TD0	延迟时间
0	0	8 CLK
0	1	16 CLK
1	0	24 CLK
1	1	32 CLK

19. Bank 1 RC SPIC(SPI 控制寄存器)

Bit 7	Bit 6	Bit 5	Bit 4	Bit 3	Bit 2	Bit 1	Bit 0
CES	SPIE	SRO	SSE	SDOC	SBRS2	SBRS1	SBRS0

Bit 7(CES)：时钟边沿选择位。

0：数据在上升沿移出和在下降沿移入，低电平时保持；

1：数据在下降沿移出和在上升沿移入，高电平时保持。

Bit 6(SPIE)：SPI 使能位。

0：禁止 SPI 模式；

1：允许 SPI 模式。

Bit 5(SRO)：SPI 读溢出位。

0：没有溢出；

1：当前面的数据仍然保存在 SPIB 寄存器的时候接收一个新数据。

在这种情况下，SPIS 中的数据将被破坏。为了避免此位被设置，要求用户读取 SPIRB 寄存器，尽管只有传输操作。这只能发生在从机模式。

Bit 4(SSE)：SPI 移位使能位。

0：移位一完成就重置，并准备移下一个字节；

1：开始移位，当字节正在传输时保持为"1"。

当每个字节由硬件传输时则重置为"0"。

Bit 3(SDOC)：SDO 输出状态控制位。

0：串行数据后输出，SDO 保持高位；

1：串行数据后输出，SDO 保持低位。

Bit 2~Bit 0(SBRS2~SBRS0)：SPI 波特率选择位(参见表 1-3-6)。

表 1-3-6　SPI 波特率选择

SBRS2	SBRS1	SBRS0	模　式	波　特　率
0	0	0	主	Fosc/2
0	0	1	主	Fosc/4
0	1	0	主	Fosc/8
0	1	1	主	Fosc/16

SBRS2	SBRS1	SBRS0	模　式	波 特 率
1	0	0	主	Fosc/32
1	0	1	主	Fosc/64
1	1	0	从	/SS 允许
1	1	1	从	/SS 允许

20. Bank 1 RD SPIRB(SPI 读缓冲)

Bit 7	Bit 6	Bit 5	Bit 4	Bit 3	Bit 2	Bit 1	Bit 0
SRB7	SRB6	SRB5	SRB4	SRB3	SRB2	SRB1	SRB0

Bit 7～Bit 0(SRB7～SRB0)：SPI 读数据缓冲。

21. Bank 1 RE SPIWB(SPI 写缓冲)

Bit 7	Bit 6	Bit 5	Bit 4	Bit 3	Bit 2	Bit 1	Bit 0
SWB7	SWB6	SWB5	SWB4	SWB3	SWB2	SWB1	SWDB0

Bit 7～Bit 0(SWB7～SWB0)：SPI 写数据缓冲。

22. Bank 1 RF(中断状态寄存器 2)

Bit 7	Bit 6	Bit 5	Bit 4	Bit 3	Bit 2	Bit 1	Bit 0
CMP2IF	—	TC3IF	TC2IF	TC1IF	UERRIF	RBFF	TBEF

Bit 7(CMP2IF)：比较器 2 中断标志。当比较器 2 输出变化时置位,通过软件复位。

Bit 6(SWB6)：不使用,总是设为"0"。

Bit 5(TC3IF)：8 位定时器/计数器 3 中断标志。

Bit 4(TC2IF)：16 位定时器/计数器 2 中断标志。

Bit 3(TC1IF)：8 位定时器/计数器 1 中断标志。

Bit 2(UERRIF)：UART 接收错误中断标志。

Bit 1(RBFF)：UART 接收模式数据缓冲已满中断标志。

Bit 0(TBEF)：UART 传输模式数据缓冲已空中断标志。

注意：这些中断由硬件自动置位,但必须通过软件清除。

23. Bank 2 R5 AISR(ADC 输入选择寄存器)

Bit 7	Bit 6	Bit 5	Bit 4	Bit 3	Bit 2	Bit 1	Bit 0
ADE7	ADE6	ADE5	ADE4	ADE3	ADE2	ADE1	ADE0

AISR 单独定义端口 6 为模拟输入或数字 I/O,对应的位 x 为 P6x 引脚的 AD 转换使能位,"0"表示禁止 ADCx,P6x 作为 I/O 引脚;"1"表示使 ADCx 作为模拟输入引脚。

表 1-3-7 显示了 P60/ADC0/INT 的优先级。

表 1-3-7 P60/ADC0/INT 的优先级

High	Medium	Low
/INT	ADC0	P60

24. Bank 2 R6 ADCON(A/D 控制寄存器)

Bit 7	Bit 6	Bit 5	Bit 4	Bit 3	Bit 2	Bit 1	Bit 0
VREFS	CKR1	CKR0	ADRUN	ADPD	ADIS2	ADIS1	ADIS0

Bit 7 (VREFS):AD 参考电压的输入源。

0:以内部 Vdd(默认值)作为 AD 参考电压,P50/VREF 引脚用作普通 I/O 引脚 P50;

1:以 P50/VREF 引脚上接入的电压作为 AD 参考电压。

Bit 6~Bit 5(CKR1~CKR0):ADC 振荡器时钟频率的预分频器(参见表 1-3-8)。

00=1:4(默认值);

01=1:1;

10=1:16;

11=1:2。

表 1-3-8 ADC 振荡器时钟频率的预分频选择

	EM78F664N	
CKR1 /CKR0	操 作 模 式	最大操作频率
00	Fosc /4	4 MHz
01	Fosc	1 MHz
10	Fosc /16	16 MHz
11	Fosc /2	2 MHz

Bit 4(ADRUN):ADC 开始运行。

0:AD 转换完成后清零,该位不能被软件清零;

1:AD 转换启动,此位可以通过软件置"1"。

Bit 3(ADPD):ADC 的掉电模式。

0:关掉 AD 电路的电源,即使在 CPU 运行时;

1:ADC 正在运行。

Bit 2~Bit 0(ADIS2~ADIS0):模拟输入选择。

000 = AN0/P60;

001 = AN1/P61;

010 = AN2/P62；
011 = AN3/P63；
100 = AN4/P64；
101 = AN5/P65；
110 = AN6/P66；
111 = AN7/P67。

表 1-3-9 显示了 P50/VREF/SS 引脚的优先级。

表 1-3-9　P50/VREF/SS 引脚的优先级

High	Medium	Low
/SS	VREF	P50

25. Bank 2 R7 ADOC(A/D 偏移校准寄存器)

Bit 7	Bit 6	Bit 5	Bit 4	Bit 3	Bit 2	Bit 1	Bit 0
CALL	SIGN	VOF[2]	VOF[1]	VOF[0]	—		

Bit 7(CALL)：对 A/D 偏移的校准使能位。

0：禁止校准；

1：允许校准。

Bit 6(SIGN)：偏移电压的极性位。

0：负压；

1：正压。

Bit 5～Bit 3(VOF[2]～VOF[0])：偏移电压位。

Bit 2～Bit 0：不使用,总是置"0"。

26. Bank 2 R8 ADDH(AD 高 8 位数据缓冲器)

	Bit 7	Bit 6	Bit 5	Bit 4	Bit 3	Bit 2	Bit 1	Bit 0
EM78F664N	AD9	AD8	AD7	AD6	AD5	AD4	AD3	AD2

当 AD 转换完成后,高 8 位加到 ADDH,清除 ADRUN,置位 ADIF,R8 只读。

27. Bank 2 R9 ADDL(AD 低 2 位数据缓冲器)

	Bit 7	Bit 6	Bit 5	Bit 4	Bit 3	Bit 2	Bit 1	Bit 0
EM78F664N	—	—	—	—	—	—	AD1	AD0

对于 EM78F664N：

Bit 7～Bit 2：不使用,总是置"0"。

Bit 1～Bit 0(AD1～AD0)：AD 低 2 位数据缓冲器,R9 是只读的。

28. Bank 2 RA URC1(UART 控制 1)

Bit 7	Bit 6	Bit 5	Bit 4	Bit 3	Bit 2	Bit 1	Bit 0
URTD8	UMOD1	UMOD0	BRATE2	BRATE1	BRATE0	UTBE	TXE

Bit 7(URTD8)：传输数据位 8。

Bit 6～Bit 5(UMOD1～UMOD0)：UART 模式选择位(参见表 1-3-10)。

表 1-3-10　UART 模式选择

UMODE1	UMODE0	UART 模式
0	0	7 位
0	1	8 位
1	0	9 位
1	1	保留

Bit 4～Bit 2(BRATE2～BRATE0)：传输波特率选择(参见表 1-3-11)。

表 1-3-11　传输波特率选择

BRATE2	BRATE1	BRATE0	波特率	最大时间(μs)	
				4 MHz	8 MHz
0	0	0	Fc/13	19 200	38 400
0	0	1	Fc/26	9 600	19 200
0	1	0	Fc/52	4 800	9 600
0	1	1	Fc/104	2 400	4 800
1	0	0	Fc/208	1 200	2 400
1	0	1	Fc/416	600	1 200
1	1	0	—	—	—
1	1	1	保留		

Bit 1(UTBE)：UART 传输缓冲空标识。当传输缓冲区空时设置为 1，当向 URTD 写时自动重置为 0。传输使能时由硬件清零，UTBE 位只读。因此当用户想要启动移位传输时，写 URTD 寄存器是必要的。

Bit 0：发送使能位。

29. Bank 2 RB URC2(UART 控制 2)

Bit 7	Bit 6	Bit 5	Bit 4	Bit 3	Bit 2	Bit 1	Bit 0
—	—	SBIM1	SBIM0	UNIVEN			

Bit 5~Bit 4(SBIM1~SBIM0)：串行总线接口操作模式选择(参见表1-3-12)。

表1-3-12 串行总线接口操作模式选择

SBIM1	SBIM0	操 作 模 式
0	0	I/O 模式
0	1	SPI 模式
1	0	UART 模式
1	1	保留

Bit 3 (UNIVEN)：启用 UART TxD 和 RxD 端口反向输出。

0：禁止 UART TXD 和 RXD 口反向输出；

1：使能 UART TXD 和 RXD 口反向输出。

30. Bank 2 RC URS(UART 状态)

Bit 7	Bit 6	Bit 5	Bit 4	Bit 3	Bit 2	Bit 1	Bit 0
URRD8	EVEN	PRE	RPERR	OVERR	FMERR	URBF	RXE

Bit 7(URRD8)：接收数据位8。

Bit 6(EVEN)：选择奇偶校验。

0：奇校验；

1：偶校验。

Bit 5(PRE)：奇偶校验使能位。

0：禁止；

1：使能。

Bit 4(RPERR)：奇偶错误标志。奇偶校验发生错误时设置为1。

Bit 3(OVERR)：运行错误标志。发生溢出错误时设置为1。

Bit 2(FMERR)：帧错误标志。帧发生错误时设置为1。

注意：

(1) 中断标志是由硬件自动置位,必须由软件清除。

(2) Bit 1：UART 读缓冲已满标识。收到一个字符设置为1；从 URS 和 URRD 寄存器读取数据则自动重置为"0"。当允许接收时 URBF 被硬件清零,此位是只读的。因此,读 URS 寄存器是必要的,以避免溢出错误。

Bit 0(RXE)：接收使能位。

31. Bank 2 RD URRD(UART_RD 数据缓冲器)

Bit 7	Bit 6	Bit 5	Bit 4	Bit 3	Bit 2	Bit 1	Bit 0
URRD7	URRD6	URRD5	URRD4	URRD3	URRD2	URRD1	URRD0

Bit 7~Bit 0(URRD7~URRD0)：UART 接收数据缓冲器(只读)。

32. Bank 2 RE URTD(UART_TD 数据缓冲器)

Bit 7	Bit 6	Bit 5	Bit 4	Bit 3	Bit 2	Bit 1	Bit 0
URTD7	URTD6	URTD5	URTD4	URTD3	URTD2	URTD1	URTD0

Bit 7~Bit 0(URTD7~URTD0)：UART 传输数据缓冲器(只写)。

33. Bank 2 RF(上拉控制寄存器 1)

Bit 7	Bit 6	Bit 5	Bit 4	Bit 3	Bit 2	Bit 1	Bit 0
/PH77	/PH76	/PH75	/PH74	/PH73	/PH72	1	1

对应位"0"表示使能；"1"禁止。RF 寄存器是可读可写的。

34. Bank 3 R5 TMRCON (定时器 A 和定时器 B 控制寄存器)

Bit 7	Bit 6	Bit 5	Bit 4	Bit 3	Bit 2	Bit 1	Bit 0
TAEN	TAP2	TAP1	TAP0	TBEN	TBP2	TBP1	TBP0

Bit 7(TAEN)：定时器 A 使能位。

0：禁止定时器 A(默认)；

1：使能定时器 A。

Bit 6~Bit 4(TAP2~TAP0)：定时器 A 的时钟分频器选择位(参见表 1-3-11)。

Bit 3(TBEN)：定时器 B 使能位。

0：禁止定时器 B(默认)；

1：启用定时器 B。

Bit 2~Bit 0(TBP2~TBP0)：定时器 B 预分频比选择位(参见表 1-3-13)。

表 1-3-13　定时器 A/B 分频比选择

TAP2/PBP2	PAP1/TBP1	TAP0/TBP0	分频比
0	0	0	1∶2(默认)
0	0	1	1∶4
0	1	0	1∶8
0	1	1	1∶16
1	0	0	1∶32
1	0	1	1∶64
1	1	0	1∶128
1	1	1	1∶256

35．Bank 3 R6 TBHP(TBRD 指令的表指针寄存器)

	Bit 7	Bit 6	Bit 5	Bit 4	Bit 3	Bit 2	Bit 1	Bit 0
EM78F664N	MLB	—	—	—	RBit 11	RBit 10	RBit 9	RBit 8

Bit 7(MLB)：选择机器码的 MSB 或 LSB 寄存器。

Bit 6~Bit 4：保留位,全置为"0"。

Bit 3~Bit 0：程序代码地址的高 4 位。

36．Bank 3 R7 CMPCON(比较器 2 控制寄存器和 PWMA/B 控制寄存器)

Bit 7	Bit 6	Bit 5	Bit 4	Bit 3	Bit 2	Bit 1	Bit 0
—	—	—	CPOUT2	COS21	COS20	PWMAE	PWMBE

Bit 7~Bit 5：不使用,总是设为"0"。

Bit 4(CPOUT2)：比较器 2 输出结果。

Bit 3~Bit 2(COS21~COS20)：比较器 2 选择位(参见表 1-3-14)。

表 1-3-14　比较器 2 功能选择

COS21	COS20	功　能　描　述
0	0	比较器 2 不使用,P80 是正常 I/O 引脚
0	1	作为一个比较器 2,P80 是正常 I/O 引脚
1	0	作为一个比较器 2 和 P80 作为比较器 2 输出引脚(CO)
1	1	不使用

Bit 1(PWMAE)：PWMA 使能位。

0：PWMA 禁止,其相关引脚执行了 P75 的功能(默认)；

1：PWMA 使能,其相关的引脚将被自动设置为输出。

Bit 0(PWMBE)：PWMB 使能位。

0：PWMB 是关闭的,其相关引脚执行了 P76 的功能(默认)；

1：PWMB 是打开的,其相关的引脚将被自动设置为输出。

37．Bank 3 R8 PWMCON(PWMA/B 一个周期的低 2 位和占空比寄存器)

Bit 7	Bit 6	Bit 5	Bit 4	Bit 3	Bit 2	Bit 1	Bit 0
PRDA[1]	PRDA[0]	DTA[1]	DTA[0]	PRDB[1]	PRDB[0]	DTB[1]	DTB[0]

Bit 7~Bit 6：PWMA 周期的低 2 位。

Bit 5~Bit 4：PWMA 占空比最低有效位。

Bit 3~Bit 2：PWMB 周期的低 2 位。

Bit 1~Bit 0：PWMB 占空比最低有效位。

38. Bank 3 R9 PRDAH(PWMA 周期寄存器的高 8 位（第 9 位～第 2 位）)

Bit 7	Bit 6	Bit 5	Bit 4	Bit 3	Bit 2	Bit 1	Bit 0
PRDA[9]	PRDA[8]	PRDA[7]	PRDA[6]	PRDA[5]	PRDA[4]	PRDA[3]	PRDA[2]

Bank 3 R9 的内容是 PWMA 的 Bit 9～Bit 2 的一个周期(时间基准)，PWMA 频率是周期的倒数。

39. Bank 3 RA DTAH(PWMA 占空比寄存器的高 8 位（第 9 位～第 2 位）)

Bit 7	Bit 6	Bit 5	Bit 4	Bit 3	Bit 2	Bit 1	Bit 0
DTA[9]	DTA[8]	DTA[7]	DTA[6]	DTA[5]	DTA[4]	DTA[3]	DTA[2]

一个具体的值使得 PWMA 的输出保持在高电平，直到此值与 TMRA 相匹配。

40. Bank 3 RB PRDBH(PWMB 周期寄存器的高 8 位（第 9 位～第 2 位）)

Bit 7	Bit 6	Bit 5	Bit 4	Bit 3	Bit 2	Bit 1	Bit 0
PRDB[9]	PRDB[8]	PRDB[7]	PRDB[6]	PRDB[5]	PRDB[4]	PRDB[3]	PRDB[2]

Bank 3 RB 的内容是 PWMB 的 Bit 9～Bit 2 的一个周期(时间基准)，PWMB 频率是周期的倒数。

41. Bank 3 RC DTBH(PWMB 占空比寄存器的高 8 位（第 9 位～第 2 位）)

Bit 7	Bit 6	Bit 5	Bit 4	Bit 3	Bit 2	Bit 1	Bit 0
DTB[9]	DTB[8]	DTB[7]	DTB[6]	DTB[5]	DTB[4]	DTB[3]	DTB[2]

一个具体的值使得 PWMB 的输出保持在高电平，直到此值与 TMRB 相匹配。

42. Bank 3 RD TC3CR(定时器 3 控制)

Bit 7	Bit 6	Bit 5	Bit 4	Bit 3	Bit 2	Bit 1	Bit 0
TC3FF1	TC3FF0	TC3S	TC3CK2	TC3CK1	TC3CK0	TC3M1	TC3M0

Bit 7～Bit 6：定时/计数器 3 触发器控制。其操作模式选择如表 1-3-15 所示。

表 1-3-15　定时/计数器 3 触发器操作模式

TC3FF1	TC3FF0	操 作 模 式
0	0	清除
0	1	触发
1	0	设置
1	1	保留

Bit 5：定时器/计数器 3 启动控制。

0：停止并清除计数器；

1：开始。

Bit 4～Bit 2：定时/计数器 3 时钟源选择（参见表 1-3-16）。

Bit 1～Bit 0：定时/计数器 3 操作模式选择（参见表 1-3-17）。

表 1-3-16　定时/计数器 3 时钟源选择

TC3CK2	TC3CK1	TC3CK0	时钟源	分辨率	最大时间
			正常/空闲	Fc=4 MHz	131 072 μs
0	0	0	$Fc/2^{11}$	512 μs	8 192 μs
0	0	1	$Fc/2^{7}$	32 μs	2 048 μs
0	1	0	$Fc/2^{5}$	8 μs	1 024 μs
0	1	1	$Fc/2^{3}$	2 μs	512 μs
1	0	0	$Fc/2^{2}$	1 μs	256 μs
1	0	1	$Fc/2^{1}$	500 ns	128 μs
1	1	0	Fc	250 ns	64 μs
1	1	1	外部时钟（TC3）	—	—

表 1-3-17　定时/计数器 3 操作模式选择

TC3M1	TC3M0	操 作 模 式
0	0	定时/计数器
0	1	保留
1	0	可编程分频器输出
1	1	脉冲宽度调制输出

定时/计数器 3 配置如图 1-3-8 所示。

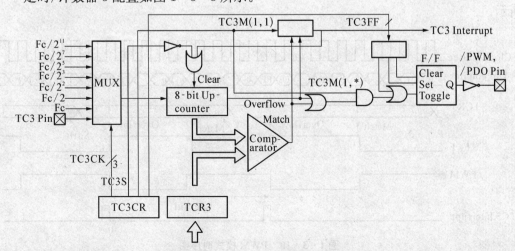

图 1-3-8　定时/计数器 3 配置

定时器模式：加计数操作是通过使用内部时钟（上升沿触发）进行。当加计数器内容与TCR3 匹配，则产生中断并且计数器被清零，计数器清零后计数恢复。

计数器模式：加计数操作是通过使用外部时钟输入引脚（TC3 引脚）完成。当加计数器内容与 TCR3 匹配，则产生中断并且计数器被清零，计数器清零后计数恢复。

可编程分频器输出（PDO）的模式：加计数操作是通过使用内部时钟进行。TCR3 的内容与加计数器中的内容相比较，每次找到一个匹配时 F/F 输出被触发，计数器被清除。F/F输出被倒置并输出到/PDO 引脚。这种模式产生 50％的占空脉冲输出。F/F 可以被程序初始化，在重置时初始值为"0"。每次/PDO 输出触发时都产生一个中断。PDO 模式时序图如图 1-3-9 所示。

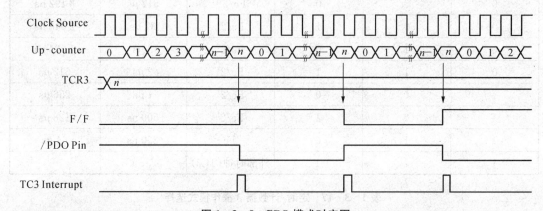

图 1-3-9　PDO 模式时序图

脉冲宽度调制（PWM）输出模式：加计数操作是通过使用内部时钟进行。TCR3 的内容与加计数器中的内容相比较，当找到一个匹配时 F/F 输出被触发。计数器继续计数，当计数器发生溢出则再次被触发，然后计数器清零。F/F 输出被倒置并输出到/PWM引脚。每次产生溢出就产生一个 TC3 中断。TCR3 配置为 2 级转移寄存器，在输出时不会切换直到输出周期完成，即使重写 TCR3。因此，输出不能被连续改变。同时，第一次在数据加载到 TCR3 后通过将 TC3S 置"1"来切换。PWM 模式时序图如图 1-3-10所示。

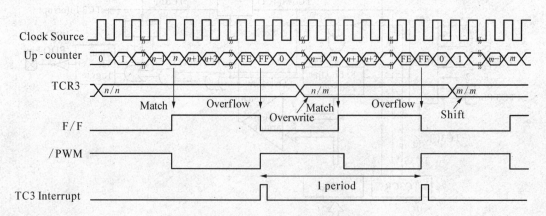

图 1-3-10　PWM 模式时序图

43. Bank 3 RE TC3D(定时器 3 数据寄存器)

Bit 7	Bit 6	Bit 5	Bit 4	Bit 3	Bit 2	Bit 1	Bit 0
TC3D7	TC3D6	TC3D5	TC3D4	TC3D3	TC3D2	TC3D1	TC3D0

Bit 7～Bit 0：8 位定时器/计数器 3 的数据缓冲器。

44. Bank 3 RF(下拉控制寄存器 1)

Bit 7	Bit 6	Bit 5	Bit 4	Bit 3	Bit 2	Bit 1	Bit 0
/PD77	/PD76	/PD75	/PD74	/PD73	/PD72	—	—

对应位"0"表示启用,"1"禁用。RF 寄存器是可读可写的。

1.3.3　特殊功能寄存器

1. A(累加器)

内部数据传输操作,或指令操作数保持,通常是指累加器的临时存储功能。累加器是不可寻址寄存器。

2. CONT(控制寄存器)

Bit 7	Bit 6	Bit 5	Bit 4	Bit 3	Bit 2	Bit 1	Bit 0
INTE	/INT	TS	TE	PSTE	PST2	PST1	PST0

Bit 7(INTE)：INT 信号边缘。

0：中断发生在 INT 引脚的上升沿;

1：中断发生在 INT 引脚的下降沿。

Bit 6(/INT)：中断使能标志。

0：由 DIST 或硬件屏蔽中断;

1：ENT/RETI 指令使能中断。

Bit 5(TS)：TCC 信号源。

0：内部指令周期时钟;

1：在 TCC 引脚上转换。

Bit 4(TE)：TCC 信号边缘。

0：在 TCC 引脚发生从低到高的转变计数加 1;

1：在 TCC 引脚发生从高到低的转变计数加 1。

Bit 3(PSTE)：对 TCC 的预分频比使能位。

0：禁用预分频比,TCC 预分频为 1：1;

1：启用预分频比,TCC 预分频为由位 2～0 位设置。

Bit 2~Bit 0(PST1~PST0)：TCC 预分频比位。TCC 分频比如表 1-3-18 所示。

表 1-3-18　TCC 分频比

PST2	PST1	PST0	TCC 分频比
0	0	0	1：2
0	0	1	1：4
0	1	0	1：8
0	1	1	1：16
1	0	0	1：32
1	0	1	1：64
1	1	0	1：128
1	1	1	1：256

CONT 是可读可写的。

3. IOC5~IOC8(I/O 口控制寄存器)

"1"值设置相对的 I/O 引脚为高阻抗,而"0"定义相对 I/O 引脚为输出。

IOC5~IOC8 寄存器是可读可写的。

4. IOC9：保留寄存器

5. IOCA(WDT 控制寄存器)

Bit 7	Bit 6	Bit 5	Bit 4	Bit 3	Bit 2	Bit 1	Bit 0
WDTE	EIS	—	—	PSWE	PSW2	PSW1	PSW0

Bit 7(WDTE)：启动看门狗定时器控制位。

0：禁止看门狗;

1：使能看门狗。

WDTE 是可读可写的。

Bit 6(EIS)：定义 P60(/INT)引脚功能控制位。

0：P60,双向 I/O 引脚;

1：/INT,外部中断引脚。在这种情况下,I/O 的 P60 控制位必须设置为"1"。当 EIS 为"0",/INT 被屏蔽。当 EIS 为"1",/INT 管脚状态也可以通过读 PORT6(端口 R6)的方式读取。

EIS 是可读可写的。

Bit 5~Bit 4：不使用,总是设为"0"。

Bit 3(PSWE)：启用看门狗预分频比位。

0：WDT 预分频比不可设置,WDT 的预分频比为 1：1;

1：WDT 预分频比可设置,WDT 预分频比在位 0~2 设置。

Bit 2~Bit 0(PSW2~PSW0)：WDT 预分频比(参见表 1-3-19)。

表 1 - 3 - 19　WDT 预分频比

PSW2	PSW1	PSW0	WDT 分频比
0	0	0	1：2
0	0	1	1：4
0	1	0	1：8
0	1	1	1：16
1	0	0	1：32
1	0	1	1：64
1	1	0	1：128
1	1	1	1：256

6. IOCB(下拉控制寄存器 2)

Bit 7	Bit 6	Bit 5	Bit 4	Bit 3	Bit 2	Bit 1	Bit 0
/PD63	/PD62	/PD61	/PD60	/PD53	/PD52	/PD51	/PD50

对应位"0"表示启用内部下拉,"1"禁用内部下拉。IOCB 寄存器是可读写的。

7. IOCC(漏极开路控制寄存器)

Bit 7	Bit 6	Bit 5	Bit 4	Bit 3	Bit 2	Bit 1	Bit 0
OD66	OD65	OD64	OD67	OD63	OD62	OD61	OD60

Bit 7(OD66)：启动 P67 引脚漏极开路控制位。

对应位"0"表示禁止漏极开路输出,"1"使能漏极开路输出。IOCC 寄存器是可读写的。

8. IOCD(上拉控制寄存器 2)

Bit 7	Bit 6	Bit 5	Bit 4	Bit 3	Bit 2	Bit 1	Bit 0
/PH67	/PH66	/PH65	/PH64	/PH63	/PH62	/PH61	/PH60

对应位"0"表示使能内部上拉,"1"禁止内部下拉功能。IOCD 寄存器是可读写的。

9. IOCE(中断屏蔽寄存器)

Bit 7	Bit 6	Bit 5	Bit 4	Bit 3	Bit 2	Bit 1	Bit 0
CMP2IE	—	TC3IE	TC2IE	TC1IE	UERRIE	URIE	UTIE

当比较器 2 输出的状态改变时进中断,CMP2IE 位必须设置为"启用"。

注意：

① 用户必须将 IOCE 的第 6 位置为"0"；

② IOCE 寄存器是可读可写的；

③ 各个中断位设为"0"表示禁止中断,设为"1"表示使能中断。

10. IOCF(中断屏蔽寄存器 1)

Bit 7	Bit 6	Bit 5	Bit 4	Bit 3	Bit 2	Bit 1	Bit 0
—	ADIE	SPIIE	PWMBIE	PWMAIE	EXIE	ICIE	TCIE

注意:

① 用户必须将 IOCF 寄存器的第 7 位设为"0";

② 可以通过启用 IOCF 的相关控制位为"1"来启用单个的中断;

③ 全局中断通过 ENI 指令来启用,并由 DISI 指令来取消;

④ IOCF 寄存器是可读可写的;

⑤ 各个中断位设为"0"表示禁止中断,设为"1"表示启用中断。

1.4 EM78F6xx 单片机复位、唤醒和中断

1.4.1 单片机复位

复位由以下情况产生:

(1) 上电复位;

(2) /RESET 引脚输入低电平;

(3) 看门狗超时溢出(如果 WDT 已启用)。

当单片机检测到复位信号后,会持续大约 18 ms(一个振荡器启动时间)的复位状态。

一旦复位产生,单片机将处于下列状态:

(1) 振荡器继续运行,或将要启动;

(2) 程序计数器 PC(R2)全部清"0";

(3) 所有 I/O 端口引脚设置为输入模式(高阻状态);

(4) 看门狗定时器和预分频器被清除;

(5) 当电源接通时,状态寄存器 R3 的高 3 位被清"0";

(6) RB、RC、RD 寄存器设置为初始状态;

(7) CONT 寄存器的位全部清"0";

(8) IOCA 寄存器的位全部清"0";

(9) 下拉控制寄存器 IOCB 的位全部置"1";

(10) 漏极开路控制寄存器 IOCC 的位全部清"0";

(11) 上拉控制寄存器 IOCD 的位全部置"1";

(12) WDT 控制寄存器 IOCE 的位全部清"0";

(13) 中断屏幕寄存器 IOCF 的位全部清"0"。

复位可由下列事件引起:

(1) 电源条件;

(2) /RESET 引脚接入高-低-高脉冲;

（3）看门狗超时（如果已启用）。

表 1-4-1 列出了复位后 RST 的 T 和 P 的状态。表 1-4-2 列出了影响 T 和 P 的状态的情况。

表 1-4-1　复位后 RST 的 T 和 P 的值

复 位 类 型	T 值	P 值
上电复位	1	1
在运行模式下复位	*P	*P
在睡眠模式下唤醒复位	1	0
看门狗在运行模式下	0	*P
在睡眠模式时看门狗唤醒	0	0
在睡眠模式下引脚变化唤醒	1	0

注：*P 表示复位前的初始状态。

表 1-4-2　影响 T 和 P 的状态的情况

情 况	T 值	P 值
上电复位	1	1
WDTC 指令	1	1
看门狗超时	0	*P
SLEP 指令	1	0
在睡眠模式下引脚变化唤醒	1	0

注：*P 表示复位前的初始状态。

复位控制框图如图 1-4-1 所示，一般情况下在/RESET 端可不用接复位电路，仅将 RESET 端接 VDD 即可。

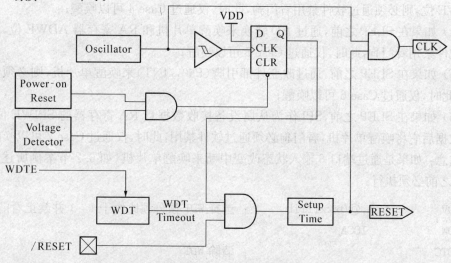

图 1-4-1　复位控制框图

1.4.2　休眠和唤醒

"SLEP"指令可以启动休眠(省电)模式,当进入休眠模式后,WDT(如果已启用)被清除,但保持运行。在 RC 模式下,唤醒时间为 10 μs,在高晶模式下,唤醒时间是 800 μs。

单片机可被以下情况唤醒:

Case 1:/RESET 引脚接在外部复位输入;

Case 2:WDT 超时溢出(如果已启用);

Case 3:端口 6 输入状态变化(如果已启用);

Case 4:比较器输出状态改变(如果 CMPWE 已启用);

Case 5:A/D 转换完成(如果 ADWE 已启用);

Case 6:外部引脚(P60,/INT)发生变化(如果 EXWE 已启用);

Case 7:当 SPI 作为从机设备时接收到数据(如果 SPIWE 已启用)。

在前两种情况下会导致单片机复位,状态寄存器 R3 的 T 和 P 标志位可以用来判断复位(唤醒)类型,后五种情况要考虑总的中断开启与否(执行 ENI 或 DISI 指令)决定单片机在唤醒之后是否跳到中断向量。如果在执行"SLEP"指令之前:

(1) 若开中断(ENI),则唤醒后程序分别跳到中断向量 OO06、OO15、OO30、OO03、OO12 位置;

(2) 若关中断(DISI),则唤醒后程序从"SLEP"指令的下一条指令执行。

同时进入休眠模式之前,Case 2 至 Case 7 可由软件使能。也就是说,

(1) 如果在 SLEP 之前 WDT 启用,则对 RE 全被禁用,此时,只有 Case 1 或 2 可以唤醒单片机(具体细节请参阅中断章节);

(2) 如果在 SLEP 之前,通过改变端口 6 输入状态来唤醒单片机和 RA 寄存器 ICWE 位,则必须禁用看门狗,此时,仅通过 Case 3 可以唤醒;

(3) 如果在 SLEP 之前,通过改变比较器 2 输出状态来唤醒单片机和 RA 寄存器 CMPWE 位,则必须通过软件禁用看门狗,此时,仅通过 Case 4 可以唤醒;

(4) 如果在 SLEP 之前,通过 AD 转换来唤醒单片机和 RA 寄存器 ADWE 位,则必须通过软件禁用看门狗,此时,仅通过 Case 5 可以唤醒;

(5) 如果在 SLEP 之前,通过改变外部引脚(P60,/INT)来唤醒单片机,则必须禁用看门狗,此时,仅通过 Case 6 可以唤醒;

(6) 如果在 SLEP 之前,SPI 作为从属设备接收数据且 RA 寄存器的 SPIWE 位使能,接收数据后它将唤醒单片机,看门狗必须通过软件禁用,此时,仅通过 Case 7 可以唤醒。

注意:如果是通过端口 6 输入状态改变中断来唤醒单片机(如 6.2 节案例所述),则在 SLEP 之前必须执行:

```
MOV      A,@0xxx1111b      ; 选择 WDT 预分频比大于 1:1 并禁止看门狗
IOW      IOCA
WDTC                       ; 清除 WDT
MOV      R6, R6            ; 读端口 6
```

```
ENI (or DISI)                    ; 启用(或禁用)全部中断
BC              R4, 7            ; 选择 Bank 0
BC              R4, 6
MOV             A, @0100xxxxb    ; 使能端口 6 输入变化唤醒位
MOV             RA, A
MOV             A, @xxxxxx1xb    ; 启用端口 6 输入状态中断
IOW IOCF
SLEP                             ; 休眠
```

类似地,如果是通过比较器 2 中断来唤醒单片机(如 6.3 节案例所述),则在 SLEP 之前必须执行:

```
BS              R4, 7            ; 选择 Bank 3
BS              R4, 6
MOV             A, @xxxx10xxb    ; 选择比较器并选 P80 作为 C0 引脚
MOV             R7, A
MOV             A, @0xxx1000b    ; 选择 WDT 预分频比并禁止看门狗
IOW             IOCA
WDTC                             ; 清除 WDT 和预分频器
ENI (or DISI)                    ; 启用(或禁用)全部中断
BC              R4, 7            ; 选择 Bank 0
BC              R4, 6
MOV             A, @1000xxxxb    ; 启用比较器输出状态改变唤醒位
MOV             RA, A
MOV             A, @10000000b    ; 启用比较器输出状态改变中断
IOW             IOCE
SLEP                             ; 休眠
```

所有的唤醒模式和休眠模式类型如表 1-4-3 所示。

表 1-4-3 唤醒模式和休眠模式类型

唤 醒 信 号	休 眠 模 式	正 常 模 式
外部中断	如果 EXWE 位启用:唤醒+中断(如果中断使能)+下一指令	中断(如果中断启用)或下一指令
端口 6 引脚改变	如果 ICWE 位启用:唤醒+中断(如果中断使能)+下一指令	中断(如果中断启用)或下一指令
TCC 溢出中断	—	中断(如果中断启用)或下一指令
SPI 中断	如果 SPIWE 位启用:唤醒+中断(如果中断使能)+下一指令(SPI 必须是从机模式)	中断(如果中断启用)或下一指令

唤 醒 信 号	休 眠 模 式	正 常 模 式
比较器 2（输出状态改变）	如果 CMPWE 位启用：唤醒＋中断（如果中断使能）＋下一指令	中断（如果中断启用）或下一指令
TC1 中断	—	中断（如果中断启用）或下一指令
异步传输完成中断	—	中断（如果中断启用）或下一指令
异步接收数据缓冲器满中断	—	中断（如果中断启用）或下一指令
异步接收错误中断	—	中断（如果中断启用）或下一指令
TC2 中断	—	中断（如果中断启用）或下一指令
TC3 中断	—	中断（如果中断启用）或下一指令
脉宽调制 A/B（当定时器 A/B 匹配 PRDA/B 时）	—	中断（如果中断启用）或下一指令
AD 转换完成中断	如果 ADWE 位启用：唤醒＋中断（如果中断启能）＋下一指令（Fm 和 Fs 不停止）	中断（如果中断启用）或下一指令
看门狗超时	复位	复位
低电压复位	复位	复位

注：醒来后，如果中断启动→中断＋下一个指令；如果中断禁用→下一个指令。

1.4.3　单片机中断

　　EM78F6xx 系列单片机提供了 14 个中断源，其中 3 个外部中断，11 个内部中断，如表 1-4-4 所示。中断输入电路如图 1-4-2 所示。

表 1-4-4　中断源

中　断　源		使能条件	中断标志	中断向量	优先级
内部/外部	Reset	—	—	0000	内部/外部
外部	INT	ENI ＋ EXIE＝1	EXIF	0003	外部
外部	Port 6 pin change	ENI ＋ ICIE＝1	ICIF	0006	外部
内部	TCC	ENI ＋ TCIE＝1	TCIF	0009	内部
内部	SPI	ENI ＋ SPIIE＝1	SPIIF	0012	内部
外部	Comparator2	ENI ＋ CMP2IE＝1	CMP2IF	0015	外部
内部	TC1	ENI ＋ TC1IE＝1	TC1IF	0018	内部
内部	UART Transmit	ENI ＋ UTIE＝1	TBEF	001B	内部
内部	UART Receive	ENI ＋ URIE＝1	RBFF	001E	内部

续 表

中 断 源		使能条件	中断标志	中断向量	优先级
内部/外部	Reset	—	—	0000	内部/外部
内部	UART Receive error	ENI + UERRIE＝1	UERRIF	0021	内部
内部	TC2	ENI + TC2IE＝1	TC2IF	0024	内部
内部	TC3	ENI + TC3IE＝1	TC3IF	0027	内部
内部	PWMA	ENI + PWMAIE＝1	PWMAIF	002A	内部
内部	PWMB	ENI + PWMBIE＝1	PWMBIF	002D	内部
内部	AD	ENI + ADIE＝1	ADIF	0030	内部

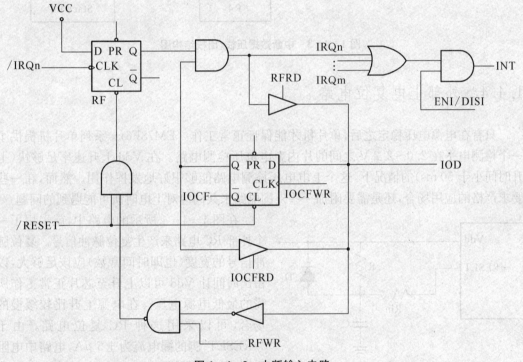

图 1-4-2 中断输入电路

中断状态寄存器 RE RF：记录了相应功能的中断请求，除 ICIF 位外，其他位对应中断不管是否被使能或执行，只要位对应功能完成，该位置"1"。

中断使能寄存器 IOCE IOCF：使能分配对应位功能中断，使能中断，对应位置"1"，关闭中断，对应位清"0"。

全局中断指令 ENI、DISI、RETI、ENI 为全局中断使能指令，该指令如未被执行，则所有中断功能均不执行；DISI 为全局中断关闭指令，该指令执行，关闭所有中断功能；RETI 为中断返回指令，用作对应中断功能函数结束指令，该指令执行，则 PC 指针返回上一个断点，并使能全局中断。

当发生一个使能中断时，下一条指令将 PC 指针映射至对应中断的向量地址，随后执行中断功能函数。在执行中断功能函数前,芯片硬件自动对寄存器 ACC、R3、R4 进行压栈,因而,中断功能函数结束后,会对相应寄存器进行出栈操作(中断数据压栈/出栈结构图参见图 1-4-3)。同时,在结束中断服务函数以及下一个中断请求发生前,必须对相应的中断标志位进行复位,以避免循环的进入中断。

EM78F6xx 单片机为外部中断请求提供了一个片内抗干扰检测电路,当外部中断请求脉冲宽度小于 8 个系统时钟时,则这个中断请求脉冲被当做干扰脉冲,中断请求无效。在芯片工作在低频模式时,则抗干扰电路无效。当芯片响应外部中断后,PC 指针被映射至地址 0003。

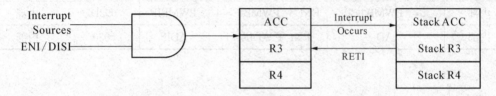

图 1-4-3　中断数据压栈/出栈结构图

1.4.4　外部上电复位电路

只有在电源电压稳定之后,单片机才能保证正常工作。EM78F6xx 系列单片机提供了一个检测电平在 2.0～2.2 V 之间的片内上电电压检测电路。在 Vdd 上升速率足够快(上升时间小于 50 ms)的情况下,这个上电电压检测电路能够很好地发挥作用。然而,在一些要求严格的应用场合,还是需要附加一些外围电路来共同应对上电时所可能遇到的问题。

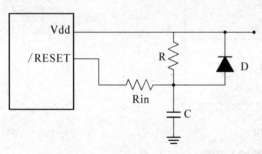

图 1-4-4　外部上电复位电路

在图 1-4-4 所示的电路中,就采用了一个外部 RC 电路来产生复位脉冲信号。复位脉冲信号的宽度(也即时间常数)应该足够大,以留出时间让 Vdd 可以上升至芯片正常工作所需的最低电源电压。在电源上升比较缓慢的场合,可以采用这种 RC 复位电路。由于"/RESET"脚的漏电流为 ±5 μA,电路中电阻 R 的阻值建议大于 40 kΩ,这样才能将"/RESET"管脚得到的电压控制在 0.2 V 以下。电路中的二极管 D 在掉电时可起短路作用,这样电容 C 就可实现快速而完全的放电。限流电阻 Rin 则可防止大电流或静电放电对"/RESET"管脚造成损害。

1.5　TCC/WDT 及预分频器 Prescaler

EM78F6xx 系列单片机内置 8 位定时/计数器 TCC 和看门狗定时器,以 EM78F6xx 为例,TCC 和 WDT 功能框图如图 1-5-1 所示。

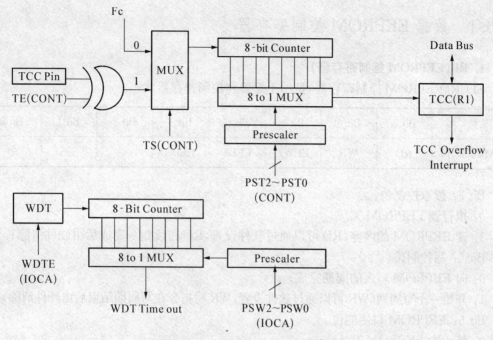

图 1-5-1 TCC 和 WDT 功能框图

TCC 的时钟可以是内部指令周期时钟 CLK 或通过 TCC 脚输入的外部脉冲,其计数采用递增方式。TCC 预分频比为 1:1 时,当来自内部时钟脉冲时,计数器会在 1/Fc 时增 1;当来自外部时钟脉冲时,在信号的上或下沿计数器会增 1,外加信号的脉冲宽度要大于时钟周期 1/Fc。当 TCC 计数至 FFH 时,在下一个计数发生时,将自动清零,并将 TCC 计数器溢出中断位 TCIF 置"1",如此往复。TCC 将在休眠模式下停止运行。

看门狗定时器 WDT 是一片独立的内置 RC 振荡器,即使外部振荡器被关闭(即工作在休眠模式),WDT 也在一直计数。当 WDT 被使能,无论是工作模式或休眠模式,若 WDT 超时,都将导致单片机复位,一般 WDT 基本溢出周期约 18 ms(晶振的启动时间)。

注意:

① 预分频器分配给 TCC 使用时;

② 当预分频器分配给 WDT 使用时;

③ TCC 的分频系数由控制寄存器 CONT 的 PST0~PST 2 位来决定,同样的,WDT 的分频系数取决于 IOCA 的 PSW0~PSW2 位。

1.6 数据 EEPROM

在整个工作电压范围内的正常操作中数据 EEPROM 是可读可写的,对于数据 EEPROM 操作是基于单个字节的。写操作在一个分配的字节上完成擦除—写周期。数据 EEPROM 存储器提供高擦除和写周期。写一个字节包含自动清除并写入新值。

1.6.1 数据 EEPROM 控制寄存器

1. RB(EEPROM 控制寄存器)

EECR(EEPROM 控制寄存器)是用于配置和控制寄存器状态。

	Bit 7	Bit 6	Bit 5	Bit 4	Bit 3	Bit 2	Bit 1	Bit 0
EM78F664N	RD	WR	EEWE	EEDF	EEPC	—	—	—

Bit 7：读取控制位。

0：执行读 EEPROM 完成；

1：读 EEPROM 的内容(RD 可以通过软件设置，RD 在读指令完成后由硬件清除)。

Bit 6：写控制位。

0：向 EEPROM 写入的周期完成；

1：开始一个写周期(WR 可以通过软件设置，WR 写指令在写周期结束后由硬件清除)。

Bit 5：EEPROM 写使能位。

0：禁止向 EEPROM 写入；

1：允许向 EEPROM 写入。

Bit 4：EEPROM 的检测标识。

1：写周期完成；

0：写周期未完成。

Bit 3：EEPROM 的掉电控制位。

0：关闭 EEPROM；

1：开启 EEPROM。

2. RC(256 字节的 EEPROM 地址寄存器)

当访问 EEPROM 数据存储器，RC(256 字节的 EEPROM 地址寄存器)保存被访问的地址。操作时，在 RD (256 字节的 EEPROM 数据寄存器)保存的是要写入的数据或从 RC 地址读取的数据。

Bit 7	Bit 6	Bit 5	Bit 4	Bit 3	Bit 2	Bit 1	Bit 0
EE_A7	EE_A6	EE_A5	EE_A4	EE_A3	EE_A2	EE_A1	EE_A0

Bit 7~Bit 0：256 字节的 EEPROM 地址。

1.6.2 编程步骤及实例演示

按照下列步骤对 EEPROM 写或读取数据：

(1) 设置 RB. EEPC 位为 1，开启 EEPROM 的电源。

(2) 向 RC 中写地址(256 字节的 EEPROM 地址)。

① 如果写函数为空,设置 RB. EEWE 位为 1;

② 向 RD 中写入 8 位数据(256 字节的 EEPROM 数据);

③ 设置 RB. WR 位为 1,然后执行写功能;

④ 设置 RB. READ 位为 1 后,执行读取功能。

(3) 等待 RB 的 EEDF 或 RB 的 WR 被清零。

(4) 对于下一个操作,跳至步骤(2)。

(5) 如果用户想节省电力,并确保 EEPROM 中数据不被使用,清除 RB. EEPC。

下例中介绍了控制寄存器的设置及向 EEPROM 中写入数据的方法。

例 1-6-1:

```
RC = = 0x0C
RB = = 0x0B
RD = = 0x0D
Read = = 0x07
WR = = 0x06
EEWE = = 0x05
EEDF = = 0x04
EEPC = = 0x03


BS RB, EEPC          ; 使能 EEPROM 电源
MOV A,@0x0A
MOV RC,A              ; 送地址到地址寄存器
BS RB, EEWE          ; 使能 EEPROM 写功能
MOV A,@0x55
MOV RD,A              ; 给 EEPROM 设置数据
BS RB,WR             ; 使能写操作位
JBC RB,EEDF          ; 检测 EEDF 是否为 1,若是,则跳转
JMP $-1
```

1.7　I/O 端口

　　I/O 寄存器端口 P5、P6、P7 和 P8 是双向三态 I/O 端口。P6、P7 可通过软件设置为内部上拉。此外,P6 通过编程设置为漏极开路,P6 可以根据输入状态的改变而具有中断(或唤醒)功能,P50~P53 和 P60~P63 和 P7 引脚可以通过编程设置为下拉。由 I/O 控制寄存器组(IOC~IOC8)编程设置,每个 I/O 端口均可被定义为"输入"或"输出"。

　　I/O 寄存器组和 I/O 控制寄存器组都是可读可写的。I/O 端口 P5~P8 的接口电路如图 1-7-1、图 1-7-2、图 1-7-3 和图 1-7-4 所示。常用 P6 作为具有输入状态改变唤醒中断功能的端口,其功能说明如表 1-7-1 所示。

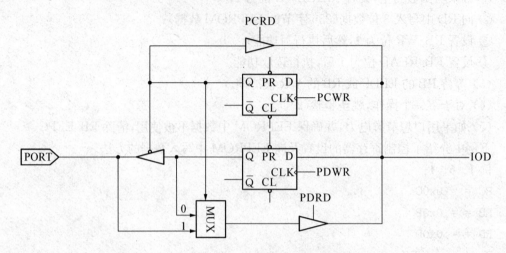

图 1-7-1　P5～P8 I/O 端口和 I/O 控制寄存器电路

注：下拉未标注。

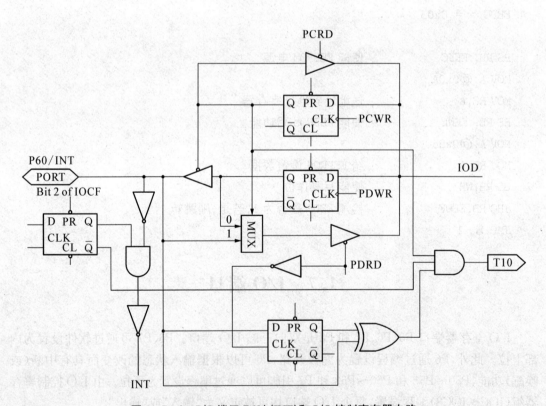

图 1-7-2　I/O 端口 P60(/INT)和 I/O 控制寄存器电路

注：上拉(下拉)和漏极开路未标示。

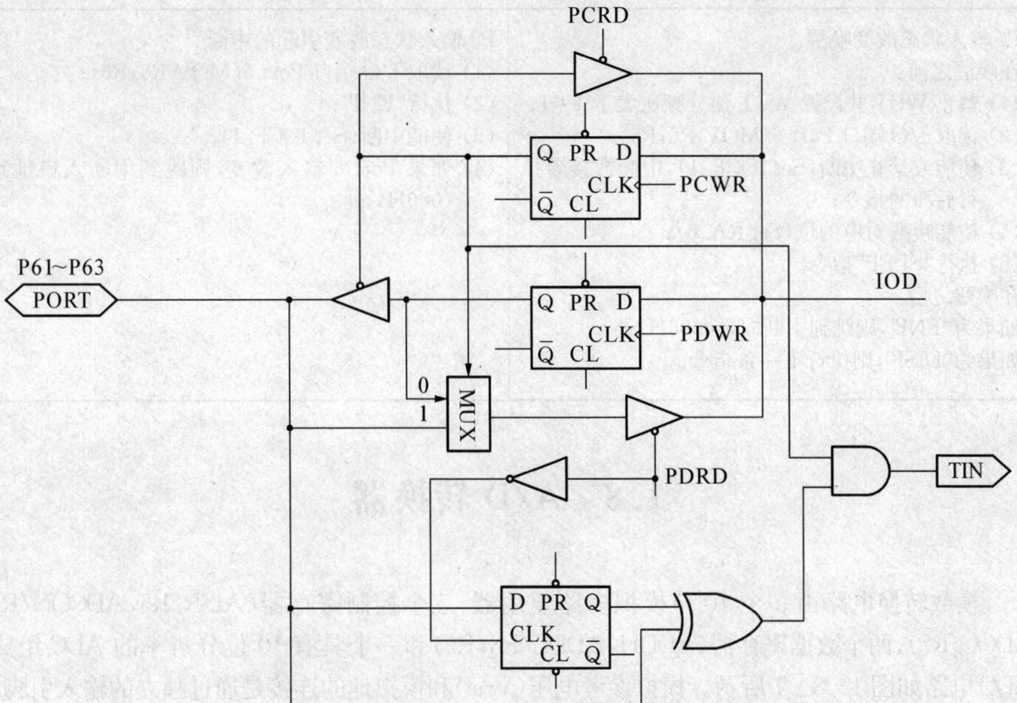

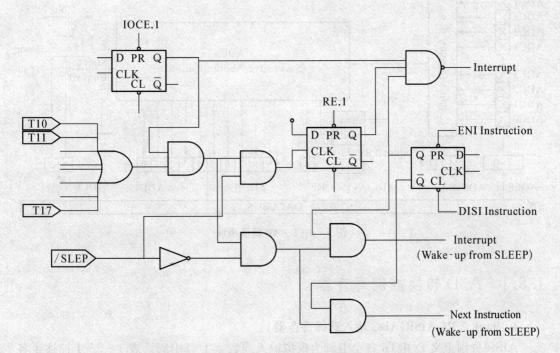

图 1 - 7 - 3　P61～P67 及 P72～P77 I/O 端口和 I/O 控制寄存器电路

注：上拉(下拉)和漏极开路未标示。

图 1 - 7 - 4　具有输入变化中断/唤醒功能的 P6 口框图

表 1 - 7 - 1 P6 输入改变唤醒/中断功能

P6 输入状态改变唤醒	P6 输入状态改变引起的中断
在唤醒之前： (1) 禁止 WDT 并设置 WDT 预分频比大于 1：1； (2) 读取 I/O 端口 Port 6(MOV R6,R6)； (3) 使能或禁止中断(Set IOCF.1)，中断或接着执行后面的指令； (4) 使能唤醒对应的位(Set RA.6)； (5) 执行"SLEP"指令。 在唤醒之后： 如果为"ENI"，则跳到中断向量(006H)处； 如果为"DISI"，则执行下一条指令。	(1) 读取 I/O 端口 Port 6(MOV R6,R6)； (2) 执行"ENI"； (3) 使能中断(Set IOCF.1)； (4) 如果 Port 6 输入改变，则跳到中断入口地址(006H)。

1.8 A/D 转换器

模数转换电路由一个 10 位模拟多路复用器、三个控制寄存器(AISR/R5，ADCON/R6，ADOC/R7)、两个数据寄存器(ADDH，ADDL/R8，R9)和一个具有 10 位分辨率的 ADC 组成。ADC 电路如图 1 - 8 - 1 所示。模拟参考电压(Vref)和模拟地的连接是通过独立的输入引脚。

该 ADC 模块是利用逐次逼近法来进行模数转换的，将转换结果输出给 ADDH 和 ADDL。输入通道由 ADCON 寄存器的 ADIS0～ADIS2 位来选定。

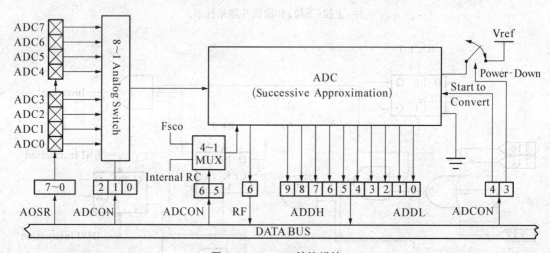

图 1 - 8 - 1 AD 转换模块

1.8.1 A/D 转换控制寄存器

1. Bank 2 R5 AISR(ADC 输入选择寄存器)

AISR 分别定义 PORT6 各个引脚为模拟输入或数字 I/O 引脚。表 1 - 8 - 1 描述了各位的意义，详细说明如下：

表 1 - 8 - 1　AISR 各位描述

Bit 7	Bit 6	Bit 5	Bit 4	Bit 3	Bit 2	Bit 1	Bit 0
ADE7	ADE6	ADE5	ADE4	ADE3	ADE2	ADE1	ADE0

Bit 7(ADE7)：AD 转换器使能引脚 P67。为 0 时,禁用 ADC7,P67 作为 I/O 端口;为 1 时,使能 ADC7 为模拟输入引脚。

Bit 6(ADE6)：AD 转换器使能引脚 P66。为 0 时,禁用 ADC6,P66 作为 I/O 端口;为 1 时,使能 ADC6 为模拟输入引脚。

Bit 5(ADE5)：AD 转换器使能引脚 P65。为 0 时,禁用 ADC5,P65 作为 I/O 端口;为 1 时,使能 ADC5 为模拟输入引脚。

Bit 4(ADE4)：AD 转换器使能引脚 P64。为 0 时,禁用 ADC4,P64 作为 I/O 端口;为 1 时,使能 ADC4 为模拟输入引脚。

Bit 3(ADE3)：AD 转换器使能引脚 P63。为 0 时,禁用 ADC3,P63 作为 I/O 端口;为 1 时,使能 ADC3 为模拟输入引脚。

Bit 2(ADE2)：AD 转换器使能引脚 P62。为 0 时,禁用 ADC2,P62 作为 I/O 端口;为 1 时,使能 ADC2 为模拟输入引脚。

Bit 1(ADE1)：AD 转换器使能引脚 P61。为 0 时,禁用 ADC1,P61 作为 I/O 端口;为 1 时,使能 ADC1 为模拟输入引脚。

Bit 0(ADE0)：AD 转换器使能引脚 P60。为 0 时,禁用 ADC0,P60 作为 I/O 端口;为 1 时,使能 ADC0 为模拟输入引脚。

2. Bank 2 R6 ADCON(A/D 控制寄存器)

ADCON 寄存器控制 ADC 操作,确定当前哪一引脚有效。表 1 - 8 - 2 描述了 ADCON 寄存器各位功能,详细说明如下:

表 1 - 8 - 2　ADCON 各位描述

Bit 7	Bit 6	Bit 5	Bit 4	Bit 3	Bit 2	Bit 1	Bit 0
VREFS	CKR1	CKR0	ADRUN	ADPD	ADIS2	ADIS1	ADIS0

Bit 7(VREFS)：ADC 参考电压选择位。为 0 表示工作电压为参考电压,此时 P50/VREF 引脚功能为 P50;为 1 表示引脚输入电压为参考电压 P50/VREF。

Bit 6~Bit 5(CKR1~CKR0)：ADC 转换周期选择。00＝1∶4(默认值);01＝1∶1;10＝1∶16;11＝1∶2。表 1 - 8 - 3 给出了转换时间和最大工作频率的关系。

表 1 - 8 - 3　转换时间与最大工作频率的关系

CKR1/CKR0	工 作 模 式	最大工作频率
00	Fosc/4	4 MHz
01	Fosc	1 MHz
10	Fosc/16	16 MHz
11	Fosc/2	2 MHz

Bit 4(ADRUN)：ADC 启动位。为 1 时,启动 ADC 转换,可由软件置位;为 0 时,转换结束,不能由软件复位。

Bit 3(ADPD)：ADC 电源控制位。为 1 时,ADC 工作;为 0 时,关闭 AD 电源。

Bit 2～Bit 0(ADIS2～ADIS0)：模拟输入选择位。

000 = AN0/P60,001 = AN1/P61,010 = AN2/P62,011 = AN3/P63,
100 = AN4/P64,101 = AN5/P65,110 = AN6/P66,111 = AN7/P67。

只有在 ADIF 和 ADRUN 均为 0 时这 3 位才可改变。

3. Bank 2 R7 ADOC(A/D 偏移寄存器)

表 1-8-4 ADOC 各位描述

Bit 7	Bit 6	Bit 5	Bit 4	Bit 3	Bit 2	Bit 1	Bit 0
CALI	SIGN	VOF[2]	VOF[1]	VOF[0]	—	—	—

Bit 7(CALI)：A/D 校准使能位。0 为禁止,1 为使能。

Bit 6(SIGN)：补偿电压极性选择位。0 为负,1 为正。

Bit 5～Bit 3(VOF[2]～VOF[0])：补偿电压位。

Bit 2～Bit 0：未使用。

A/D 转换结束则将结果送入 ADDH,ADDL,并将 ADRUN 清零,ADIF 置位。

1.8.2 A/D 采样时间

逐次逼近式 AD 转换的准确性、线性和速度与比较器特性有关。源电阻和内部采样电阻直接影响采样保持电容充电所需时间。应用程序控制采样时间长短以满足特定精度需要。总的来说,对于每千欧源电阻,程序应等待 $2\,\mu s$。对于低阻源应至少等待 $2\,\mu s$。建议最大的源阻抗为 $10\,k\Omega$。模拟输入通道选定后,在转换开始前,所需等待时间应先满足。

1.8.3 A/D 转换时间

CKR0、CKR1 来确定转换时间(Tct),这允许主控器以最高频率运行但不影响 AD 转换精度。每位转换时间为 $1\,\mu s$,表 1-8-5 给出了 Tct 与最大工作频率的关系。

表 1-8-5 转换时间与最大工作频率的关系

CKR1/CKR0	工作模式	最大工作频率	最大转换速率/位	最大转换速率
00	Fosc/4	4 MHz	1 MHz($1\,\mu s$)	$16\times1\,\mu s=16\,\mu s$ (62.5 kHz)
01	Fosc	1 MHz	1 MHz($1\,\mu s$)	$16\times1\,\mu s=16\,\mu s$ (62.5 kHz)
10	Fosc/16	16 MHz	1 MHz($1\,\mu s$)	$16\times1\,\mu s=16\,\mu s$ (62.5 kHz)
11	Fosc/2	2 MHz	1 MHz($1\,\mu s$)	$16\times1\,\mu s=16\,\mu s$ (62.5 kHz)

1.8.4 休眠模式时的 A/D 转换

为了降低功耗,A/D 转换可以在休眠模式下进行。当执行 SLEP 指令时,除了振荡器,TCC,TC1,TC2,TC3,TimerA,TimerB 和 A/D 转换器外,所有的主控制器都停止工作。转换结束后,结果送入 ADDTA,ADOC 寄存器,ADRUN 位清零,若 ADWE 使能,系统将被唤醒;否则,AD 转换器将关闭,不论 ADPD 位是什么状态。

1.8.5 编程事项

1. 编程步骤

遵循以下步骤完成 A/D 转换:

(1) 对 AISR 操作以定义模拟通道、数字 I/O 引脚和参考电压;

(2) 对 ADCON 操作以选择 A/D 通道:选择 A/D 输入通道(ADIS2～ADIS0);通过 CKR1～CKR0 来确定转换时钟;选择 A/D 输入电压 VREFS;置 ADPD 位为 1 开始采样;

(3) 唤醒时,置 ADWE 位为 1;

(4) 中断时,置 ADIE 位为 1;

(5) 中断时,要写入 ENI 指令;

(6) 置 ADRUN 位为 1 开始转换;

(7) 等待 A/D 转换中断,即 ADRUN 位为 0 或唤醒;

(8) 读取转换结果 ADDATAH、ADDATAL;

(9) 清 A/D 转换中断标志 ADIF,本次 A/D 转换结束。

注意:

① 两次转换之间时间至少间隔 2Tct;

② 为获得准确的结果,在转换过程中需要避免在 I/O 端口上传输数据。

2. 程序示例

例 1-8-1:

```
;定义通用寄存器
R_0  = = 0 ; 间接寄存器
PSW = = 3 ; 状态寄存器
PORT5 = = 5
PORT6  = =  6
RA = =  0XA ; 唤醒控制寄存器
RF = =  0XF ; 中断状态寄存器
;定义控制寄存器
IOC50 = =  0X5 ; PORT5 控制寄存器
IOC60 = =  0X6 ; PORT6 控制寄存器
C_INT = =  0XF ; 中断控制寄存器
; ADC 控制寄存器
ADDATAH = =  0x8 ;
```

```
ADDATAL = = 0x9 ; ADC 结果
AISR = = 0x05 ; ADC 输入选择寄存器
ADCON = = 0x6 ;
ADOC = = 0x07 ; ADC 偏移校准寄存器
;位定义
;设置 ADCON
ADRUN = = 0x4 ; 启动位
ADPD = = 0x3 ; ADC 功耗模式位
ORG 0 ; 复位地址
JMP INITIAL
ORG 0x30 ; 中断向量
(用户程序)
BANK 0
CLR RF ; ADIF 清零
BANK 2
BS ADCON , ADRUN ; 开始下一转换
RETI
INITIAL :
BANK 2
MOV A , @0B00000001 ; 定义 P60 为模拟输入
MOV AISR , A
MOV A , @0B00001000 ; 选择模拟输入 P60
MOV ADCON , A ; P60 为输入引脚,选择时钟 fosc/4
MOV A , @0B00000000
MOV ADOC , A ; 校准禁用
En_ADC :
MOV A , @0BXXXXXX1 ; 定义 P60 为输入引脚
IOW PORT6 ;
BANK 0
MOV A , @0BXX1XXXXX ; 使能 ADWE 唤醒
MOV RA , A
MOV A , @0BX1XXXXXX ; 使能 ADIE 中断
IOW C_INT
ENI ; 使能总中断
BANK 2
BS ADCON , ADRUN ; 运行 ADC
SLEP ; 进入休眠模式
POLLING :
JBC ADCON , ADRUN ; 检测 ADRUN 位
JMP POLLING ;
(用户程序)
```

1.9 脉宽调制

1.9.1 概述

在脉宽调制（PWM）方式中，PWMA、PWMB 两引脚产生 10 位精度的脉宽调制输出（功能图如图 1-9-1 所示），它的输出包含一个周期和一个占空比，并且保持输出为高（对应的输出时序图如图 1-9-2 所示）。其中，波特率为周期的倒数。

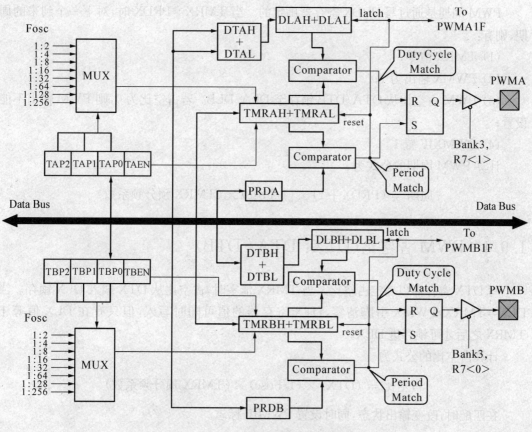

图 1-9-1 双脉宽调制的功能框图

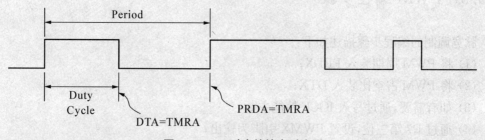

图 1-9-2 对应的输出时序图

1.9.2 增量定时器/计数器

TMRX 为 10 位时钟计数器,预分频系数可编程。它们是作为 PWM 模式的波特率发生器。TMRX 为只读,在程序中,只需要设置 TAEN 中相应位为 0(TAEN 对应 R5(7),TBEN 对应 R5(3)),PWM 就可以在省电状态下停止,以降低功耗。

1.9.3 PWM 周期(PRDX:PRDA 或 PRDB)

PWM 周期是通过写 PRDX 寄存器确定的。当 TMRX=PRDX 时,对下一个到来的周期,则有:

(1) TMRX 清零;

(2) PWMX 输出为 1;

(3) PWM 占空比从 DTA/DTB 锁存至 DLA/DLB。若占空比为 0,则 PWM 输出不能设置;

(4) PWMXIF 置 1。

计算 PWM 周期的公式为

$$周期 = (PRDX + 1) \times (1/Fosc) \times (TMRX 预分频系数)$$

1.9.4 PWM 占空比(DTX:DTA/ DTB)

写 DTX 寄存器以确定占空比。当 TMRX 清零时,占空比从 DTX 载入 DLX 锁存。当 DLX=TMRX,PWMX 引脚清零,DTX 寄存器的值可随时写入,但只有在 DLX 值等于 TMRX 之后才可锁存进 DLX。

计算占空比的公式为

$$占空比 = (DTX) \times (1/Fosc) \times (TMRX 预分频系数)$$

在匹配时,改变输出状态,同时设置 PWMIF 标志。

1.9.5 PWM 编程步骤

脉宽调制的编程步骤描述如下:

(1) 将 PWM 周期装入 PRDX;

(2) 将 PWM 占空比装入 DTX;

(3) 如有需要,通过写入 IOCF 使能中断;

(4) 通过 R7 第三位,设置 PWMX 引脚为输出;

(5) 选择预分频系数,使能 PWMX 和 TMRX。

1.10　定时器/计数器

1.10.1　定时器/计数器 1

定时器/计数器 1 的结构框图如图 1-10-1 所示。

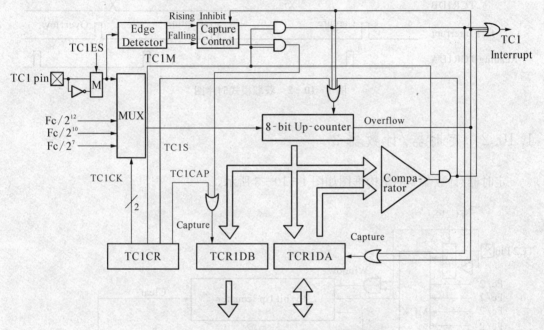

图 1-10-1　定时器/计数器 1 的结构框图

在定时器模式,通过内部时钟进行计数,当加计数器的内容与 TCR1DA 相匹配时,产生中断,并且计数器清零,等待脉冲进入时重新计数。这时,通过设置 TC1CAP 为"1"和自动清除为"0",加计数器当前的内容被加载到 TCR1DB。

在计数器模式,通过外部时钟输入引脚(TC1)来实现计数,并且通过 TC1ES 来选择是上升沿或下降沿,但两者不能同时使用。当加计数器的内容与 TCR1DA 相匹配时,产生中断,并且计数器清零,等待脉冲进入时重新计数。这时,通过设置 TC1CAP 为"1"和自动清除为"0",加计数器当前的内容被加载到 TCR1DB。

在获取模式下,可以测定脉冲宽度、周期和 TC1 输入引脚的值,它可以用来解调遥控信号,计数器由内部时钟控制自动运行。在 TC1 输入引脚为上升沿(或下降沿),计数器当前的内容被加载到 TCR1DA,这时计数器被清零并产生中断;在 TC1 输入引脚为下降沿(或上升沿),计数器当前的内容被加载到 TCR1DB,然后,计数器继续计数,当 TC1 输入引脚再次为上升沿时,计数器当前的内容被加载到 TCR1DA,这时计数器再次被清零并产生中断。如果检测到边沿前就溢出,则 FFH 被加载到 TCR1DA 并产生溢出中断。在中断处理过程中,通过检查 TCR1DA 值是否为 FFH,可以确定是否有溢出产生。当(通过 TCR1DA 获得或溢出检测)产生一个中断后,获取和溢出检测将继续,直到 TCR1DA 读出停止。获取模式时序图如图 1-10-2 所示。

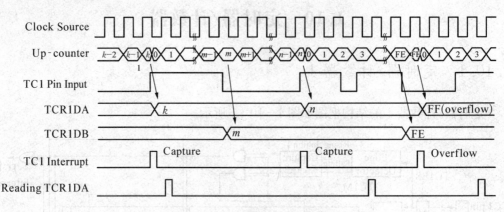

图 1-10-2　获取模式时序图

1.10.2　定时器/计数器 2

定时器/计数器 2 的结构框图如图 1-10-3 所示。

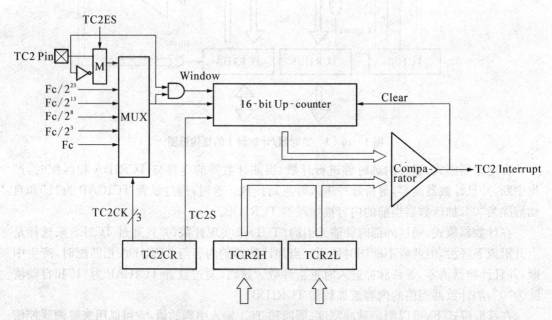

图 1-10-3　定时器/计数器 2 的结构框图

在定时器模式,通过内部时钟进行计算。当加计数器的内容与 TCR2(TCR2H＋TCR2L)相匹配时,产生中断,并且计数器清零,等待脉冲进入时重新计数。定时器模式时序图如图 1-10-4 所示。

在计数器模式,通过外部时钟输入引脚(TC2)来实现计数,并且通过 TC2ES 来选择是上升沿或下降沿,当加计数器的内容与 TCR2(TCR2H＋TCR2L)相匹配时,产生中断,并且计数器清零,等待脉冲进入时重新计数。计数器模式时序图如图 1-10-5 所示。

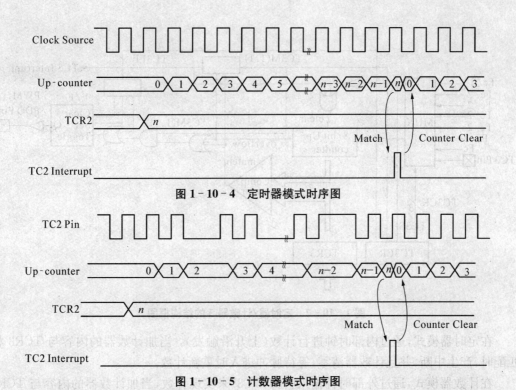

图 1 - 10 - 4　定时器模式时序图

图 1 - 10 - 5　计数器模式时序图

在窗口模式下,当内部时钟和 TCR2 引脚(窗口脉冲)的逻辑与脉冲的上升沿到来时, 开始计数,当加计数器的内容与 TCR2(TCR2H+TCR2L)相匹配时,产生中断,并且计数器 清零。窗口模式时序图如图 1 - 10 - 6 所示。

注意:频率(窗口脉冲)必须比选定的内部时钟要慢;在写入 TCR2L 时比较器受到抑 制,直到写入 TCR2H 为止。

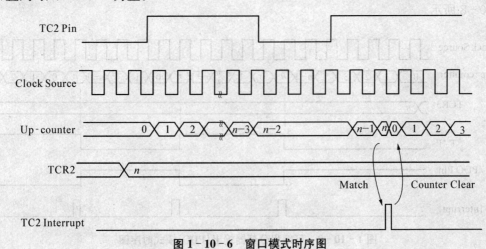

图 1 - 10 - 6　窗口模式时序图

1.10.3　定时器/计数器3

定时器/计数器3的结构框图如图1-10-7所示。

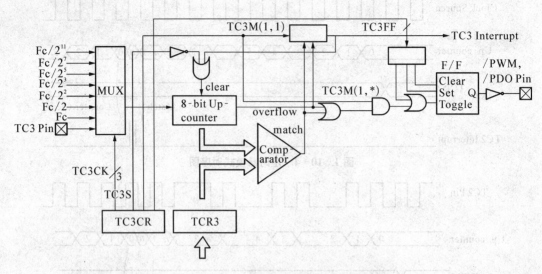

图 1 - 10 - 7　定时器/计数器 3 的结构框图

在定时器模式,通过内部时钟进行计数(上升沿触发),当加计数器的内容与 TCR3 相匹配时,产生中断,并且计数器清零,等待脉冲进入时重新计数。

在计数器模式,通过外部时钟输入引脚(TC3)来实现计数,当加计数器的内容与 TCR3 相匹配时,产生中断,并且计数器清零,等待脉冲进入时重新计数。

在可编程分频器输出(PDO)模式,通过内部时钟进行计算,将 TCR3 的内容与加计数器的内容进行比较,每进行一次匹配,F/F 输出就被触发,且计数器被清零,这时,F/F 输出反向并且输出到/PDO 引脚。F/F 可以通过编程初始化,当复位时它的初始值为"0"。TC3 每产生一个中断,/PDO 输出被触发一次。可编程分频器输出(PDO)模式时序图如图 1 - 10 - 8 所示。

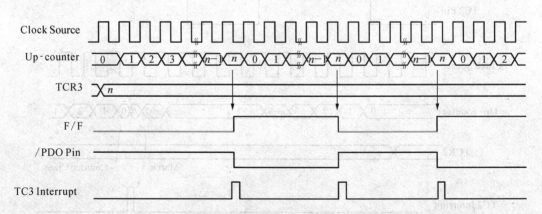

图 1 - 10 - 8　可编程分频器输出(PDO)模式时序图

在脉冲宽度调制输出(PWM)模式,通过内部时钟进行计数,将 TCR3 的内容与加计数器的内容进行比较,每进行一次匹配,F/F 输出就被触发。当计数器计数时,每次计数器溢出 F/F 就被再次触发且计数器被清零,这时,F/F 输出反向并且输出到/PWM 引脚。每当产生溢出时,就产生一个 TC3 中断,在输出时,TCR3 作为一个二级移位寄存器,即使

TCR3 已经完成写入,也将不被切换直到一个输出周期结束,因此,可以不断改变输出。此外,当数据被加载到 TCR3 后通过置 TC3S 为"1"可实现 TCR3 的首次转移。脉冲宽度调制输出(PWM)模式时序图如图 1 - 10 - 9 所示。

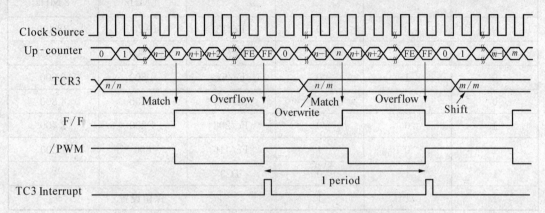

图 1 - 10 - 9　脉冲宽度调制输出(PWM)模式时序图

1.11　通用异步收发器(UART)

UART 是一种通信协议,下面将介绍 UART 相关的控制寄存器的设置方式。

1.11.1　Bank 2 RA URC1(UART 控制器寄存器 1)

Bit 7	Bit 6	Bit 5	Bit 4	Bit 3	Bit 2	Bit 1	Bit 0
URTD8	UMODE1	UMODE0	BRATE2	BRATE1	BRATE0	UTBE	TXE

Bit 7(URTD8):有待发送的数据的第 8 位。

Bit 6～Bit 5(UMODE1～UMODE0):UART 工作模式选择(参见表 1 - 11 - 1)。

表 1 - 11 - 1　UART 工作模式选择

UMODE1	UMODE0	UART 模式
0	0	模式 1:7 位
0	1	模式 1:8 位
1	0	模式 1:9 位
1	1	保留设置

Bit 4～Bit 2(BRATE2～BRATE0):发送数据的波特率选择(参见表 1 - 11 - 2)。

表 1 - 11 - 2　波特率选择

BRATE2	BRATE1	BRATE0	波特率	最大时间(μs)	
				4 MHz	8 MHz
0	0	0	Fc/13	19 200	38 400
0	0	1	Fc/26	9 600	19 200
0	1	0	Fc/52	4 800	9 600
0	1	1	Fc/104	2 400	4 800
1	0	0	Fc/208	1 200	2 400
1	0	1	Fc/416	600	1 200
1	1	0	TC3	—	—
1	1	1	保留设置		

Bit 1(UTBE)：表示 UART 发送缓冲器为空的标志。当发送缓冲器为空时此位置 1。当往 URTD 寄存器写入数据时此位自动清零。当将发送功能打开时，UTBE 位会被硬件清零。UTBE 位是只读的，因此，当需启动发送移位操作时就应对 URTD 寄存器进行写入操作。

Bit 0(TXE)：发送功能开关位。为 0 时，关闭发送功能；为 1 时，开启发送功能。

1.11.2　Bank 2 RB URC2(UART 控制器寄存器 2)

Bit 7	Bit 6	Bit 5	Bit 4	Bit 3	Bit 2	Bit 1	Bit 0
—	—	SBIM1	SBIM0	UINVEN	—	—	—

Bit 7～Bit 6：未使用，保持清零即可。

Bit 5～Bit 4(SBIM1～SBIM0)：串行总线接口工作模式选择(参见表 1 - 11 - 3)。

表 1 - 11 - 3　串行总线接口工作模式选择

SBIM1	SBIM0	操 作 模 式
0	0	I/O
0	1	SPI
1	0	UART
1	1	保留设置

Bit 3(UNIVEN)：控制 UART 的 TXD、RXD 端口的反相输出的开关。

0：关闭 TXD、RXD 端口的反相输出；

1：打开 TXD、RXD 端口的反相输出。

Bit 2～Bit 0：未使用，保持清零即可。

1.11.3 Bank 2 RC URS(UART 状态寄存器)

Bit 7	Bit 6	Bit 5	Bit 4	Bit 3	Bit 2	Bit 1	Bit 0
URRD8	EVEN	PRE	PRERR	OVERR	FMERR	URBF	RXE

Bit 7(URRD8)：接收数据的第8位。

Bit 6(EVEN)：奇偶校验选择位。

0：奇校验；

1：偶校验。

Bit 5(PRE)：奇偶校验开关控制位。

0：关闭奇偶校验；

1：开启奇偶校验。

Bit 4(PRERR)：奇偶校验错误标志位,当发生奇偶校验错误时此位置1。

Bit 3(OVERR)：过载错误标志位,当发生过载错误时此位置1。

Bit 2(FMERR)：帧错误标志位,当发生帧错误时此位置1。

注意：相关的中断标志由硬件自动产生,这些中断标志必须由软件来进行清零。

Bit 1(URBF)：表示 UART 接收缓冲器已满的功能标志。当接收到一个字符时此位置为1；当从 URS、URRD 寄存器读数据时此位自动清零。在打开接收功能时 URBF 位会被硬件自动清零。URBF 是只读位,因此,可通过读取 URS 寄存器中的数据来避免出现过载保护。

Bit 0(RXE)：接收功能开关控制位。

0：关闭接收功能；

1：开启接收功能。

1.11.4 Bank 2 RD URRD(UART 接收数据缓冲器)

Bit 7	Bit 6	Bit 5	Bit 4	Bit 3	Bit 2	Bit 1	Bit 0
URRD7	URRD6	URRD5	URRD4	URRD3	URRD2	URRD1	URRD0

Bit 7~Bit 0(URRD7~URRD0)：UART 接收数据缓冲器；这个寄存器是只读的。

1.11.5 Bank 2 RE URTD(UART 发送数据缓冲器)

Bit 7	Bit 6	Bit 5	Bit 4	Bit 3	Bit 2	Bit 1	Bit 0
URTD7	URTD6	URTD5	URTD4	URTD3	URTD2	URTD1	URTD0

Bit 7～Bit 0(URTD7～URTD0)：UART 发送数据缓冲器。这个寄存器无法读取数据，只能往里面写入数据。

UART 功能框图如图 1-11-1 所示。在 UART 模式下，被发送或接收的每个字符都通过添加起始位和停止位来分别进行帧同步处理。

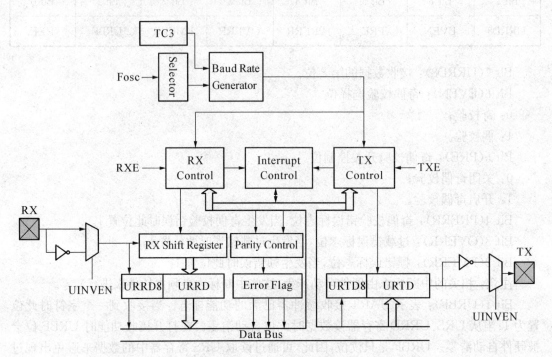

图 1-11-1　UART 功能框图

由于 UART 外设具有相互独立的发送和接收模块，所以它能以全双工方式进行数据传送。发送及接收模块的两级缓冲结构使得 UART 能够实现连续的数据传送操作。

图 1-11-2 所示是收发一个字符时的一般数据格式。无数据传输时通信信道处于高电平状态，字符的收发均以一个从高电平到低电平的下降沿作为开始。

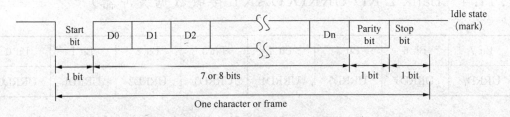

图 1-11-2　UART 数据格式

收发数据时的第一位都是起始位(低电平)。紧接着是数据位，以 LSB 为先。数据位之后是奇偶校验位。停止位(高电平)在最后，用于表示一帧数据的结束。

接收数据时，UART 通过起始位的下降沿来实现同步。UART 模块检测到起始位的下降沿之后，将连续三次对当前位的电平进行采样检测，如果三个采样结果中有 2 个或 3 个为低电平，则 UART 外设将确认已接收到一个起始位，开始数据接收操作。

1.11.6 UART 模式

UART 模式有三种子模式,其中子模式 1(格式为 7 个数据位)和子模式 2(格式为 8 个数据位)可以添加一个奇偶校验位,而子模式 3 则不能。图 1-11-3 对三种子模式下的数据格式进行了说明。

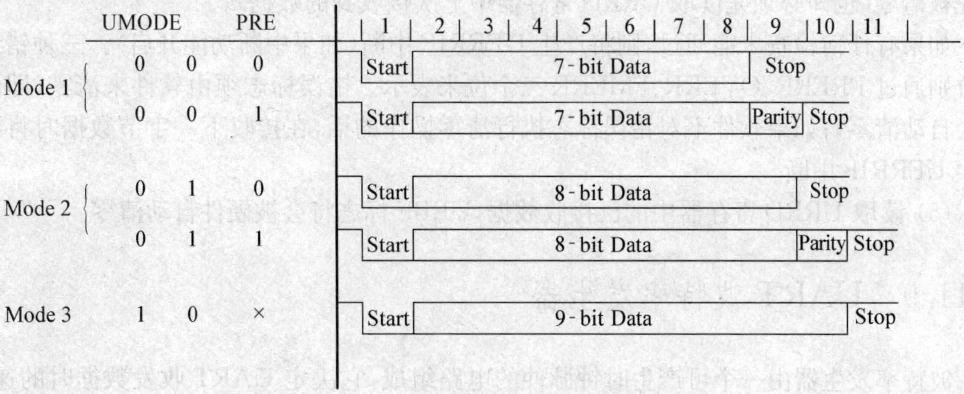

图 1-11-3 UART 模式

1.11.7 UART 发送过程

在发送串行数据时,UART 执行的操作如下:

(1) 将 URC1 寄存器的 TXE 位置 1,以开启 UART 发送功能;

(2) 将数据写入 URTD 寄存器,URC1 寄存器的 UTBE 位将会被硬件自动置 1,然后发送操作开始;

(3) 需发送的串行数据将按如下次序在 TX 管脚上依次被发送出去:

① 起始位:输出一个"0"位;

② 需发送的有效数据:按先 LSB 后 MSB 的顺序,输出 7 位、8 位或 9 位数据;

③ 奇偶校验位:输出一个奇偶校验位(可选择奇校验或偶校验);

④ 停止位:输出一个"1"位;

⑤ 符号位 (Mark State):持续输出"1"直到下一个数据传输起始位的到来。

1.11.8 UART 接收过程

在接收数据时,UART 执行的操作如下:

(1) 将 URS 寄存器的 RXE 位置 1,以开启 UART 接收功能。UART 外设将不断检测 RX 管脚,当在 RX 管脚上检测到起始位时,会自动完成时序上的同步处理。

(2) 接收到的数据将按先 LSB(低位)后 MSB(高位)的顺序逐位移入 URRD 寄存器。

(3) 接收到奇偶校验位和停止位。

完成一个字符的接收操作后,如果 RBFF 中断已开启的话,UART 将会产生一个

RBFF 中断,URS 寄存器中的 URBF 位也将置 1。

(4) UART 将执行如下的检查操作:

① 奇偶校验检查:所接收数据中的"1"的个数必须与 URS 寄存器中的 EVEN 位的奇偶校验设置相一致;

② 帧检查:起始位必须为"0",停止位必须为"1";

③ 过载检查:在下一接收数据被载入 URRD 寄存器之前,URS 寄存器的 URBF 位必须先被清零(也即必须先读取 URRD 寄存器中上次接收到的数据)。

如果有任何检查未能通过,则将产生 UERRIF 中断(如果中断功能开启)。三种错误类型分别通过 PRERR、OVERR、FMERR 三个位来表示。错误标志须由软件来清零(即硬件不会自动清零);如果软件不对错误标志执行清零操作的话,在接收下一字节数据时将再次产生 UERRIF 中断。

(5) 读取 URRD 寄存器中的已接收数据,URBF 标志将会被硬件自动清零。

1.11.9 UART 波特率发生器

波特率发生器由一个可产生时钟脉冲的电路组成,它决定 UART 收发数据时的速率。通过给 URC1 寄存器的 BRATE2~BRATE0 位适当赋值,可将 UART 的波特率设置为所需要的数值。

注:

(1) P52/RX/SI 管脚功能的优先级排序如表 1-11-4 所示。

表 1-11-4　P52/RX/SI 管脚功能的优先级

高	中	低
SI	RX	P52

(2) P51/TX/SO 管脚功能的优先级排序如表 1-11-5 所示。

表 1-11-5　P51/TX/SO 管脚功能的优先级

高	中	低
SO	TX	P51

1.12　串行外围接口(SPI)

1.12.1　简介和特点

单片机在 SPI 模式下与外设进行通信的结构框图如图 1-12-1、图 1-12-2 和图 1-12-3 所示。若单片机为主控制器,它通过 SCK 发出时钟脉冲。同时,两个字节数据被发送和接收。若单片机为从器件,其 SCK 引脚定义为输入。数据将基于时钟发生率和信号沿连续发送。可以通过 SPIS Bit 7(DORD)来设置 SPI 传输顺序,在串行数据输出下对 SPIC

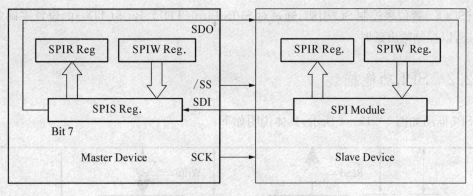

图 1-12-1　SPI 主从通信的结构框图

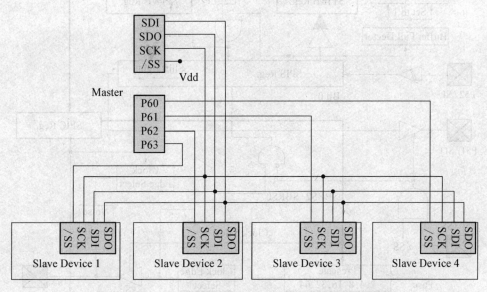

图 1-12-2　单个主器件与多个从器件 SPI 通信的结构框图

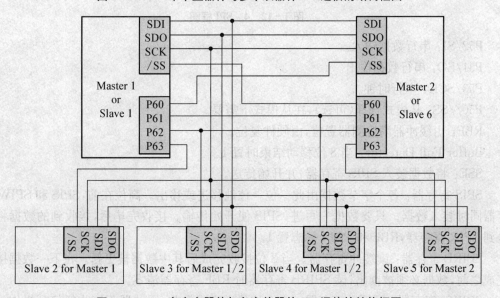

图 1-12-3　多个主器件与多个从器件 SPI 通信的结构框图

Bit 3(SDOC)置位来控制 SO 引脚,通过对 SPIS Bit 6(TD1)、Bit 5(TD0)的设置来确定 SO 的状态,以控制输出延时。

1.12.2 SPI 功能描述

SPI 框图如图 1-12-4 所示,具体说明如下:

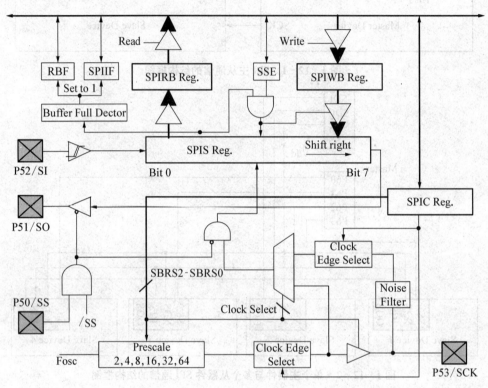

图 1-12-4 SPI 框图

P52/SI:串行数据输入。

P51/SO:串行数据输出。

P53/SCK:串行时钟。

P50//SS:从模式选择(可选),在从模式下需要。

RBF:由缓冲器满检测器置位,由硬件复位。

Buffer Full Detector:当 8 位移动结束时置 1。

SSE:将数据装入 SPIS 寄存器,并开始传送。

SPIS 寄存器:各个字节数据由此一位一位地移进或移出。高位在前,SPIS 和 SPIW 寄存器同时装入数据。只要数据一写进,SPIS 便开始传输。接收完毕后,接收到的数据将被送到 SPIR 寄存器,RBF 和 RBFI 标志置 1。

SPIRB 寄存器:读缓冲寄存器。当 8 位接收完成后其中数据被更新。在下一数据接收完成之前,数据必须被读出,读 SPIRB 寄存器时 RBF 寄存器清零。

SPIWB 寄存器:写缓冲寄存器。在 8 位传送完成之前,缓冲器不接收任何写操作。传输未完成则 SSE 标志置 1,传输结束后该标志清 0。由此可判断写操作是否完成。

　　SBRS2～SBRS0:对时钟频率/分频率和时钟源编程。

　　Clock Select:选择内部时钟或外部时钟为传输时钟。

　　Clock Edge Select:以选择合适的时钟沿。

1.12.3　SPI 信号及引脚描述

本节将对图 1-12-4 中的四个引脚 SDI、SDO、SCK 和/SS 进行详细描述。

1. SI/P52 的功能

(1) 串行数据输入;

(2) 串行接收数据,高位在前、低位在后;

(3) 未选择时应置为高阻状态;

(4) 主从器件的锁存时钟分频率和时钟沿应设置为相同;

(5) 本次接收到的数据将冲掉上一次收到的数据;

(6) SPI 接收完成后,RBF 和 SPIIF 都置 1,时序参见图 1-12-5 和图 1-12-6。

2. SO/P51 的功能

(1) 串行数据输出;

(2) 串行输出数据,高位在前、低位在后;

(3) 主从器件的锁存时钟分频率和时钟沿应设置为相同;

(4) 本次接收到的数据将冲掉上一次收到的数据;

(5) SPI 输出完成后,SSE 将被复位,时序参见图 1-12-5 和图 1-12-6。

3. SCK/P53 的功能

(1) 串行传输时钟;

(2) 由主器件产生,对 SDI 和 SDO 引脚的数据通信进行同步;

(3) CES 位用于选择通信时钟沿;

(4) SBRS2～SBRS0 用于选择通信波特率;

(5) CES 和 SBRS2～SBRS0 位对从模式无效,时序参见图 1-12-5 和图 1-12-6。

4. /SS/P50 的功能

(1) 从模式选择,低电平有效;

(2) 由主器件产生,让从器件接收数据;

(3) 在 SCK 第 1 个周期开始前变低,并保持到第 8 个周期结束;

(4) 当/SS 为高时忽略 SDI,SDO 上的数据,时序参见图 1-12-5 和图 1-12-6。

1.12.4　相关寄存器编程

1. SPI 模式相关控制寄存器

SPI 模式相关控制寄存器如表 1-12-1 所示,相应的功能说明如下:

表 1 - 12 - 1　SPI 模式相关控制寄存器

地　　址	名　称	Bit 7	Bit 6	Bit 5	Bit 4	Bit 3	Bit 2	Bit 1	Bit 0
Bank 1 0x0C	SPIC/RC	CES	SPIE	SRO	SSE	SDOC	SBRS2	SBRS1	SBRS0
0x0F	IOCF	—	ADIE	SPIIE	PWMBIE	PWMAIE	EXIE	ICIE	TCIE

(1) SPIC：SPI 控制寄存器。

Bit 7(CES)：时钟沿选择。为 0 时,数据在上升沿移出、下降沿移进,数据在低电平期间保持;为 1 时,数据在下降沿移出、上升沿移进,数据在高电平期间保持。

Bit 6(SPIE)：SPI 模式使能位。为 0 时,模式禁止;为 1 时,模式使能。

Bit 5(SRO)：SPI 读溢出位。为 0 时,未溢出;为 1 时,SPIB 寄存器中的数据还未读出又接收新的数据,这将使 SPIS 寄存器中的数据丢失。为避免这种情况,可以在数据传输的同时对 SPIRB 寄存器进行读取,这仅在从模式下发生。

Bit 4(SSE)：SPI 输出使能。为 0 时,传输使能,在下一字节准备传输;为 1 时,开始传输,保持为 1 直至当前字节传输结束。该位可以由硬件在每一字节传输时清零。

Bit 3(SDOC)：SDO 输出状态控制位。为 0 时,在串行数据输出后,SDO 仍保持高电平;为 1 时,在串行数据输出后,SDO 保持低电平。

Bit 2~Bit 0(SBRS2~SBRS0)：SPI 波特率选择位(参见表 1 - 12 - 2)。

表 1 - 12 - 2　SPI 波特率选择

SBRS2	SBRS1	SBRS0	模　　式	波特率
0	0	0	主	Fosc/2
0	0	1	主	Fosc/4
0	1	0	主	Fosc/8
0	1	1	主	Fosc/16
1	0	0	主	Fosc/32
1	0	1	主	Fosc/64
1	1	0	从	/SS 使能
1	1	1	从	/SS 禁止

(2) IOCF：中断屏蔽寄存器。

Bit 7：未使用,置 0。

Bit 6(ADIE)：ADIF 中断使能位。为 0 时,禁用 ADIF 中断;为 1 时,使能 ADIF 中断。当 ADC 转换结束时,ADIE 置 1。

Bit 5(SPIIE)：SPIIF 中断使能位。为 0 时,禁用 SPIIF 中断;为 1 时,使能 SPIIF 中断。

Bit 4(PWMBIE)：PWMBIF 中断使能位。为 0 时,禁用 PWMBIF 中断;为 1 时,使能 PWMBIF 中断。

Bit 3(PWMAIE)：PWMAIF 中断使能位。为 0 时,禁用 PWMAIF 中断;为 1 时,使能 PWMAIF 中断。

Bit 2(EXIE)：EXIF 中断使能位。为 0 时,禁用 EXIF 中断；为 1 时,使能 EXIF 中断。

Bit 1(ICIE)：ICIF 中断使能位。为 0 时,禁用 ICIF 中断；为 1 时,使能 ICIF 中断。

Bit 0(TCIE)：TCIF 中断使能位。为 0 时,禁用 TCIF 中断；为 1 时,使能 TCIF 中断。

2. SPI 模式相关状态/数据寄存器

SPI 模式相关状态/数据寄存器如表 1-12-3 所示,相应的功能说明如下:

表 1-12-3　SPI 模式相关状态/数据寄存器

地　　址	名　　称	Bit 7	Bit 6	Bit 5	Bit 4	Bit 3	Bit 2	Bit 1	Bit 0
Bank 1 0x0B	SPIS/RB	DORD	TD1	TD0	—	OD3	OD4	—	RBF
Bank 1 0x0D	SPIRB/RD	SRB7	SRB6	SRB5	SRB4	SRB3	SRB2	SRB1	SRB0
Bank 1 0xDE	SPIWB/RE	SWB7	SWB6	SWB5	SWB4	SWB3	SWB2	SWB1	SWB0

(1) SPIS：SPI 状态寄存器。

Bit 7(DORD)：传送数据顺序控制位。为 0 时,左移,高位在前；为 1 时,右移,低位在前。

Bit 6~Bit 5(TD1~TD0)：SDO 状态输出延迟时间选择(参见表 1-12-4)。

表 1-12-4　SDO 状态输出延迟时间选择

TD1	TD0	延　迟　时　间
0	0	8 CLK
0	1	16 CLK
1	0	24 CLK
1	1	32 CLK

Bit 4：未使用,始终置 0。

Bit 3(OD3)：P51 漏极开路控制位。为 1 时,漏极开路使能；为 0 时,漏极开路禁止。

Bit 2(OD4)：P53 漏极开路控制位。为 1 时,SCK 漏极开路使能；为 0 时,SCK 漏极开路禁止。

Bit 1：未使用,一直置 0。

Bit 0(RBF)：读缓冲器满中断标志。为 1 时,接收结束,SPIB 满；为 0 时,接收未结束,SPIB 空。

(2) SPIRB：SPI 读缓冲器。串行数据接收完成后,将从 SPISR 传送至 SPIRB。同时,RBF 和 SPIIF 置位。

(3) SPIWB：SPI 写缓冲器。数据转入后从 SPIS 寄存器输出。

1.12.5　SPI 模式时序

SCK 边沿由 CES 位选择。对于主模式和/SS 禁止的从模式,图 1-12-5 所示波形均适用。图 1-12-6 所示波形仅用于/SS 使能的从模式。

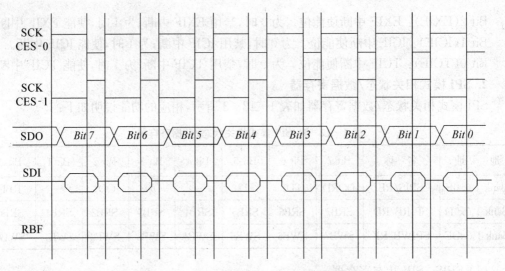

图 1-12-5 /SS 禁止下的 SPI 模式时序图

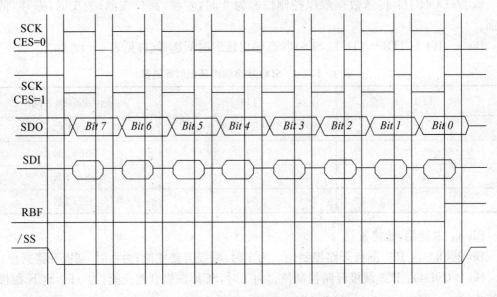

图 1-12-6 /SS 使能的 SPI 模式时序图

1.12.6 SPI 软件应用

例 1-12-1: SPI 实例。

```
ORG 0X0
SETTING:
BANK 0
MOV A , @0B00000000
MOV 0x05 , A
MOV A , @0B00000100 ;SDI 输入和 SDO, SCK,输出
```

```
IOW 0x05
BANK 2
MOV A , @0B00010000 ;选择 SPI 模式
MOV 0x0B , A
BANK 1
MOV A , @0B01000000 ;使能 SPI，工作在主模式;波特率设置为 Fosc/2
MOV 0x0C , A
MOV A , @0B00000000 ;左移(高位在前)
MOV 0x0B , A
START:
BANK 1
MOV A , @0XAA ;在 SPI 中写入 0xAA,缓冲器
MOV 0X0E , A
BS 0X0C , 4 ;SPI 数据开始传输
JBC 0X0C , 4 ;循环等待,SPI 传送完成
JMP $-1
JMP START ;重新传送数据
Example for SPI:(unused interrupt)
For Slave
ORG 0X0
SETTING:
BANK 0
MOV A , @0B00000000
MOV 0x05 , A
MOV A , @0B00000100 ;SDI 输入和 SDO, SCK,输出
IOW 0x05
BANK 2
MOV A , @0B00010000 ;选择 SPI 工作模式
MOV 0x0B , A
BANK 1
MOV A , @0B01000111 ;使能 SPI,从工作模式,禁用/SS
MOV 0x0C , A
MOV A , @0B00000000 ;左移数据(最高位在前)
MOV 0x0B , A
START:
BANK 1
BS 0X0C , 4 ;开始接收 SPI 数据
JBS 0X0B , 0 ;循环等待,SPI 接收完成
JMP $-1
```

```
MOV A , 0X0D ;读取 SPI 缓冲器 ;将 0X10 传送至 SRAM
MOV 0X10 , A
JBC 0X0B , 0 ;循环等待,读取 SPI 缓冲器
JMP $ - 1
JMP START ;重新接收数据
```

1.13 振荡器

EM78F6xx 可工作在四种振荡器模式下:内部 RC 振荡器模式(IRC)、外部 RC 振荡器模式(ERC)、高频晶振模式(HXT)、低频晶振模式(LXT)。四种模式的定义如表 1 - 13 - 1 所示。

表 1 - 13 - 1   四种模式下的寄存器设置

模　　　　式	OSC2	OSC1	OSC0
XT(晶振模式)	0	0	0
HXT(高频晶振模式)	0	0	1
LXT1(低频晶振模式 1)	0	1	0
LXT2(低频晶振模式 2)	0	1	1
IRC(内部 RC 振荡模式,P55、P54 作为普通 I/O 端口)	1	0	0
IRC(内部 RC 振荡模式,P55 作为普通 I/O 端口,P54 作为 RCOUT 端口)	1	0	1
ERC(外部 RC 振荡模式,P54 作为普通 I/O 端口,P55 作为 ERCin 端口)	1	1	0
ERC(外部 RC 振荡模式,P54 作为 RCOUT 端口且漏极开路,P55 作为 ERCin 端口)	1	1	1

由表知,可通过对代码寄存器编程设置来进行选择模式。其中,在 LXT2、LXT1、XT、HXT 和 ERC 模式下,OSCI 和 OSCO 被使用到,但它们不能作为普通 I/O 引脚使用;在 IRC 模式下,P55 作为普通 I/O 引脚。

需要注意的是下面几种模式下的频率范围:

(1) HXT 模式下频率范围为 16~6 MHz;

(2) XT 模式下频率范围为 6~1 MHz;

(3) LXT1 模式下频率范围为 1 MHz~100 kHz;

(4) LXT2 模式下频率范围为 32 kHz。

表 1 - 13 - 2 描述了在两个周期条件下,对应不同电压值的最大工作频率。

表 1 - 13 - 2   不同电压值下的最大工作频率

条　　　件	电压(V)	最大频率(MHz)
周期与时钟周期相对应	2.5	4.0
	3.0	8.0
	5.0	16.0

1.13.1　晶体振荡器/陶瓷晶振器

EM78F6xx 可被 OSCI 引脚上的外部时钟驱动,其输入电路如图 1-13-1 所示。

对于图 1-13-1,可以在引脚 OSCO 和 OSCI 上接晶体或陶瓷晶振器来产生振荡,其电路如图 1-13-2 所示。这对 HXT 和 LXT 模式都适用。图中 RS 表示的电阻,适用于 AT 条形切割型晶振晶体和低频模式下。由于各个谐振器特性不同,在使用时,应参照其规格选择 C1,C2 的合适值。表 1-13-3 列出了不同模式不同频率下 C1,C2 的参考值。

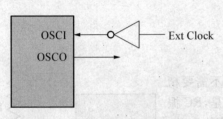

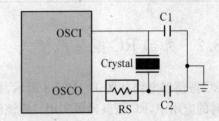

图 1-13-1　外部时钟输入电路　　　　图 1-13-2　晶体/陶瓷谐振器来产生振荡的电路

表 1-13-3　不同模式不同频率下的电容参考值表

振荡器类型	振 荡 模 式	频 率	C1(pF)	C2(pF)
陶瓷晶振器	低频晶振模式 1 LXT1(100 kHz~1 MHz)	100 kHz	45	45
		200 kHz	20	20
		455 kHz	20	20
		1.0 MHz	20	20
	高频晶振模式 2 HXT2(1~6 MHz)	1.0 MHz	25	25
		2.0 MHz	20	20
		4.0 MHz	20	20
晶体振荡器	低频晶振模式 2 LXT2(32.768 kHz)	32.768 kHz	40	40
	低频晶振模式 1 LXT1(100 kHz~1 MHz)	100 kHz	45	45
		200 kHz	20	20
		455 kHz	20	20
		1.0 MHz	20	20
	晶振模式 XT (1~6 MHz)	455 kHz	30	30
		1.0 MHz	20	20
		2.0 MHz	20	20
		4.0 MHz	20	20
		6.0 MHz	20	20

振荡器类型	振荡模式	频率	C1(pF)	C2(pF)
晶体振荡器	高晶振模式 HXT （6～16 MHz）	6.0 MHz	25	25
		8.0 MHz	20	20
		10.0 MHz	20	20
		12.0 MHz	20	20
		16.0 MHz	15	15

1.13.2　外部 RC 振荡器模式

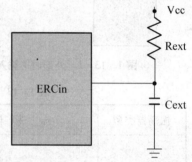

图 1-13-3　RC 振荡器电路

　　RC 振荡器电路如图 1-13-3 所示，在一些不需要精确计时的应用中，RC 振荡器很实用。应该注意的是，RC 振荡器的频率与电压、电阻值、电容值、甚至工作温度均有关。同时，由于各个芯片之间的差异，频率也会略受影响。

　　为了获得稳定的系统频率，电容值不能小于 20 pF，电阻值不能大于 1 MΩ。RC 振荡器的电阻 R 越小频率越高。另一方面，对于很小的电阻值，如 1 kΩ，由于 NMOS 不能正确将电容放电，振荡器将变得不稳定。表 1-13-4 给出了不同 RC 下的参考频率值。

表 1-13-4　不同 RC 参考值对应的频率值表

电容值(pF)	电阻值(kΩ)	VDD=5 V, T=25℃ 振荡频率平均值	VDD=3 V, T=25℃ 振荡频率平均值
20	3.3	3.5 MHz	3.2 MHz
	5.1	2.5 MHz	2.3 MHz
	10	1.30 MHz	1.25 MHz
	100	140 kHz	140 kHz
100	3.3	1.27 MHz	1.21 MHz
	5.1	850 kHz	820 kHz
	10	450 kHz	450 kHz
	100	48 kHz	50 kHz
300	3.3	560 kHz	540 kHz
	5.1	370 kHz	360 kHz
	10	196 kHz	192 kHz
	100	20 kHz	20 kHz

注：1. 标准的 DIP 封装；2. 只限于设计参考。

1.13.3　内部 RC 振荡器

EM78F6xx 提供了多功能的晶体振荡模式,有 4 MHz、16 MHz、8 MHz 和 455 kHz 的频率值,可通过设置 RCM1 和 RCM0 来定义该模式下的频率值。这四种频率能通过编码位 C4～C0 来校正。

表 1-13-5 列出了内部 RC 振荡器的偏移率(T=25℃,VDD=5 V±5%,VSS=0 V)。

表 1-13-5　内部 RC 振荡器的偏移率

内部 RC 频率	偏移率(%)			
	温度(−40～50℃)	电压(2.5～5.5 V)	制　　程	总　　计
4 MHz	±3	±5	±2.5	±10.5
* 16 MHz	±3	±5	±2.5	±10.5
8 MHz	±3	±5	±2.5	±10.5
455 kHz	±3	±5	±2.5	±10.5

注: * 16 MHz 工作温度范围:−40～50℃。

1.14　代　码　选　项

EM78F6xx 系列单片机有一个代码选项,它与一般的程序寄存器不同,在正常程序执行过程中是不能存取的,仅在向芯片写入程序时使用。

各种结构选择寄存器如表 1-14-1 所示。

表 1-14-1　各种结构选择寄存器

Word 0	Word 1	Word 2
Bit 12～Bit 0	Bit 12～Bit 0	Bit 12～Bit 0

1.14.1　代码选项寄存器(Word 0)

代码选项寄存器(Word 0)各位描述如表 1-14-2 所示,各位说明如下:

表 1-14-2　Word 0 各位描述

Bit 12	Bit 11	Bit 10	Bit 9	Bit 8	Bit 7	Bit 6	Bit 5	Bit 4	Bit 3	Bit 2	Bit 1	Bit 0
—	NRHL	NRE	—	CLKS1	CLKS0	ENWDTB	OSC2	OSC1	OSC0	Protect		

Bit 12:未使用,设置为"0"。

Bit 11(NRHL)：噪声抑制高/低脉冲定义位，INT 管脚下降沿触发。

0：当脉冲等于 32/Fc[s]时作为信号（默认）；

1：当脉冲等于 8/Fc[s]时作为信号。

注意：在 LXT2 和睡眠模式下，噪声抑制功能无效。

Bit 10(NRE)：噪声抑制使能位，INT 管脚下降沿触发。

1：禁用噪声抑制；

0：启用噪声抑制（默认），但在低晶体振荡器(LXT2)模式下，噪声抑制电路始终禁用。

Bit 9：未使用，设置为"0"。

Bit 8～Bit 7(CLKS1～CLKS0)：指令周期选择位。

表 1 - 14 - 3　指令周期选择

指令周期	CLKS1	CLKS0
4 个（默认）	0	0
2 个	0	1
8 个	1	0
16 个	1	1

Bit 6(ENWDTB)：看门狗定时器使能位。

0：禁用（默认）；

1：启用。

Bit 5～Bit 3(OSC2～OSC0)：振荡器模式选择位，由 OSC2～OSC0 定义振荡器模式（参见表 1 - 14 - 4）。

表 1 - 14 - 4　振荡器模式选择

模　　　　式	OSC2	OSC1	OSC0
XT（晶体振荡器模式）（默认）	0	0	0
HXT（高频晶体振荡器模式）	0	0	1
LXT1（低频晶体振荡器模式 1）	0	1	0
LXT2（低频晶体振荡器模式 2）	0	1	1
IRC（内部 RC 振荡器模式）；P55，P54 作为 I/O 引脚	1	0	0
IRC（内部 RC 振荡器模式）；P55 作为 I/O 引脚，P54 作为 RCOUT 引脚	1	0	1
ERC（外部 RC 振荡器模式）；P55 作为 ERCin 引脚，P54 作为开漏极的 I/O 引脚	1	1	0
ERC（外部 RC 振荡器模式）；P55 作为 ERCin 引脚，P54 作为开漏极的 RCOUT 引脚	1	1	1

注：1. HXT 模式频率范围为 16～6 MHz；2. XT 模式频率范围为 6～1 MHz；

　　3. LXT1 模式频率范围为 1 MHz～100 kHz；4. LXT2 模式频率范围为 32 kHz。

Bit 2～Bit 0(Protect)：保护位。保护类型为 1 时启用；为 0 时禁用。

1.14.2　代码选择寄存器(Word 1)

代码选择寄存器(Word 1)各位描述如表 1-14-5 所示,各位说明如下:

表 1-14-5　Word 1 各位描述

Bit 12	Bit 11	Bit 10	Bit 9	Bit 8	Bit 7	Bit 6	Bit 5	Bit 4	Bit 3	Bit 2	Bit 1	Bit 0
0	TCEN	1	HLP	C4	C3	C2	C1	C0	RCM1	RCM0	LVR1	LVR0

Bit 12:未使用,设置为"0"。

Bit 11(TCEN):TCC 使能位。

0:P77/TCC 作为 P77(默认);

1:P77/TCC 作为 TCC。

Bit 10:未使用,设置为"1"。

Bit 9(HLP):功耗选择。

0:高功耗,适用于工作频率大于 4 MHz(默认);

1:低功耗,适用于工作频率小于等于 4 MHz。

Bit 8~Bit 4(C4~C0):内部 RC 模式校准位。

C4~C0 只能设置为"0"(自动校准)。

Bit 3~Bit 2(RCM1~RCM0):RC 模式选择位(参见表 1-14-6)。

表 1-14-6　RC 模式选择

RCM1	RCM 0	频　率
0	0	4 MHz(默认)
0	1	16 MHz
1	0	8 MHz
1	1	455 kHz

Bit 1~Bit 0(LVR1~LVR0):低电压复位使能位(参见表 1-14-7)。

表 1-14-7　低电压复位

LVR1	LVR0	复位级	释放级	功　能　说　明
0	0	NA	NA	禁用 LVR,复位上电电压为 2.0~2.2 V
0	1	2.7 V	2.9 V	如果 Vdd<2.7 V,则被复位
1	0	3.7 V	3.9 V	如果 Vdd<3.7 V,则被复位
1	1	4.1 V	4.3 V	如果 Vdd<4.1 V,则被复位

1.14.3　用户 ID 寄存器（Word 2）

用户 ID 寄存器（Word 2）各位描述如表 1－14－8 所示，各位说明如下：

表 1－14－8　Word 2 各位描述

Bit 12	Bit 11	Bit 10	Bit 9	Bit 8	Bit 7	Bit 6	Bit 5	Bit 4	Bit 3	Bit 2	Bit 1	Bit 0
SC3	SC2	SC1	SC0	1	1	0	0	ID4	ID3	ID2	ID1	ID0

Bit 12～Bit 9（SC3～SC0）：分频校准（WDT 的频率，自动校准）。

Bit 8～Bit 7：未使用，始终设置为"1"。

Bit 6～Bit 5：未使用，始终设置为"0"。

Bit 4～Bit 0：用户 ID 码。

第2章
汇编语言程序设计

2.1 编译器和链接器工作流程

编译器和链接器工作流程如图 2-1-1 所示。

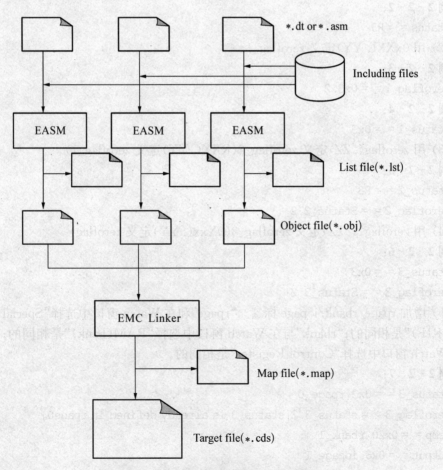

图 2-1-1 编译器和链接器工作流程

2.2 汇编语言语法

汇编语言指令在程序中是以语句的形式出现的,语句的基本格式可分成四栏,如下所示,所有字符不区分大小写,各单元之间以空白或跳格键(Tab)来分隔。

[label [:]] operation [operand] [,operand][;comment]
标号: 操作码 操作数 ;注释

1. 标号(label)

标号后的冒号可有可无,但隔行必须加上冒号,同时加上冒号也可加强程序的可读性。标号内的字符可包括大小写英文字母(A~Z,a~z)、数字(0~9)及底线(_),但标号必须以字母开头,标号最长不能超过 31 个字符。定义标号的方法如下:

(1) 用 RXX(.YY)定义 zeroflag。

例 2 - 2 - 1:

zeroflag = = R3.2

例 2 - 2 - 2:

status = = R3

(2) 用 0xXX(.YY)定义 zeroflag_1。

例 2 - 2 - 3:

zeroflag_1 = = 0x3.2

例 2 - 2 - 4:

status_1 = = 0x3

(3) 用 zeroflag(.ZZ)定义 zeroflag_2(RXX(.YY)定义 zeroflag_1)。

例 2 - 2 - 5:

status_2 = = R3

Zeroflag_2 = = Status_2.2

(4) 用 zeroflag1(.ZZ)定义 zeroflag_3(0Xxx(.YY)定义 zeroflag)。

例 2 - 2 - 6:

status_3 = = 0x3

zeroflag_3 = = Status_3.2

(5) 增加 rpage/rbank/iopage 标签。"rpage"和在 Watch 窗口中选择"Special Register(R0..R1F)"是相同的;"rbank"与在 Watch 窗口中选择"RAM(bank)"是相同的;"iopage"与在 Watch 窗口中选择"Control Register"是相同的。

例 2 - 2 - 7:

status_3 = = 0x3;rpage_0

zeroflag_3 = = status_3.2(status_3 is already defined in rpage0)

temp = = 0x20;rbank_1

output = = 0x6;iopage_1

outputbit_2 = = output(输出定义在 iopage1 中)

注:不要在":"前后打空格,如 0x3:rpage 0。

（6）在 label_R(Duplicate_)或 label_B 中获得寄存器或位信息。

例 2 - 2 - 8：

zeroflag = = 0x3.2

mov a,Zeroflag_R; 等价于 mov a,0x3

mov a,zeroflag_B; 等价于 mov a,0x2

注： 这种方法只在 watch 窗口自动显示。当使用这种变量的时候，必须使用 ICE 规范定义的寄存器去改变寄存器或 bank。

2. 操作码

汇编指令或伪指令。

（1）指令。指令是汇编语言的指示。汇编指令举例如下：

例 2 - 2 - 9：

MOV A,@0X20

例 2 - 2 - 10：

ADD A,@0X20

例 2 - 2 - 11：

  R3 = = 0x03

  zeroflag = = R3.2

  status = = R3

  carryflag = = status.0

  org 0x0

  jmp start

start:

  BC zeroflag

  BS status,2

  BC carryflag

  BS status,0

  BC 0x3,2

  BS R3,2

（2）伪指令。伪指令举例如下：

例 2 - 2 - 12：

ORG 0X20

例 2 - 2 - 13：

END

3. 操作数

操作数之间用逗号来分隔。

4. 注释

包括行注释和区间注释。行注释以分号";"开始到本行结束,之前的文字均为注释。

例 2 - 2 - 14：

MOV A,@0X20 将常量 32 存入累加器

区间注释 / * 注释语句 * /

2.3 数据类型

数据类型如表 2 - 3 - 1 所示。

表 2 - 3 - 1 数据类型

类　型	表达式 1	表达式 2	表达式 3
十进制	0D<数据>	<数据>D	<数据>
十六进制	0X<数据>	<数据>H	
八进制	0Q<数据>	<数据>Q	
二进制	0B<数据>	<数据>B	

注意：在十六进制表达式 2 中，如果数据的第一位是 A～F(a～f)，则必须在数据前加 0。

2.4 汇编算术操作

算术运算结果是在编译器内计算出来的。如果算术运算时间超出编译时间，则显示错误信息。此外，算术表达式不支持浮点运算，因而浮点数据自动转换为整形数据进行处理。TRUE 为 0xFF，FALSE 为 0x00。下面将按优先级高低来简要介绍常用的指令。

(1) 括号()。

(2) 单目操作符：逻辑非(!)、取反(～)、一元负号(—)。

(3) 乘除法运算、模运算和移位运算：乘法(*)、除法(/)、模运算(%)、逻辑左移(<<)、逻辑右移(>>)。

(4) 加减法运算：加法(+)和减法(—)。

(5) 位操作运算符 AND(&)。

(6) 位操作运算符 OR(|)和 XOR(^)。

(7) 逻辑与运算符 AND(&&)。

(8) 逻辑或运算符(||)。

(9) 比较运算符：相等(==)、不等于(! =)、大于(>)、小于(<)、大于等于(>=)、小于等于(<=)。

2.5 程序指令

1. ORG

功能：设置程序计数器的值。

格式:

ORG<expression>

例 2 - 5 - 1:

org 0x200

2. EQU 或==(双等号)

功能: 符号或常数定义。

格式:

EQU<expression>

例 2 - 5 - 2:

R20 equ 0x20

例 2 - 5 - 3:

R20 = = 0x20

3. 注释

(1) 行注释

格式:

;<string>

例 2 - 5 - 4:

注释语句

(2) 区间注释

格式:

/ * <strings> */

例 2 - 5 - 5:

/ * 区间注释 */

4. EOP

功能: 定义 EOP 指令所在程序页的结束。

格式:

EOP

例 2 - 5 - 6:

org 0x10

mov 0x20,A

inc 0x20

eop

inc 0x20

编译成下列的结果(第一列为地址):

```
        org 0x10
0010    mov 0x20,A
0011    inc 0x20
        eop
0400    inc 0x20
```

5. END

功能：程序的结束，在 END 之后的程序均不进行编译。

格式：

END

例 2－5－7：

org 0x10

mov 0x20,a

inc 0x20

end

mov 0x20,a

编译成下列的结果（source 前为 address）：

```
     org    0x10
0010 mov    0x20,a
0011 inc    0x20
     end
     mov    0x20,a
```

6. PROC，ENDP

功能：定义子程序，增加子程序的可读性。

格式：

＜label＞ PROC

＜statements＞

ENDP

例 2－5－8：

BANK 0: PROC

BC   0X04,6

BC   0X04,7

RET

ENDP

注：PROC 及 ENDP 只是增加子程序的可读性，所以 RET 在子程序还是必须的。

7. INCLUDE

功能：插入其他源文件，使程序更加简洁，增强其可读性。

INCLUDE 文件包括两类：一类是系统提供的 INCLUDE 文件；另一类是使用者自己编写的 INCLUDE 文件。

（1）使用系统提供的 INCLUDE 文件，如 EMC456. INC，EMC32. INC。

格式：

INCLUDE ＜filename＞

例 2－5－9：

INCLUDE ＜EMC456.INC＞

（2）使用者自己编写的 INCLUDE 文件，必须包括完整路径和文件名称。

格式：

INCLUDE "file path + file name"

例 2 - 5 - 10：

INCLUDE "C:\EMC\TEST\TEST456.INC"

注：一般 INCLUDE 文件包括变量的定义、宏定义和子程序。

8. PUBLIC 及 EXTERN

功能：定义变量是公共变量还是外部变量。

因为 eUIDE 软件采用 project，每个 project 可以包括两个或更多文件。不同文件之间相互调用时，全局变量必须定义为 PUBLIC，调用文件中必须定义为 EXTERN。

PUBLIC 的格式：

PUBLIC <label>[,<label>]

EXTERN 的格式：

EXTERN <label>[,<label>]

PUBLIC 及 EXTERN 可在文件的任何地方定义，一个文件中可以有多个 PUBLIC 及 EXTERN。

例 2 - 5 - 11：一个 project 包含两个文件：TEST1.DT 和 TEST2.DT。

TEST1.DT：

```
        org    0x00
        Public start
        Extern loop1
Start：
        mov    a,@0x02
        mov    0x20,a
        jmp    loop1
TEST2.DT：
        org    0x100
        Public loop1
        Extern start
Loop1：
        inc    0x20
        jmp    start
```

在"TEST1.DT"文件中定义标号"Start"为 PUBLIC，在"TEST2.DT"中调用时，则声明为 EXTERN。而"TEST2.DT"中定义的"loop1"为 PUBLIC，在"TEST1.DT"中调用时声明为"EXTERN"。

9. VAR

功能：编译时间内定义的变量，此变量只能在编译时改变。

格式：

Label VAR<expression>

例 2 - 5 - 12：

```
test    var 1
mov     a,@test
test    var test + 1
mov     a,@test
```

10. MACRO, ENDM

功能： 宏定义指令。

格式：

```
<label>MACRO<parameters>
statements
ENDM
```

例 2 - 5 - 13：

```
bank0 macro
bc 0x04,6
bc 0x04,7
endm
```

注意： 宏的最大数目是 32。

<table>
<tr><td colspan="2" align="center">注意：这些参数都有明确的地址。</td></tr>
<tr>
<td>

```
aa_label macro num
    if num >=0x400
        bc 0x3,6
        bs 0x3,5
    else
        bc 0x3,6
        bc 0x3,5
    endif
endm


org   0xfff
jmp   start
org   0x0
start:
    aa_label bb_label
    call bb_label
    aa_label $
    jmp $
org   0x400
bb_label:
    inc   0x20
    ret
```

</td>
<td>

说明 1：如果省去"org 0x400"，宏"aa_label"中的"bb_label"将无明确的地址，而且会显示错误提示信息"error A037：The operand value can not be calculated."

</td>
</tr>
</table>

| ```text
FCALL   MACRO  addr
    IF
(addr/0x400)!＝($/0x400)
        LCALL   addr
    ELSE
        CALL   addr
    ENDIF
ENDM

 FJMP   MACRO  addr
    IF
(addr/0x400)!＝($/0x400)
        LJMP   addr
    ELSE
        JMP   addr
    ENDIF
ENDM
``` | 说明 2：FCALL 和 FJMP 是保留字,用来判断程序代码是否跨页。 |
| ```text
FPAGE MACRO NUMB
    IF   NUMB==0
        BC   0x3.5
        BC   0x3.6
    ELSEIF   NUMB==1
        BS   0x3.5
        BC   0x3.6
    ELSEIF   NUMB==2
        BC   0x3.5
        BS   0x3.6
    ELSEIF   NUMB==3
        BS   0x3.5
        BS   0x3.6
    ELSE
        ERROR
    ENDIF
ENDM

 FCALL MACRO ADDRESS
    IF
ADDRESS/0X400!＝$/0X400
        FPAGE
ADDRESS/0X400
        CALL   ADDRESS
    ELSE
        CALL   ADDRESS
    ENDIF
ENDM
``` | 说明 3：FPAGE,FCALL 和 FJMP 是保留字。这些保留字用来判断程序代码是否越界。 |

11. MACEXIT

功能：该指令只用在宏定义中。如果程序编译时遇到 MACEXIT 指令，其余的宏指令则不进行编译。

格式：

MACEXIT

例 2 - 5 - 14：

Source：

test var 5

bank0 macro

    bc 0x04,6

    if test>4

      macexit

        endif

        bc 0x04,7

endm

bank0

编译后（首列为 address）：

0000 bc 0x04,6

因 test=5，所以 if test>4 是正确的，遇到 macexit，所以一直到 endm 的所有程序均不编译。

12. MESSAGE

功能：在 output 窗口显示使用者自己定义的字符串。

格式：

MESSAGE "<characters>"

例 2 - 5 - 15：

org 0x00

message "set bank to 0!!"

        bc 0x04,6

        bc 0x04,7

编译后在 output 窗口显示："用户信息：set bank to 0!!"

注：信息的最大数目为 500。

13. $

功能：程序计数器当前的数值。"$"可以当作操作数使用。

例 2 - 5 - 16：

jmp $

"jmp $"是指 jmp 到同一行，当作死循环使用。

例 2 - 5 - 17：

bc 0x04,6

jmp $-1

"jmp $-1"是指跳回"bc 0x04,6"。

2.6　条 件 汇 编

1. IF

功能：如果 IF 后面的表达式为真，则执行 IF 下一行的程序，直到遇到 ELSEIF 或 ELSE 或 ENDIF。

格式：

```
IF <expression>
        <statements1>
[ELSEIF <expression>
        <statements2>]
[ELSE
        <statements3>]
ENDIF
```

例 2-6-1：

```
org  0x00
bank  macro  num
if num = = 0
  bc  0x04,6
  bc  0x04,7
elseif num = = 1
  bs  0x04,6
  bc  0x04,7
elseif num = = 2
  bc  0x04,6
  bs  0x04,7
else
  message "error:bank num over max number!!!"
endif
endm
```

2. IFE

功能：如果 IFE 后面的表达式为假，则执行 IFE 的下一行程序，直到遇到 ELSEIFE 或 ELSE 或 ENDIF。

格式：

```
IFE <expression>
        <statements1>
[ELSEIFE <expression>
        <statements2>]
```

```
      [ELSE
              <statements3>]
      ENDIF
```

3. IFDEF

功能 1：如果 IFDEF 后面的标号(label)已定义，则执行 IFDEF 下一行程序，直到遇到 ELSEIFDEF 或 ELSE 或 ENDIF。

格式：

```
      IFDEF      <label>
              <statements1>
      [ELSEIFDEF <label>
              <statements2>]
      [ELSE
              <statements3>]
      ENDIF
```

例 2 - 6 - 2：

```
      org 0x00
      ice456 equ 456
      ifdef ice456
              bc 0x04,6
              bc 0x04,7
      endif
```

功能 2：如果 IFDEF 后面的标号(label)没有定义，则执行 IFDEF 的下一行程序，直到遇到 ELSEIFNDEF 或 ELSE 或 ENDIF。

格式：

```
      IFNDEF     <label>
              <statements1>
      [ELSEIFNDEF <label>
              <statements2>]
      [ELSE
              <statements3>]
      ENDIF
```

2.7 保 留 字

2.7.1 指令和操作符

指令(directives)和操作符(operators)如表 2 - 7 - 1 所示。

表 2-7-1 指令和操作符

+	-	*	/	==
!=	$	@	#	(
)	!	~	%	<<
>>	&	|	^	&&
||	<	<=	>	>=
DS	ELSE	ELSEIF	ELSEIFDEF	ELSEIFE
ELSEIFNDEF	END	ENDIF	ENDM	ENDMIFE
ENDP	EQU	EXTERN	IF	IFE
IFDEF	IFNDEF	INCLUDE	MACRO	MACEXIT
MODULE	NOP	PAGE	ORG	PROC
PUBLIC				

2.7.2 指令集

指令集(instructions mnemonics)如表 2-7-2 所示。

表 2-7-2 指令集

ADD	AND	BC	BS	CALL
CLR	COM	COMA	CONTR	CONTW
DAA	DEC	DECA	DISI	DJZ
DJZA	ENI	INC	INCA	INT*
IOR	IOW	JBC	JBS	JMP
JZ	JZA	LCALL	LJMP	MOV
NOP	OR	RET	RETI	RETL
RLC	RLCA	RRC	RRCA	SLEP
SUB	SWAP	TBL*	WDTC	XOR
LCALL	LPAGE	PAGE	BANK	

注: * 表示 EM78F664N 无此指令,但部分 IC 有。

注意:有些 MCU 不含有 LCALL,LJMP 和 BANK 指令,用户可根据情况参考 MCU 规格书。

2.8 伪 指 令

伪指令如表 2-8-1 所示,表中的伪指令支持含有 LJMP/LCALL 指令的 MCU。

表 2 - 8 - 1 伪指令

宏指令	格　式	说　　　明	等效指令
XCALL	XCALL　Label	如果"label"位于当前页,则为 CALL,否则为 LCALL	CALL 或 LCALL
XJMP	XJMP　Label	如果"label"在当前页,则为 JMP,否则为 LCALL	JMP 或 LJMP
JCF	JCF　Label	如果 carry flag＝1,则 JMP 至 label	JBC 0x3,0 XJMP label
JZF	JZF　Label	如果 zero flag＝1,则 JMP 至 label	JBC 0x3,2 XJMP label
ADDCF	ADDCF　R	R＋Carry→R	JBC 0x3,0 INC R
SUBCF	SUBCF　R	R－Carry→R	JBC 0x3,0 DEC R

第3章
C 语言程序设计及 C 编译器

3.1 C 语言程序设计

3.1.1 注释

为了增加程序可读性，需要使用注释，它可以在程序中任何地方使用。编译器会从源代码忽略掉注释部分，因此不会占用程序空间。

表 3-1-1 注释类型、符号及其使用说明

类 型	符 号	使 用 说 明
单行注释	//	在双斜线后面所有的数据为注释数据，会被忽略
多行注释	/* … */	注释中的内容为注释语句，在程序编译时也被忽略

例 3-1-1：

```
// 这是单行语句
/*
这是第一行注释
这是第二行注释 */
```

3.1.2 保留字

集成开发环境（eUIDE）C 编译器的保留字包括：ANSI C 标准保留字以及 EM78F6xx系列特有的保留字。表 3-1-2 中总结了此编译器可用的保留字。

表 3-1-2 ANSI C 标准保留字及 EM78F6xx 系列特有的保留字

ANSI C 标准保留字						EM78F6xx 系列特殊字					
const	default	goto	switch	typedef	sizeof	Indir	ind	page	on	off	io
break	do	if	short	union	extern	iopage	_intcall	rpage	low_int	_asm	bit

ANSI C 标准保留字					EM78F6xx 系列特殊字			
Case	else	int	signed	unsigned	Bank			
Char	enum	long	static	void				
continue	for	return	struct	while				

对 EM78F6xx 系列的 C 编译器，不支持 double 和 float 两种数据类型；_ asm 是 EM78F6xx 系列编译器新增加的字，它区分大小写，不能使用_ASM；inder、ind、io、iopage、rpage 是 MCU 硬件定义(definition)和声明(declaration)。

3.1.3　预处理命令

预处理命令通常都是以"♯"符号开始，且在语句后不必使用分号";"。预处理命令实质上并不是 C 语言的组成部分，但它们在 C 语言程序中却完成着一项重要功能，通知编译系统在编译文件之前应做些什么预处理工作。因此，这些命令都是可以被预处理器识别，以便正确地编译源代码。预处理命令的使用，简化了程序开发过程，合理使用预处理命令，会使得程序便于阅读、修改、移植和调试。

C 语言提供的预处理命令主要有三类：文件包含、宏定义和条件编译。下面将分别介绍三类预处理命令。

1. 文件包含 ♯ include

所谓"文件包含"是指一个 C 源文件可以用文件包含命令将另一个 C 源文件全部内容包含进来，这一过程是通过 ♯ include 命令完成的。

通常有两种格式，它们的主要区别在搜索路径稍有不同：

(1) ♯ include "file_name"：预处理将会在当前工作目录中查找文件；

(2) ♯ include <file_name>：预处理首先在当前工作目录中查找文件，如果没有发现目标文件，将会根据环境变量 ELAN_TCC_INCLUD 说明的标准目录查找。

例 3‑1‑2：

```
♯ include <EM78.h>
♯ include "project.h"
♯ include "ad.c"                 // 可能发生错误
```

注意：最好不要使用"♯ include　xx.c"，包含 .c 文件，编译器有可能出错。

例 3‑1‑3：假如 uaa 是在 headfile.h 文件中申明的无符号的整数类型全局变量 (unsigned int uaa)，现在在 testcode.c 中使用该变量，如果想要在另外一个 .c 文件 kkdr.c 中使用，首先要声明全局变量(extern unsigned int uaa)，其中 extern 不能省略。

```
unsigned int uaa;         //in headfile.h
......
♯ include "headfile.h"     //in testcode.c file
♯ include "kkdr.h"         //in testcode.c file
```

```
#include "pprr.h"          //in testcode.c file
main ()                     //in testcode.c file
{
uaa = 0x21;
test1();
test2();
......
}
test1();                    // in kkdr.h file
......
#include "pprr.h"          //in kkdr.c file
extern unsigned int uaa;    //in kkdr.c file
void test1()                //in kkdr.c file
{
uaa = 0x38;
test2();
......
uaa = 0x43;
}
test2()                     //in pprr.h file
......
extern unsigned int uaa;    //in pprr.c file
void test2()                //in pprr.c file
{
uaa = 0x29;
}
```

2. 宏定义

所谓宏定义,就是用#define语句对一个字符串用一个"宏名"来表示。编译器在进行预处理时,对程序中所有出现的"宏名",都用宏定义中的字符去替换。宏定义的使用使源程序更加清晰可读。

几种宏定义格式:

```
#define 标识符
#define 标识符  字符串
#define 宏名(参数表)字符串
#define 宏名()字符串
```

例3-1-4:

```
#define MAXVALUE 10
#define sqr2(x, y) x * x + y * y
```

注意:在C语言中有多行宏定义时,在两行之间使用"\"符号;而汇编语言中只允许使用单行的宏定义。

3. 条件编译

条件编译是能够实现根据某种条件决定编译与否的命令,这也是在编译预处理时完成的工作。条件编译能使目标代码变短,减少了要编译的语句。利用条件编译,可方便程序的调试,改善程序的可移植性。

1. 第一种条件编译

第一种条件编译形式如下:

```
#if   表达式
    程序段 1
 #else
    #elif   表达式
    程序段 2
#endif
```

说明:#if 后面是条件,相应的以 #endif 结束;#else 能提供选择条件。在条件比较复杂时,可以使用 #elif,但要注意它使用时的格式。

例 3-1-5:

```
#define RAM 30
#if(RAM<10)
#define MAXVALUE 0
#elif(RAM<30)
#define MAXVALUE 10
#else
#define MAXVALUE 30
#endif
```

2. 第二种条件编译

第二种条件编译形式如下:

```
#ifndef   宏标识符(或 #ifdef   宏标识符)
    程序段 1
#else
    程序段 2
#endif
```

说明:#ifdef 预处理命令是在条件标识符被定义时执行相应程序段;而 #ifndef 与其相反,当宏标识符没有被定义时,会执行 #ifndef 后面的程序段。需要注意的是,两种形式都是以 #endif 结束。

例 3-1-6:

```
#define DEBUG 1
#ifdef (DEBUG)
#define MAXVALUE 10
#else
```

```
#define MAXVALUE 1000
#endif
```

3.1.4　常量

1. 数字常量

（1）十进制数：默认形式，如 12,34；

（2）十六进制数：它是以 0x 开头的十六进制数字，十六进制数符有 0～9，a～f(或 A～F)，如 0x5A，0xB2；

（3）二进制数：它是以 0b 开头的二进制数字，如 0b10111001。

数字常量可以以十进制和十六进制的形式定义，可通过前缀来确定，不支持二进制和八进制。

2. 字符常量

字符常量通常是用一对单引号括起来的一个字符，如 'C'，'a'。注意大小写是不同的字符常量。除了字符常量外，C 语言中还允许使用一类特殊形式的字符常量，以"\"开头的转义字符。常见的转义字符如表 3-1-3 所示。

3. 字符串常量

字符串常量是用一对双引号括起来的零个或多个字符的序列，如"Hello"、"Elan Micro"。字符串常量在内存存储时，系统自动在每个字符串常量的尾部加一个字符串结束标志字符"\0"。因此，长度为 n 个字符的字符串常量，在内存中要占用 $n+1$ 个字符的空间。

表 3-1-3　转义字符及其意义

字 符 形 式	意　　义	ASCII 码(0x)
\a	报警	07
\b	退格	08
\f	换页	0C
\n	换行	0A
\r	回车	0D
\t	横向跳格	09
\v	竖直跳格	0B
\\	反斜杠	5C
\?	问号	3F
\'	单引号	27
\"	双引号	22
\0	空格	00H
\xhh	1～2 位十六进制数所代表的字符	对应字符的 ASCII

3.1.5 基本数据类型

C语言提供的基本数据类型、所占字节数及表示范围如表 3-1-4 所示。

表 3-1-4 基本数据类型及说明

类　型	范　围	存储大小(字节)
void	N/A	无
(unsigned) char	0～255	1
signed char	−128～127	1
(signed) int	−128～127	1
unsigned int	0～255	1
(signed) short	−32 768～32 767	2
unsigned short	0～65 535	2
(signed) long	−2 147 483 648～2 147 483 647	4
unsigned long	0～4 294 967 295	4
bit	0～1	1 (位)

说明：

(1) 编译器是不支持 float 和 double 类型的；

(2) 如果使用长整型数据类型进行乘法、除法、取模和比较运算时，Bank 0 的 0x20～0x24(5 字节)会被编译器占用。因此，当进行这类运算时，要保证这些地址中没有存放其他任何变量。

当对不同数据类型使用算术运算符(如" ＊ "，"/"，"％")进行运算时，首先需要将数据类型进行转换，使其成为相同的数据类型。为了避免忘记转换而出现的错误，最好使用相同的数据类型进行运算。

例 3-1-7：

```
int I1, I2;
short S1, S2, S3;
long L1, L2;
I1 = 0x11;
I2 = 0x22;
S1 = I1 * I2; // I1 和 I2 前没有加"(short)"时,运算的数据结果在 S1 中只占 1 个字节
             // 改为 S1 = (short)I1 * (short)I2;
S1 = 0x1111;
S2 = 0x02;
L1 = S1/S2; // S1 和 S2 前没有加"(long)"时,运算的数据结果在 L1 中只占 2 个字节
           // 改为 L1 = (long) S1 * (long) S2;
```

对有符号的数据类型,当值为负数时 C 编译器需要两步运算,如下例。

例 3-1-8:

```
int abc;
unsigned int uir;
abc = -0x18; //假设 abc 存储的地址为 0x20,一个字节,在实际空间中,存储的数据为 E8
            //该存储的数据值 E8 即为 abc 值的反码加 1 或补码
```

3.1.6　枚举类型

枚举是一个命名过的整型常量的集合,它定义了该类型可以具有的所有合法值,当一个变量只有几种可能的值,可以定义为枚举类型。它使用关键字 enum 来标志一个枚举类型的开始,一般形式为:

enum 枚举类型名 {枚举元素表}　枚举变量表;

3.1.7　结构体和共用体

结构体将不同类型的数据组合成一个有机的整体,以便于引用这些组合在一个整体中的数据是相互联系的,一般情况下它们都与某一对象相关联。而共用体是指一组变量共用一个存储空间。

结构和共用的一般形式如下:

```
struct(union) 结构体名(共用体名)
  {
  数据类型 成员名 1;
  数据类型 成员名 2;
       …
  数据类型 成员名 n;
  };
```

说明:struct 和 union 是关键字,每个结构体和共用体都可以含有多个不同类型的成员,它们的定义以分号";"结束。另外,需要注意不能在结构体和共用体中使用位(bit)数据类型,用位元栏代替;结构体或共用体不能用做函数参数。下面给出两个例子。

例 3-1-9:

```
struct st
    {
    unsigned int b0:1;
    unsigned int b1:1;
    unsigned int b2:1;
    unsigned int b3:1;
    unsigned int b4:1;
    unsigned int b5:1;
    unsigned int b6:1;
```

```
      unsigned int b7:1;
      };
   struct st R5@0x05: rpage 0;//结构类型 R5 与 rpage 0 的 0x05 相对应
```

例 3 - 1 - 10:

```
struct tagSpeechInfo
   {
   short rate;
   long size;
   } SpeechInfo;
union tagTest
   {
   char Test[2];
   long RWport;
   } Test;
```

3.1.8 数组

数组是一组数据元素的集合,该集合中的数据有相同的数据类型和相同的名称。

一维数组的定义语法:

数据类型   数组名   [常量表达式];

二维数组的定义与一维数组定义相似,它有两个下标:

<类型> <数组名> <[常量表达式] [常量表达式]>

例 3 - 1 - 11:

```
int array1[3][10];
char port[4];
const int myarr[2] = {0x11, 0x22}; //0x11,0x22 将会存放在 ROM 中
```

注意:如果用"const"来声明一组数组,则数组元素为常量,存放在 ROM 中;一个常量数组最多可以定义 255 个字节;对存放在 RAM 中的数组,最多可占用 32 个字节。

3.1.9 指针

指针就是地址,所有类型的指针都只占用 1 个字节的空间,存储变量的地址。例如,在程序中对变量的访问是通过变量名进行的,而实际上系统是通过变量的地址来访问变量的。需要注意编译器不支持指针函数。其语法格式如下:

数据类型   *指针变量名

3.1.10 运算符

编译器支持的 C 语言中的运算符类型包括:

（1）算术运算；

（2）增量减量运算；

（3）赋值运算；

（4）逻辑运算；

（5）位运算；

（6）关系运算；

（7）混合运算。

表 3-1-5~3-1-11 是每种运算符的详细描述。

表 3-1-5　算术运算符

符　号	含　义	表　示
＋	加法	a＋b
－	减法	a－b
＊	乘法	a＊b
/	除法	a/b
%	求余	a%b

表 3-1-6　增量运算符

符　号	含　义	表　示
＋＋	增 1	a＋＋
－－	减 1	a－－

表 3-1-7　赋值运算符

符　号	含　义	表　示
＝	相等	a＝b

表 3-1-8　位运算符

符　号	含　义	表　示
＆	位与	a＆b
｜	位或	a｜b
～	位非	～a
＞＞	右移	a＞＞b
＜＜	左移	a＜＜b
＾	位异或	a＾b

表 3 - 1 - 9　关系运算符和逻辑运算符

符　号	含　义	表　示
<	小于	x<y
<=	小于等于	x<=y
>	大于	x > y
>=	大于等于	x >= y
==	等于	x ==y
! =	不等于	x ! = y
&&	逻辑与	x && y
||	逻辑或	x|| y
!	逻辑非	! x

表 3 - 1 - 10　复合赋值运算符表

符　号	运算符含义	表　示
+=	y = y + x	x += y
-=	y = y - x	x -= y
<<=	y = y << x	y<<=x
>>=	y = y >> x	y>>=x
&=	y= y & x	y&=x
^=	y= y ^ x	y^=x
|=	y= y | x	y | = x

表 3 - 1 - 11　各运算符的优先级

优先级	运算符（结合性：从左向右）
1	[ ]　( )　→
2	!　~　++　--　-(负号)　+(正号)　*(指针)　&(地址)　sizeof
3	*　/　%
4	+　-
5	<<　>>
6	<<=　>>=
7	==　! =
8	&
9	^
10	|

续 表

优先级	运算符（结合性：从左向右）
11	&&
12	||
13	?:
14	= += -= *= /= %= >>= <<= &= |= ^=
15	,

3.1.11 程序结构设计

1. 选择结构

(1) if-else 语句

语法：

```
if （表达式）
    语句块 1
 else
    语句块 2
```

功能： 先计算 if 后面括号中表达式的值，如果其值为"真"（表示所给条件成立），执行语句块 1，否则执行 else 后面的语句块 2。

例 3 - 1 - 12：

```
if (flag = = 1)
{
  timeout = 1;
  flag = 0;
}
else
  timeout = 0;
```

(2) switch 语句

switch 开关语句能够灵活地添加多路分支的情形，使程序变得简洁。

语法：

```
switch (表达式)
{
case 常量表达式 1：语句 1
case 常量表达式 2：语句 2
…
default：语句 N + 1
}
```

说明：当表达式与常量表达式的值一致时，执行常量表达式后面的语句。switch 后面括号内的表达式设定为 int 类型，那么在 switch 语句中最多只能使用 256 个 case 语句。

例 3 - 1 - 13：

```
switch (I)
{
case 0: function0();
break;
case 1: function1();
break;
case 2: function2();
break;
default: funerror();
    }
```

2. 循环结构

（1）while 循环结构

语法：

```
while (表达式)
{
    循环体;
}
```

说明：循环开始时，首先计算表达式，如果其值非 0（逻辑"真"值），执行循环体；否则，循环结束。

例 3 - 1 - 14：

```
while (value ! = 0)
{
    value - - ;
    count + + ;
}
```

（2）do-while 循环结构

语法：

```
do
{
    循环体;
} while (表达式);
```

说明：循环开始时，首先执行循环体，然后计算控制表达式。当其值非 0，回到循环开始，继续执行循环体；while 中表达式为 0 时，循环结束。

例 3 - 1 - 15：

```
do {
    value - - ;
```

```
        count + + ;
    } while (value ! = 0);
```

（3）for 循环结构

语法：

```
for(表达式 1;表达式 2;表达式 3)
{
 循环体;
}
```

for 循环结构等效为如下的 while 循环结构：

```
表达式 1;
while (表达式 2)
{
 循环体;
 表达式 3;
}
```

说明：对 for 循环语句，循环开始时，首先计算表达式 1（只在初次进入循环计算一次）；接下来计算表达式 2，如果其值为非 0，执行循环体，完毕；计算表达式 3，然后返回循环开始处继续执行。

例 3 - 1 - 16：

```
for(i = 0;i<10;i + + )
{
value = value + i;
}
```

3. break 和 continue 语句

对于 break 语句，在 switch 中已经见过，它的作用是中途退出循环结构。要注意的是，break 语句只能退出它所在的循环。

continue 语句在循环中，可以跳过该条语句后面的部分，即放弃执行后面部分，重新进入下一次循环。在循环中，continue 语句非常有用，但一定要注意它不能在 switch 语句中使用。

例 3 - 1 - 17：

```
for(i = 0;i<10;i + + )
{
flag = indata(port);
if(flag = = 0) continue;
outdata(port);
}
```

4. goto 语句

语法：goto 语句标号

功能：改变程序执行的顺序，无条件转移到语句标号所指定的语句行。利用该语句可以跳出一个深循环。

例 3 - 1 - 18：

```
for(i = 0;i<10;i + +)
  for (j = 0;j<100;j + +)
    for(k = 0;k<100;k + +)
        {
        flag = crccheck(buffer);
        if(flag ! = 0) goto error;
        outbuf(buffer);
        }
        error：//清空缓存区 r；
```

3.1.12 函数

函数是 C 语言中基本的程序块。它包括库函数和定义函数。

1. 库函数

库函数的形式如下：

<函数类型> <函数名>(<参数列表>);

例 3 - 1 - 19：

unsigned char sum(unsigned char a,unsigned char b);

库函数应在函数调用前声明,它包含返回值类型、函数名、参数类型。需要注意的是：

（1）所有传递给函数的参数应该是一个固定的数,编译器不支持不确定的参数；

（2）编译器不支持递归函数；

（3）不能使用结构体(struct)和共用体(union)作为函数参数；

（4）不支持函数指针；

（5）不能将 bit 数据类型作为返回值；

（6）为了减少 RAM 区的使用,最好在函数里使用全局变量代替局部变量。

2. 定义函数

定义函数的一般形式如下：

<返回类型> <函数名>(<参数列表>)

```
{
    函数语句体
    …
    [return   (表达式)]
}
```

例 3 - 1 - 20：

```
unsigned char sum(unsigned char a,unsigned char b)
{
    return (a + b);
}
```

3.2　C 编 译 器

3.2.1　C 编译器的使用

1. C 工程的建立

（1）创建新的工程

需要根据以下步骤来创建新的工程：

① 点击菜单栏的 File 菜单或 Project 菜单（见图 3 - 2 - 1），并从下拉菜单中选择 New 命令（见图 3 - 2 - 2、图 3 - 2 - 3）；

② 从两个菜单栏中选择 New 命令，New Project 对话框（见图 3 - 2 - 4）将会显示；

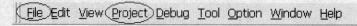

图 3 - 2 - 1　主菜单

图 3 - 2 - 2　File 弹出菜单

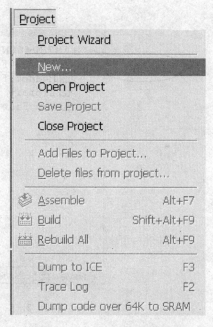

图 3 - 2 - 3　Project 弹出菜单

③ 从 New 对话框选择 Projects 表，在 Micro Controller 中选择相应的 IC 型号；

④ 在 Project Name 中为新的工程分配一个文件名（后缀 . prj 将会自动生成）；

⑤ 在 Location 对应栏，可以使用浏览图标查找合适的文件夹，更改工程存放的路径；

⑥ 在 Project Type 中选择要创建的工程类型；

⑦ 确认所有的选择和输入后点击"确定"按钮。

新工程创建完后，工程文件名与所选择的微控制器即显示在 Project 窗口的顶部（见图 3 - 2 - 5）。

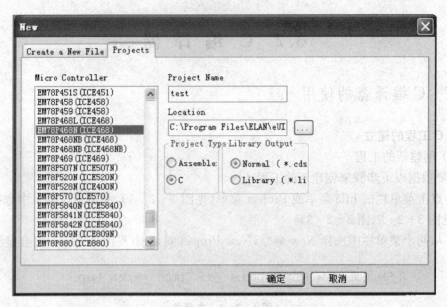

图 3-2-4 使用 New Project 对话框创建一个新的 C 工程

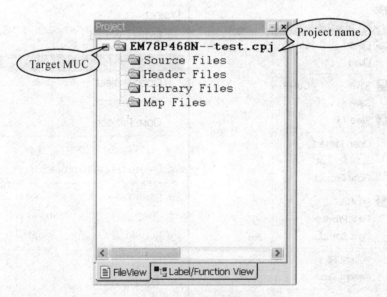

图 3-2-5 工程窗口

（2）给工程创建和增加一个新源文档

如果源文档还没有创建的话，那么可以通过优先使用 New 对话框的方法（通过从 File 菜单点击 New 命令的方式）去创建新的源文档，如图 3-2-6 所示。

（1）不选择"Empty File"框时，eUIDE 将提供包含 main() 函数文件，并提供中断保存程序和中断服务程序的框架；

（2）"Add new file to project"选项框是默认选择的；

（3）不必在"file name"中加入文件名称后缀，eUIDE 将会自动添加扩展名；

（4）最后选择"确定"按钮添加该 .c 文件到工程中。

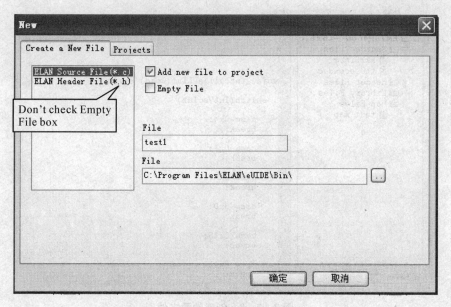

图 3-2-6　添加第一个 C 源文件

如果需要添加第二个 . c 文件，或者添加 . h 文件到工程：

（1）在图 3-2-7 中，窗口左边所示为从 EMC 源文件列表内创建的源文件的类型，用于编译的 ∗ . c（默认）文件，∗ . h 文件。

（2）若创建 . c 文件，在 New 对话框中要选择"Empty File"框；对于创建 . h 文件，则"Empty File"选项框是否选择不会影响所创建的 . h 文件。

（3）然后输入文件名称，最后单击"确定"按钮创建所需文件。

图 3-2-8 为通过上述方法创建的 . c 文件和 . h 文件。

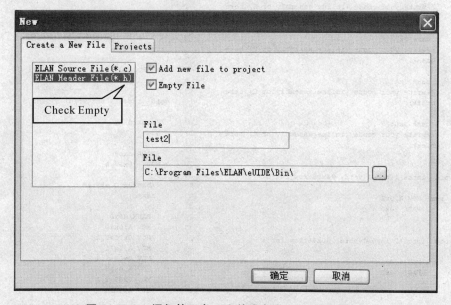

图 3-2-7　添加第二个 . c 文件或者添加 . h 文件到工程

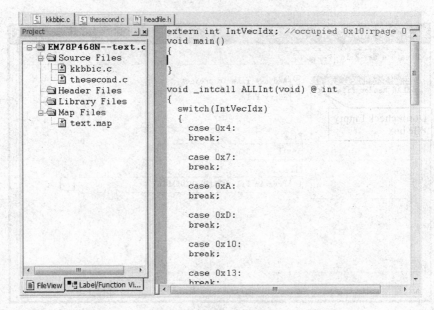

图 3-2-8 创建的源文件

2. 主函数、中断保存以及 eUIDE 支持的服务框架

图 3-2-9 显示了 eUIDE 提供的 Main() 函数和中断保存及中断服务程序的部分的框架。需要注意的是，在一个 c 工程中只有一个 Main() 函数。

```
1   extern int IntVecIdx;
2   void main()
3   { }
4   void _intcall ALLInt(void) @ int
5   {
6     switch(IntVecIdx)
7     {
8       case 0x4:
9       //write your coude (inline assembly or C) here
10      break;
11
12       case 0x7:
13      //write your coude (inline assembly or C) here
14      break;
15
16       case 0xA:
17      //write your coude (inline assembly or C) here
18      break;
19
20       case 0xD:
21      //write your coude (inline assembly or C) here
22      break;
23     }
24   }
25  void _intcall tcc_1(void) @0x03:low_int 0
26  {
27   _asm{ MOV A,0x2
28        PAGE @0x0
29        }
30  }
31  void _intcall int0_1(void) @0x06:low_int 1
32  {
33   _asm{ MOV A,0x2
34        PAGE @0x0
35        }
36  }
```

```
1   void main()
2   {
3   }
4   void _intcall tcc_1(void) @ 0x03:low_int 0
5   {
6    _asm
7    {
8      PAGE @0x0
9    }
10   }
11   void _intcall tcc(void) @  int 0
12   {
13    //backup R4
14    _asm
15    {
16     SWAPA oxo4
17     MOV   0x1F,A
18    }
19    //backup C system
20    _asm
21    {
22      BANK @0x3
23      MOV A,0x10
24      MOV 0x3C+1,A
25      MOV A,0x11
26      MOV 0x3B+1,A
27      MOV A,0x13
28      MOV 0x39+1,A
29      MOV A,0x14
```

图 3-2-9 eUIDE 提供的 Main() 函数和中断保存及中断服务程序框架（左）
以及标记和添加 0x15 保存和还原（右）

通常使用时不需要在源文件中修改存储和恢复 ACC、R3、R4、R5,因为 Flash IC 将全部自动保存 ACC、R3、R4、R5,这即是寄存器 MCU 硬件保存。

除了上面的寄存器 MCU 硬件保存外,在许多情况下还需要保存和恢复 C 系统。在中断服务程序外的一些计算在编译时不仅要用到 ACC、R3、R4、R5 这些特殊寄存器,还需要用到普通寄存器(0x10~0x1F)。当然,一些中断服务程序本身也会使用这些普通寄存器(0x10~0x1F),所以,需要在运行中断保存和离开中断服务程序之前确定普通寄存器中的值是否一样。需要确定保存和恢复出正确的普通寄存器数据,在编译完成时,C 编译器会发出通知。如图 3-2-9 所示,假设 0x10~0x14 这些普通寄存器需要保存和恢复,如果需要,请备份 C 系统和恢复 C 系统的嵌入汇编源码。如果 C 编译器提示还有其他的寄存器空间需要保存和恢复,在程序中,添加代码:MOV A,0x15　MOV 0x37+1,A　到备份 C 系统的嵌入汇编源码,在恢复 C 系统的嵌入汇编源码是添加代码:MOV A,0x37+1 MOV 0x15,A。中断服务程序代码可以写在 C 系统备份和恢复之间。

3. 开发自己的工程(尤其是中断方面)

通过对前面内容的理解,现在可以写 C 代码开发相应的产品了。在这节主要介绍中断的情况,通常是由单片机端口 P6 唤醒 MCU 与计数器 1 下溢中断中断向量 0xC。如图 3-2-10 和图 3-2-11(中断代码在框中)中写了一段初始化的代码和中断服务代码。现在选择其中的一个 C 文件使用快捷键(Alt + F7)编译该文件,看看是否是文件中的错误。最后使用重建全部(Alt + F9)编译和链接目标代码和创建执行文件。如果重建成功,编译器将会报告许多重要且有用的信息在输出窗口中显示,如图 3-2-12 所示。

```
 5  #define ENI()      _asm{eni}
 6  #define SLEP()     _asm{slep}
 7  #define NOP()      _asm{nop}
 8  #define uchar    unsigned  char
 9  void main()
10  {
11   ctest1();
12   while(1)
13   {};
14  }
15
16  void ctest1()
17  {
18   uchar temp;
19   abc=0x23;
20   def=0x39;
21
22   P6CR=0x80;
23   P6PH=0x80;
24   WDTCR=0x00;
25   temp=PORT6;
26   ENI();
27   WUCR=0x0d;
28   IMR=0x80;
29   //SLEP();
30
31   ctest2();
32
```

```
void _intcall ALLInt(void) @ int
{
  switch(IntVecIdx)
  {
    case 0x4:            Write interrupt service
      ISR &= 0x4F7      code here
      R57=!R57
      break;

    case 0x7:
      //write your code (inline assembly or C) here
      break;

    case 0xA:
      //write your code (inline assembly or C) here
      break;

    case 0xD:
      //write your code (inline assembly or C) here
      break;
  }
}
void _intcall tcc_1(void) @ 0x03:low_int 0
{
  _asm{ MOV A,ox2
        PAGE @0x0
      }
}
void _intcall int0_1(void) @ 0x06:low_int 1
{
  _asm{ MOV A,0x2
```

图 3-2-10　初始化源码　　　　图 3-2-11　计数器 1 下溢产生中断的中断服务程序

在图 3-2-11 黑色框中,即为中断服务代码段。由于在前节中说明 Flash IC 能自动保存 Acc、R3、R4、R5 这类特殊寄存器,所以一般不用处理,而那些普通寄存器(0x10~0x1F)

则需要保存和恢复。由图3-2-12的重建信息显示,可看出"c"字符位于0x10。因此,需要修改备份C系统和恢复C系统的嵌入汇编源码,具体如图3-2-13所示。

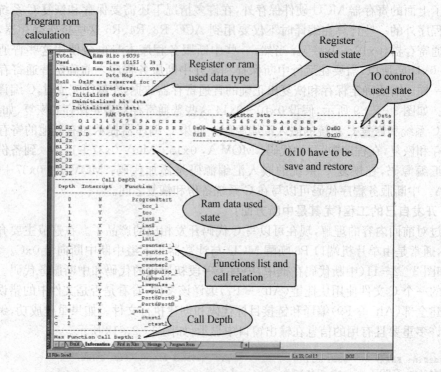

图 3-2-12 重建后显示的信息

```
233    void _intcall counter1(void) @ int 3
234    {
235      //backup R4
236      _asm
237      {
238        SWAPA 0x04
239        MOV 0x1F,A
240      }
241      //backup C system
242      _asm
243      {
244        BANK @0x3
245        MOV A,0x10
246        MOV 0x3C+1,A
247      }
248      //write your code (inline assembly or C) here
249      ISR&=0xf7;
250      R57=!R57;
251      //restore C system
252      _asm
253      {
254        BANK @0x3
255        MOV A,ox3C+1
256        MOV 0x10,A
257      }
258      //restore R4
259      _asm
260      {
261        SWAP 0x1F
262        MOV 0x04,A
263      }
```

图 3-2-13 正确地保存和恢复C系统

由 3-2-13 图示代码可知,在使用到普通寄存器(0x10~0x1F)时,需要特别注意如何正确地保存和恢复 C 系统,在 C 系统备份和恢复之间可以写中断服务程序代码。在正确地保存和恢复硬件系统和 C 系统后,则可以进入调试或运行项目。

3.2.2　C 编译器的调试

1. 加速调试

在 C 环境中,为了加速调试,可以在 Tool 菜单中勾选"Speed Up Debug"项(如图 3-2-14 所示),再使用 Step Into(F7)进行调试。

如果不选择"Speed Up Debug"项,那么这就与在汇编环境中一样,eUIDE 将通过 PC 指针计数的增加而逐条运行。若选择该项,则 eUIDE 的 PC 指针将指向首条汇编代码地址,这些汇编地址和 C 源文件的代码行有对应关系(除去 C 源码中的一些调用函数)。如在图 3-2-15 中,左边部分的代码为 C 源文件的代码,右边的汇编代码是与左边相互对应的。在汇编代码中,若程序计数器(PC)从 0x29 至 0x30 单元,则它们都与左边的 2855 行相对应。

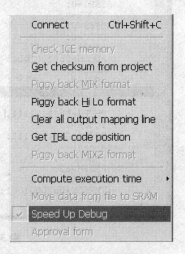

图 3-2-14　加速调试

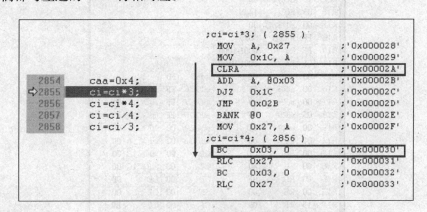

图 3-2-15　逐步调试中的加速调试方式

2. C 环境下查看汇编代码

当转储代码到 ICE 以后,要想在 C 环境下查看汇编代码,需要首先在 View 菜单栏中选择"Assembly Code"项(如图 3-2-16 所示)。这样在调试过程中,可以在调试窗口同时出现 C 源代码和对应的汇编代码(如图 3-2-17 所示)。

3. 寄存器窗口中查看已定义变量

在转存以后,在"view setting"对话框中的寄存器窗口(见图 3-2-18)中检查所显示定义的标签,这些在寄存器中声明过的变量将会出现在寄存器窗口中,寄存器名是用户自己定义的而非默认值。

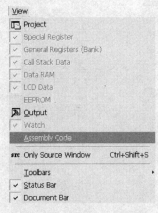

图 3-2-16　View 菜单栏

```
drink.c
        WUCR=0;
        EEPCR=0;
        EEPA=0;
        EEPD=0;
        ISR1=0;
        TC2CR=0;
        SPIS=0;
        SPIC=0;
        AISR=0;
        ADCON=0b01001001;
        ADOC=0;
        URC1=0;
        URC2=0;
        URS=0;
        PHCR1=0b11111111;
        TC3CR=0;
        PDCR1=0b11111111;
//==============
        PWMCON=0;
        PRDBH=62;
        DTBH=31;
        TMRCON=0b00001001;
```

```
drinking_bp.dt
  CLR    0x0C              ;'0x000058'
;AISR=0; ( 163 )
  BANK   @0x2              ;'0x000059'
  CLR    0x05              ;'0x00005A'
;ADCON=0b01001001; ( 164 )
  MOV    A, @0x49          ;'0x00005B'
  MOV    0x06, A           ;'0x00005C'
;ADOC=0; ( 165 )
  CLR    0x07              ;'0x00005D'
;URC1=0; ( 166 )
  CLR    0x0A              ;'0x00005E'
;URC2=0; ( 167 )
  CLR    0x0B              ;'0x00005F'
;URS=0; ( 168 )
  CLR    0x0C              ;'0x000060'
;PHCR1=0b11111111; ( 169 )
  MOV    A, @0xFF          ;'0x000061'
  MOV    0x0F, A           ;'0x000062'
;TC3CR=0; ( 170 )
  BANK   @0x3              ;'0x000063'
  CLR    0x0D              ;'0x000064'
;PDCR1=0b11111111; ( 171 )
```

图 3-2-17　调试中 C 环境下查看汇编代码

Register

ACC	15	CONT	00				
R10	03	R0	14,01				
R11	00	R1/TCC	00				
R12	FF	R2/PC	0035				
R13	FF	R3	0001-1000				
R14	01	R4	0001-0100			Page1	
R15	00	R5	E0	icon5	F0		
R16	00	uiR6	6F	uiIOC6	FF	uiIOC16	60
R17	00	uiR7	F9	uiIOC7	FF	uiIOC17	BF
R18	05	uiR8	E7	uiIOC8	FF	uiIOC18	E7
R19	00	uiR9	C0	uiIOC9	00	uiIOC19	00
R1A	01	uiRA	00	uiIOCA	02	uiIOC1A	00
R1B	00	RB	C0	CB	00	uiIOC1B	00
R1C	00	RC	40	CC	00	uiIOC1C	00
R1D	00	RD	0F	CD	00	CD	00
R1E	00	RE	00	CE	00	CE	00
R1F	15	RF	00	CF	00	CF	E0

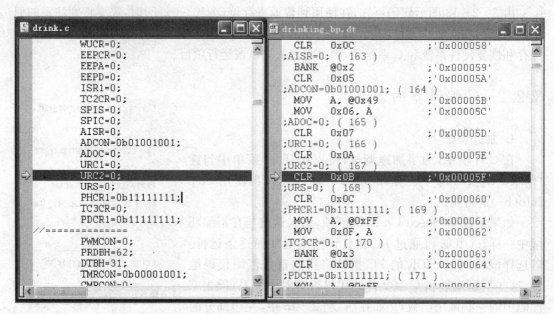

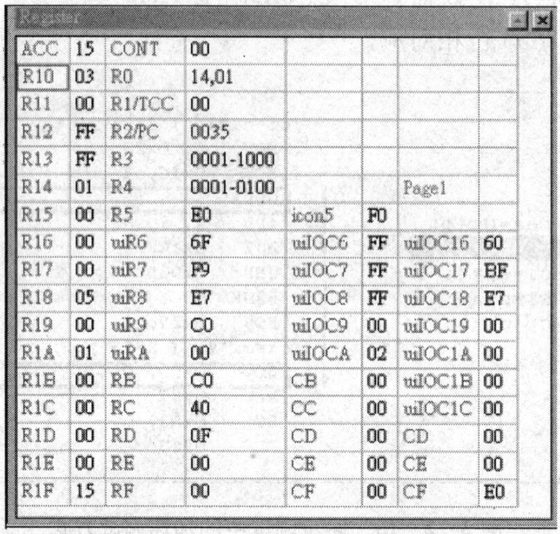

图 3-2-18　寄存器窗口

第4章
C 语言控制硬件的相关编程

4.1 寄存器页面

格式：

<变量名> @<变量地址>[：rpage <寄存器页面号>]；

数据类型是用来在一个特定的寄存器页面中声明一个变量，这样，用户就可以清楚地知道使用的是哪一个寄存器页面，包括 rpage 0。

注意：

（1）如果一个变量被声明为"rpage"，它就不能同时被声明为"bank"、"iopage"或"indir"；

（2）只有全局变量可以被声明为"rpage"数据类型；

（3）即使一个微控制器为 rpage 0，也必须分配寄存器页面号；

（4）有的微控制器可以在特殊寄存器中用寄存器组代替寄存器页面，同时用户可以声明"rpage"；

（5）一般的，通用寄存器 0x10～0x1F 是 C 编译器的备用寄存器，但如果 C 编译器不被使用时，用户可以用 rpage 0 在寄存器 0x10～0x1F 中声明变量。

例 4 - 1 - 1：

```
unsigned int myReg1 @0x03：rpage 0；
                // myReg1 的地址是寄存器页面 0 中的 0x03，尽管这个特殊
                寄存器只有一个寄存器页面，寄存器页号也不能被忽略
unsigned int myReg2 @0x05：rpage 1；
                // myReg2 的地址是寄存器页面 1 中的 0x05，如果某个特殊寄存器
                有不止一个寄存器页面，用户需指出变量位于哪一个寄存器页面
struct st
{
    unsigned int b0：1；
    unsigned int b1：1；
    unsigned int b2：1；
    unsigned int b3：1；
    unsigned int b4：1；
    unsigned int b5：1；
```

```
    unsigned int b6:1;
    unsigned int b7:1;
};
struct st myReg3@0x06: rpage 0;
```

程序运行结果如图 4-1-1 所示。

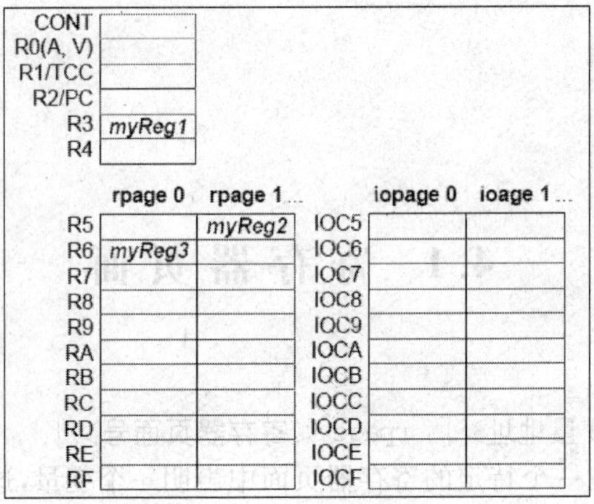

图 4-1-1　程序运行结果

在通用寄存器 0x10~0x1F 中声明变量。

例 4-1-2：

```
unsigned int uiR12 @ 0x12: rpage 0; //在通用寄存器 0x12 中声明变量 uiR12
unsigned int uiRDD @ 0x16: rpage 0;
unsigned int uiR17 @ 0x17: rpage 0;
unsigned int uiR18 @ 0x18: rpage 0;
unsigned int uiR19 @ 0x19: rpage 0;
unsigned int uiR1A @ 0x1A: rpage 0;
unsigned int uiR1B @ 0x1B: rpage 0;
unsigned int uiR1C @ 0x1C: rpage 0;
unsigned int uiR1D @ 0x1D: rpage 0;
```

现在,在生成表和输出窗口(图 4-1-2)中有错误信息,我们可以在信息表和输出窗口中知道哪些是未用的通用寄存器(字符"—")。比如:

Error LNK1116: Can't allocate space for C Register 'ecx' at RPage 0 : 0x10-0x1F, which need 4 byte (s).

错误信息 LNK1116 告诉我们 C 编译器需要 4 个连续字节,所以,我们不能在通用寄存器 0x12 和 0x16 中声明变量。下面,我们在寄存器 0x1E 中声明 uiRDD。

Unsigned int uiRDD @ 0x1E: rpage 0;

现在,不再出现像 LNK1116 的错误信息,表示编译成功(参见图 4-1-3)。

注意:字母"C"表示 C 编译器使用,"d"表示数据类型占用,"b"表示位数据类型,"—"表示未被使用。

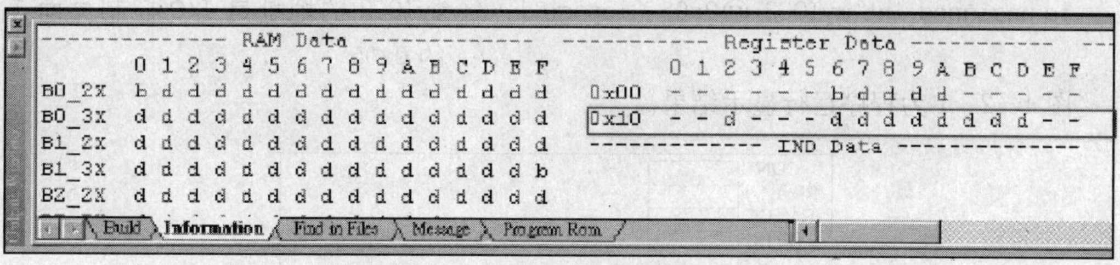

图 4 - 1 - 2　生成表及信息输出窗口

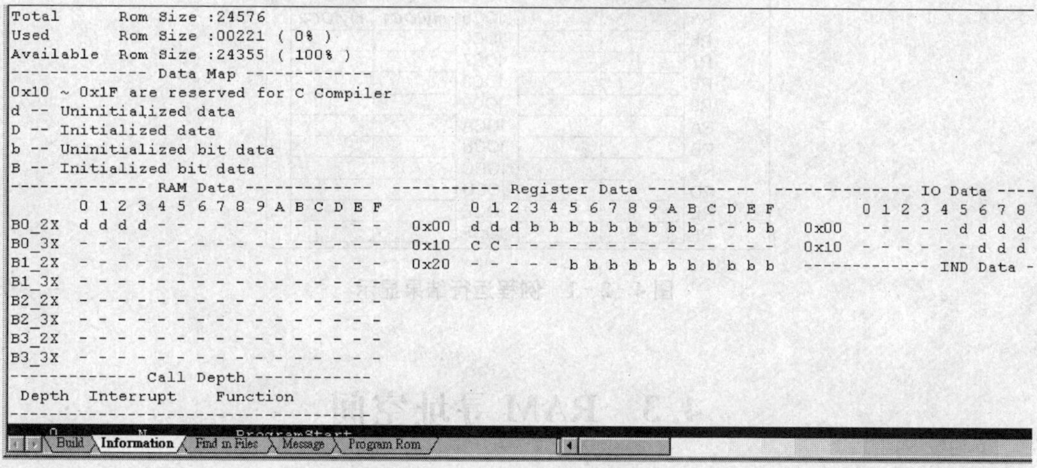

图 4 - 1 - 3　编译成功信息输出窗口

假设有一个错误信息如下：

Error LNK1116：Can't allocate space for C Register 'pr0' at RPage 0：0x10 - 0x1F, which need 2 byte (s).

现在,我们必须在通用寄存器 0x10~0x1F 中为它调整一个持续的、2 个字节的空间。

4.2　I/O 控制页面

格式：

io ＜变量名＞［＠＜变量地址＞］［：iopage ＜I/O 控制页面号＞］］；

在寄存器页面存在时声明变量,即使只有一个 I/O 控制页面,用户也可以清楚地知道 I/O 变量位于哪个 I/O 控制页面。

注意：

（1）如果一个变量被声明为"iopage",它就不能同时被声明为"bank"、"rpage"或"IND"；

（2）只有全局变量可以被声明为"iopage"数据类型；

（3）即使一个微控制器为 iopage 0,也必须分配 I/O 控制页面号。

例 4 - 2 - 1：

io unsigned int myIOC1 ＠0x05：iopage 0；// myIOC1 的地址是 I/O 控制页面 0 中
的 0x05

io unsigned int myIOC2 @0x05：iopage 1；// myIOC2 的地址是 I/O 控制页面 1 中的 0x05

图 4-2-1 为程序运行显示结果。

CONT				
R0(A, V)				
R1/TCC				
R2/PC				
R3				
R4				

	rpage 0	rpage 1 ...		iopage 0	iopage 1 ...
R5			IOC5	*myIOC1*	*myIOC2*
R6			IOC6		
R7			IOC7		
R8			IOC8		
R9			IOC9		
RA			IOCA		
RB			IOCB		
RC			IOCC		
RD			IOCD		
RE			IOCE		
RF			IOCF		

图 4-2-1 例程运行结果显示

4.3 RAM 寻址空间

格式：

<变量名> [@<变量地址>[：bank <RAM 寄存器组号>]]；

在存在的每一个 RAM 寄存器组中声明变量，RAM 寄存器组号必须标明，包括在 Bank 0 中声明变量。

注意：

（1）如果一个变量被声明为"bank"，它就不能同时被声明为"rpage"、"iopage"或"IND"；

（2）只有全局变量可以被声明为"bank"数据类型。

例 4-3-1：

unsigned int myData1 @0x22：bank 0；//myData1 的地址是 ram bank 0 中的 0x22

unsigned int myData2 @0x22：bank 1；// myData2 的地址是 ram bank 1 中的 0x22

unsigned short myShort @0x20：bank 0；// myShort 的地址是 ram bank 0 中的 0x20

unsigned long myLong @0x24：bank 1；// myLong 的地址是 ram bank 1 中的 0x24－0x27

RAM Bank：

程序运行结果显示如图 4-3-1 所示。

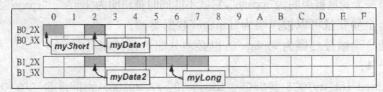

图 4-3-1 例程运行结果显示

4.3.1　位类型

格式：

bit＜变量名＞［@＜变量地址＞［@位序列］［:bank ＜组号＞/ rpage＜页面号＞]]；

位数据类型只占用一位。

注意：

（1）位数据类型不能用于结构体和共用体变量，在结构体和共用体中推荐使用位域。

例 4－3－2：

```
union mybit {
    unsigned int b0:1
    unsigned int b1:1
    unsigned int b2:1
    unsigned int b3:1
    unsigned int b4:1
    unsigned int b5:1
    unsigned int b6:1
    unsigned int b7:1
};
```

（2）位数据类型不能用于函数参数。

（3）位数据类型不能用来作为返回值。

（4）位数据类型不能与其他类型的数据进行算术运算。

（5）IO 控制寄存器不支持位数据类型。

（6）位是保留字，不能用于结构体或通用体的变量名。

（7）只有全局变量可以被声明为"bit"数据类型。

（8）用户不能在本地领域分配位数据，否则编译器将发生错误。

例 4－3－3：

bit myBit 1；// myBit 1 位通过链接被分配数据

bit myBit 2 @0x03 :rpage 0；

　　　　　　　　　　　　　　//如果位序列没被声明，默认位置是在第 0 位。
　　　　　　　　　　　　因此 myBit 2 的地址是 rpage 0 的 0x03 的第 0 位

bit myBit 3 @0x04 @5: rpage 0；//myBit 3 地址是 rpage 0 的 0x04 的第 5 位

bit myBit 4 @0x05 @6: rpage 1；//myBit 4 的地址是 rpage 1 的 0x05 的第 6 位

bit myBit 5 @0x22 @3: bank 1；// myBit 5 的地址是 bank 1 的 0x22 的第 3 位

RAM Bank：

程序运行结果显示如图 4－3－2 和图 4－3－3 所示。

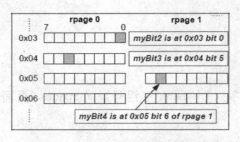

图 4-3-2 例程运行结果显示(1)

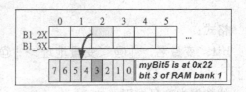

图 4-3-3 例程运行结果显示(2)

4.3.2 Data/LCD RAM 的间接寻址

格式:

indir <变量名> [@<变量地址>[: ind <间接地址号>]];

在间接数据 RAM 或 LCD RAM 中声明变量,如果地址分配,则必须指出间接地址号;如果微处理器使用数据 RAM,则使用"ind 0"(间接 RAM 0),如果微处理器使用 LCD RAM,则使用"ind 1"(间接 RAM 1)。

注意:

(1) 如果微控制器不支持 IND bank,编译器会生成错误消息,例如"代码'WriteIND'未定义";

(2) 只有全局变量可以被声明为"indir"数据类型;

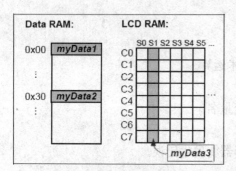

图 4-3-4 例程运行结果显示

(3) Indir 数据类型不支持数组或点变量。

例 4-3-4:

indir int nData1; //默认值为"ind 0",所以 nData1 在数据 RAM

indir int nData2 @ 0x30: ind 0; //因为使用"ind 0",nData2 在数据 RAM 的 0x30

indir int nData3 @ 0x01: ind 1; //因为使用"ind 1",nData3 在 LCD RAM 的 0x01

程序运行结果显示如图 4-3-4 所示。

4.4 ROM 寻址空间

4.4.1 分配 C 函数到程序 ROM

格式:

<返回值> <函数名>(<参数表>) @<地址> [: page <页面号>]

{

......

}

可以在程序 ROM 的专用地址中设置函数，并使用"page"指令分配需要的程序 ROM 中的页数。

注意：

(1) 数可以被声明为"page"；

(2) 程序 ROM 专用地址中分配中断保存程序和中断服务程序。

例 4 - 4 - 1：

void myFun1(int x, int y)@0x33 // myFun1()在 ROM page 0(默认页)的 0x33 中

{

　　　……

}

void myFun2(int x, int y) @0x33: page 1 //myFun2()在 ROM page 1 的 0x33 中

{

　　　……

}

程序运行结果示意如图 4 - 4 - 1 所示。

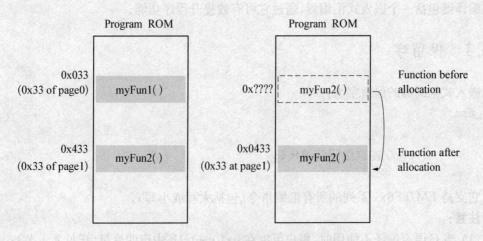

图 4 - 4 - 1　程序运行结果示意

4.4.2　在程序 ROM 中存储数据

格式：

const ＜变量名＞;

一些数据在程序执行过程中不能更改，因此，需要将这些数据存储到程序 ROM，以节省有限的 RAM 空间。编译器使用"TBL"指令将数据加入程序 ROM。

注意：

(1) 使用常量数据类型将数据存储 ROM；

(2) 只有全局变量可以被声明为"const"数据类型；

（3）一个常量数组变量的最大字节为 255 字节。

例 4 - 4 - 2：

```
const int myData[] = {1, 2, 3, 4, 5};
const char myString[2][3] =
{
        "Hi!",
        "ABC"
};
```

程序运行结果如图 4 - 4 - 2 所示。

注意：如果微控制器不支持 TBL 指令，则页面只有一个 ROM 数据区（0x100 以下），否则一个页面有两个 ROM 数据区，且取较大的那个。

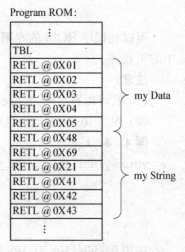

图 4 - 4 - 2　程序运行结果

4.5　嵌入式汇编器

编译器包括一个嵌入式汇编器，通过它可有效提升程序功能。

4.5.1　保留字

嵌入式汇编器的保留字为：

```
_asm
{
        …… //在这里写汇编代码
}
```

它支持 EM78F6xx 系列的所有汇编指令（包括大写或小写）。

注意：

（1）当 C 语言编译不使用时，用户可以在 0x10～0x1F 中声明变量（详见 4.1 节）；

（2）如果用户在嵌入汇编中切换"rpage"、"iopage"或"bank"，原来的"rpage"、"iopage"或"bank"必须保存在开始处，并且在嵌入汇编程序的最后恢复，可参阅 4.5.2 节的例 4 - 5 - 1；

（3）如果用户使用嵌入汇编的 0x10～0x1F，编译器将不会报告警告或错误消息，但它可能会遇到一些意外的错误；

（4）用户不允许用_ASM 取代_asm；

（5）如果用户直接使用寄存器地址、IO 控制地址或 RAM 组，则编译器可能不知道在汇编中使用的这些寄存器、IO 控制或 RAM 组，用户需要检查它。

4.5.2　在嵌入式汇编代码中使用 C 变量

编译器允许在嵌入汇编中使用 C 变量，格式如下：

```
mov a, %<变量名> //将变量的值赋给 ACC
mov a, @%<变量名> //将变量的地址赋给 ACC
```

例 4-5-1：

```
_asm
{
                                //保存 rpage、iopage 和 bank 寄存器中的程序
    mov a,0x0
    mov %nbuf, a
    mov a, 0x04
    mov %nbuf+1, a
    bs 0x03, 7
    bs 0x03, 6 //切换到其他 rpage
    ......
                                //恢复 rpage、iopage 和 bank 寄存器中的程序
    mov a, %nbuf //寄存器
    mov 0x03, a
    mov a, %nbuf + 1
    mov 0x04, a
}
```

例 4-5-2：

```
int temp;
temp = 0x03; //我们假设 temp 在 bank 0 的 0x21
_asm {mov a, %temp} //将 0x03 的值赋给 ACC
_asm {mov a, @%temp} /将 0x21 的地址赋给 ACC
```

例 4-5-3：

```
unsigned int temp_a @0x20: bank 0;
unsigned int temp_s @0x21: bank 0;
#define status 0x03;
void main()
{
    _asm
    {
        mov %temp_a, a //即 mov 0x20, a
        mov a, status // 即 mov a, 0x03
        mov %temp_s, a // 即 mov 0x21, a
    }
}
```

4.6 宏 的 使 用

可以使用宏来控制 MCU 和缩短程序的长度。

注意：

（1）使用"♯define"来定义宏；

（2）使用"\"可以加入多行的代码集；

（3）在"\"后不允许添加任何字符（即使是字符块也不允许），否则将出现错误；

（4）不要使用常数作为宏变量，这将产生错误。

例 4-6-1：

```
♯define SetIO(portnum, var)_asm {mov a, @var} \
    _asm {iow portnum}
♯define SetReg(reg, 3) _asm {mov a, @3} \
    _asm {iow portnum}
```

由于使用常数作为参数，宏 SetReg 将产生错误。

4.7 中 断 程 序

在 TCC2 中处理中断时，必须考虑到以下三点：

（1）中断现场保存：也即在执行中断服务子程之前，先对一些寄存器的值进行保存。

现在很多新型号的芯片在中断发生时会保存诸如 ACC、R3、R4 之类的重要寄存器，并在退出中断服务程序时还原这些寄存器的值。TCC2 还能保存和还原集成开发环境 eUIDE 所提供的寄存器。如果没有发现之前保存的这些寄存器的值，eUIDE 将在一个新文件添加到一个新项目中时自动添加这些寄存器的表格。如果芯片中存在不止一个中断向量，则必须将地址为 0x2 的寄存器（即程序计数器 PC）的值保存到 ACC 中。TCC2 需要根据程序计数器 PC 的值来判断哪一个是引发当前中断的中断源。

（2）中断服务程序：也就是中断要执行的具体操作。

无论有多少个中断向量，都需要在中断服务程序中编写中断服务程序代码。视具体情况而定，可能会需要使用 switch/case 或 if/else 结构来判断当前中断到底是由哪一个中断源所引发的（从而决定执行哪个中断向量所对应的中断服务程序）。

（3）全局中断向量索引变量（IntVecIdx）。

必须将 IntVecIdx 用形如"extern int IntVecIdx"的方式声明为全局整型变量。IntVecIdx 将占用地址 0x10。因此，不能再在项目文件中的其他任何地方声明或使用地址 0x10；否则，程序运行时将得到错误结果，虽然编译器并不会提示错误。

4.7.1 中断保存操作

格式：

void _intcall ＜函数名＞_I(void) @＜中断向量地址＞: low_int ＜中断向量号＞

需首先在嵌入式汇编代码中写入"MOV A,0x2"。

4.7.2　中断服务程序

格式：

void _intcall ＜函数名＞(void) @int

在 TCC2 中断服务程序中"＜中断向量号＞"被省略,只有唯一的一个中断服务程序函数。

义隆公司的 8 位 Flash 类型 EM78F6xx 系列(EM78F54x/F56x/F64x/F66x)单片机均具有多个中断向量,应在每个"case"分支(对应不同的中断向量)中编写中断服务程序代码。对于未使用的中断向量,标出"case"及中断保存操作即可。

在例 4-7-1 中,以 EM78F664N 芯片为例,说明了中断相关程序的编写格式。

4.7.3　保留的一般寄存器的相关操作

编译器会保存它自己所使用的地址为 0x11～0x1F 的一般寄存器的值。

例 4-7-1: EM78F664N 发生中断时,硬件自动保存和还原寄存器 ACC、R3 和 R4 的值。这款芯片具有多个中断向量。

```
extern int IntVecIdx;    // 占用地址 0x10:rpage 0
......
void _intcall ALLint(void) @ int
{
  switch(IntVecIdx)
  {
    case 0x4:  // 在这里写入对应中断向量 0x3 的中断服务程序代码
    break;
    case 0x7:  // 在这里写入对应中断向量 0x6 的中断服务程序代码
    break;
    case 0xA:  // 在这里写入对应中断向量 0x9 的中断服务程序代码
    break;
    case 0x13:  // 在这里写入对应中断向量 0x12 的中断服务程序代码
    break;
    case 0x16:  // 在这里写入对应中断向量 0x15 的中断服务程序代码
    break;
    case 0x19:  // 在这里写入对应中断向量 0x18 的中断服务程序代码
    break;
    case 0x1C:  // 在这里写入对应中断向量 0x1B 的中断服务程序代码
    break;
```

```
            case 0x1F:   // 在这里写入对应中断向量 0x1E 的中断服务程序代码
            break;
            case 0x22:   // 在这里写入对应中断向量 0x21 的中断服务程序代码
            break;
            case 0x25:   // 在这里写入对应中断向量 0x24 的中断服务程序代码
            break;
            case 0x28:   // 在这里写入对应中断向量 0x27 的中断服务程序代码
            break;
            case 0x2B:   // 在这里写入对应中断向量 0x2A 的中断服务程序代码
            break;
            case 0x2E:   // 在这里写入对应中断向量 0x2D 的中断服务程序代码
            break;
            case 0x31:   // 在这里写入对应中断向量 0x30 的中断服务程序代码
            break;
        }
        /*   也可使用 if / else if  语句
        if(IntVecIdx = = 0x4)
        {
        }
        else if(IntVecIdx = = 0x7)
        {
        }
        else if(IntVecIdx = = 0xA)
        {
        }
         ......
        */
}


void _intcall ext_interrupt_l(void) @ 0x03:low_int 0
{
 _asm{MOV A,0x2};
}
void _intcall port6pinchange_l(void) @ 0x06:low_int 1
{
 _asm{MOV A,0x2};
}
void _intcall tccint_l(void) @ 0x09:low_int 2
{
```

```
  _asm{MOV A,0x2};
}
void _intcall spi_l(void) @ 0x12:low_int 3
{
 _asm{MOV A,0x2};
}
void _intcall Comparat_l(void) @ 0x15:low_int 4
{
 _asm{MOV A,0x2};
}
void _intcall TC1_l(void) @ 0x18:low_int 5
{
 _asm{MOV A,0x2};
}
void _intcall UARTT_l(void) @ 0x1B:low_int 6
{
 _asm{MOV A,0x2};
}
void _intcall UARTR_l(void) @ 0x1E:low_int 7
{
 _asm{MOV A,0x2};
}
void _intcall UARTRE_l(void) @ 0x21:low_int 8
{
 _asm{MOV A,0x2};
}
void _intcall TC2_l(void) @ 0x24:low_int 9
{
 _asm{MOV A,0x2};
}
void _intcall TC3_l(void) @ 0x27:low_int 10
{
 _asm{MOV A,0x2};
}
void _intcall PWMA_l(void) @ 0x2A:low_int 11
{
 _asm{MOV A,0x2};
}
void _intcall PWMB_l(void) @ 0x2D:low_int 12
```

```
    {
    _asm{MOV A,0x2};
    }
void _intcall AD_1(void) @ 0x30 : low_int 13
    {
    _asm{MOV A,0x2};
    }
```

eUIDE 软件的介绍及开发工具使用

5.1　eUIDE 软件简介

　　eUIDE 是义隆电子公司为 8 位微控制器提供的集成开发环境(IDE)软件,软件运行平台为 Windows 2000 或 Windows XP。主要包含源文件编辑器、项目管理器、汇编器和源程序调试器,同时又提供了模块注释、寄存器自动升级、实时在线反汇编等功能。因此,eUIDE 是一款操作友好,功能强大,传输速率高且性能稳定的用户应用软件。

5.1.1　系统要求

　　eUIDE 对计算机硬件配置要求如下:CPU 控制器奔腾 100 及以上,内存容量 256 MB以上,硬盘空间 40 MB 以上,操作系统为 Win2000、WinME、NT、WinXP 或 Vista - 32。

5.1.2　软件安装

　　eUIDE 安装文件为用户提供了 IDE 软件以及 ICE 驱动软件。第一次安装 eUIDE 以及在 Windows 9X 下安装 USB ICE 时,必须重新启动计算机,并且在安装过程中,用户需默认安装路径。当操作系统检测到 ICE USB硬件,请确保 ICE 设置为 ON。用户可通过操作系统设备管理器(如图 5 - 1 - 1 所示)查看 EMC USB ICE 驱动程序是否已安装以及连接是否正确。

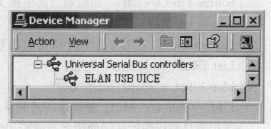

图 5 - 1 - 1　设备管理器

5.1.3　与 ANSI 标准的兼容

　　eUIDE 与 ANSI 的兼容性与单片机提供的 C 函数紧密相关,这也是 EM78 系列单片机独有的特性。

5.2　eUIDE 软件的界面

在菜单点击相关窗口指令可以使界面显示或隐藏。

5.2.1　工程窗口

工程窗口有两种视窗,分别为 File 和 Label/Function。

1. File 视窗

如图 5-2-1 所示,工程窗口含有源文档(Source Files)、头文件(Header Files)、LIST 文件(List Files)和 Map 文件(Map File)。

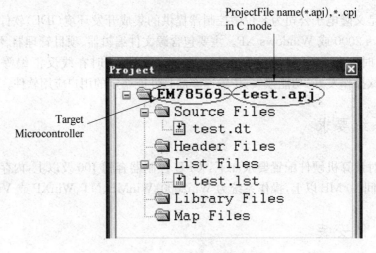

图 5-2-1　File 视窗

Source Files(*.df):加载到当前工程文件内需要编译。在 C 模式下,该文件形式为 *.c。

Header Files(*.h):源程序所需的参考头文件。

List Files(*.lst):列表文件。

Map File(*.map):map 文件。

Library File(*.bbj):源程序所需的参考 bbj 文件。

工程窗口的标题栏显示使用者当前所用的单片机和工程文件名。

2. Label/Function 视窗

程序缓冲后,eUIDE 将自动确定 C 模式的功能或 ASM 模式的标号,其结果显示在工程窗口下的 Label/Function 视窗内,如图 5-2-2 所示。单击工程窗口中的 Label/Function 视图,进入 Label/Function 窗口。双击标号或功能,找到标号或功能显示的文件。eUIDE 可以自动链接编辑器窗口的相关位置,如图 5-2-3 所示。同时,eUIDE 会在输出窗口显示搜索结果,如图 5-2-4 所示。

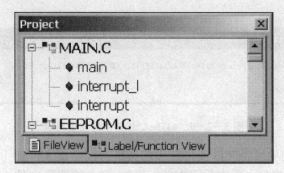

图 5-2-2　Label/Function 视窗

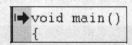

图 5-2-3　eUIDE 中链接编辑器窗口相关位置

图 5-2-4　输出窗口中显示的搜索结果

　　如果 eUIDE 没有在编辑窗口定位出 label/function 的位置，在输出窗口仍然会有显示，如图 5-2-5 所示，以供用户参考。

　　打开或创建一个项目后，可以点击按钮 ⊞ 展开并浏览其内容，如图 5-2-6 所示。

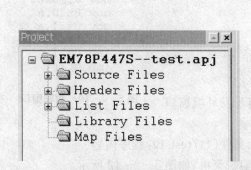

图 5-2-5　工程窗口显示

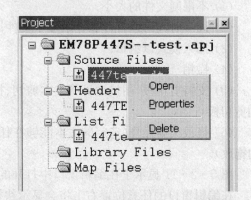

图 5-2-6　工程窗口点击 ⊞ 显示

　　右击项目窗口中的文件，显示文件的快捷菜单，如图 5-2-7 所示。

　　下面将介绍快捷菜单中的三种命令：

　　Open：打开选中的文件。例如右击 447test. dt，点击 Open，则该文件即被打开。如果点击的是已打开的文件，则没有任何反应。

　　Properties：显示选中文件的完整途径。图 5-2-8 显示了 447test. dt 文件的位置。

图 5-2-7　文件的
快捷菜单

Properties

Filename D:\Program Files\ELAN\eUIDE\Bin\EM78F664N\447test.dt

图 5 - 2 - 8 447test. dt 文件的位置显示

Delete：删除当前项目源文件夹中选中的文件。如果该文件处于打开状态，选择删除 (Delete)后，程序会在删除之前先关闭文件。例如，如果要删除文件 447test. dt，将显示"确认"对话框，如图 5 - 2 - 9 所示，确定要删除该文件则选择 Yes，否则选择 No。

ELAN IDE

? Do you want to remove "447test.dt" from the Project?

是(Y)　　　否(N)

图 5 - 2 - 9 "确认"对话框

5.2.2 编辑窗口

编辑窗口(如图 5 - 2 - 10 所示)是一个创建、查看和调试源程序的多窗口编辑工具。编辑窗口的主要特点如下：

(1) 不限制文件的大小；

(2) 同一时间可以打开和显示多个文件；

(3) 插入模式以编辑；

(4) 撤销/重做；

(5) 支持剪切板(用按键可将文本剪切、拷贝、移动和粘贴到剪切板)；

(6) 拖放文本操作(选定的文本能够在任何开发环境窗口内拖放)。

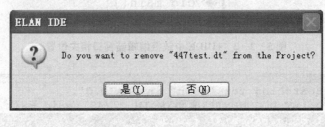

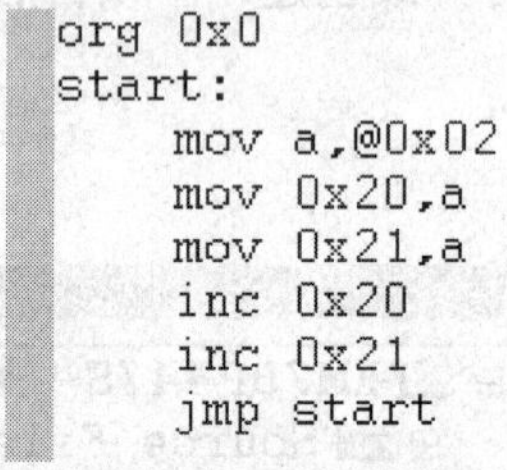

```
org 0x0
start:
        mov a,@0x02
        mov 0x20,a
        mov 0x21,a
        inc 0x20
        inc 0x21
        jmp start
```

图 5 - 2 - 10 编辑窗口

图 5 - 2 - 11 显示了在编辑窗口中打开的源文件(447test. dt)程序内容。

在编辑窗口的任意位置右击将会显示快捷编辑菜单，如图 5 - 2 - 12 所示。

下面将分别介绍快捷编辑窗口中的各种命令：

Cut：从当前位置移出选择的文件，在其他位置将其粘贴过来。首先选中想要剪切的文件，然后右击该文件，则会显示出快捷编辑菜单，选择 Cut 命令(如图 5 - 2 - 13 所示)。此时，选中的文件将会移出编辑窗口(如图 5 - 2 - 14 所示)并暂存在剪切板内，然后在目标位置将该文件粘贴过来。

Copy：首先选中想要复制的文件，然后右击该文件，则会显示出快捷编辑菜单，选择 Copy 命令(如图 5 - 2 - 15 所示)。此时，选中的文件将会暂存在剪切板内，然后在目标位置

```
R10 == 0x10:rpage 0

;include ""447test.h"
org Oxfff
jmp s1
org 0x00
s1:
        clr 0x11
        clr 0x12
s2:
        inc 0x11
        inc 0x12
        jmp s2
```

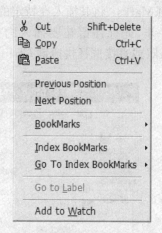

图 5 - 2 - 11　编辑窗口中 447test. dt 的程序　　　图 5 - 2 - 12　快捷编辑菜单

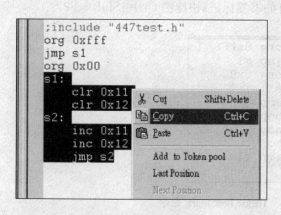

图 5 - 2 - 13　Cut 命令

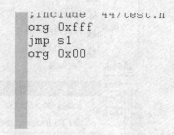

图 5 - 2 - 14　执行 Cut 命令后的显示

将该文件粘贴过来。

　　Paste：在目标位置粘贴已复制或剪切到剪切板的文件。在同一页中粘贴后的显示，如图 5 - 2 - 16 所示，最下面（框内的部分）即是粘贴的程序。

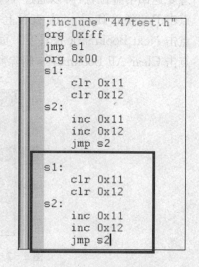

图 5 - 2 - 15　Copy 命令　　　　　　　　　　　图 5 - 2 - 16　Paste 执行后

BookMarks：将其插入在特定的行，以方便用户以后使用。具体来说：

第一步，光标停留在要插入的行，然后在主菜单中点击 Edit→BookMarks→Toggle Bookmark(或直接选择快捷键 Ctrl＋F2)，如图 5-2-17 所示。

图 5-2-17　插入书签第一步

第二步，转到书签所在的行。假若用户在第一、五和八行标记书签(如图 5-2-18 所示)，想要返回书签位置，可以通过 Toggle 命令实现上一页、下一页和清除所有指令等功能：

点击 Previous Bookmark 查看上一页(快捷键 Shift＋F2)；

点击 Next Bookmark 查看下一页；

点击 Clear All Bookmarks 删除所有的书签标记(快捷键 Ctrl＋Shift＋F2)。

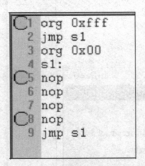

图 5-2-18　Toggle Bookmark 命令

Index BookMarks：对书签进行编号索引。通过目录索引，用户可以直接进入想要的书签位置。通过 Edit→Index BookMarks→Toggle BookMark x(x＝0～9)或直接通过快捷键 Ctrl＋x 可以插入目录书签,如图 5－2－19 所示。

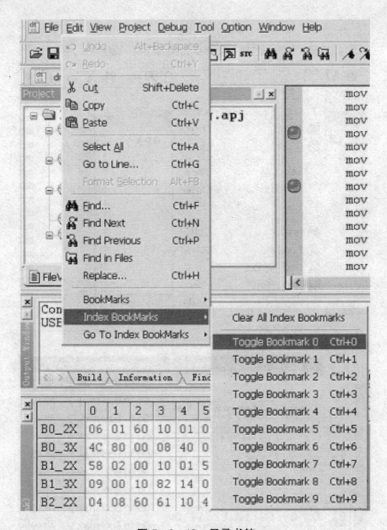

图 5－2－19　目录书签

若在第五行插入书签 1,在第七行插入书签 2,则会显示图 5－2－20。

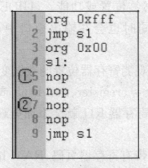

图 5－2－20　例子显示

Go To Index BookMarks:转到特定的书签标记行。通过菜单栏的 Edit→Go To Index BookMarks,选择相应的书签编号,也可以通过快捷键 Alt+x(x=0~9)来实现,如图 5-2-21 所示。

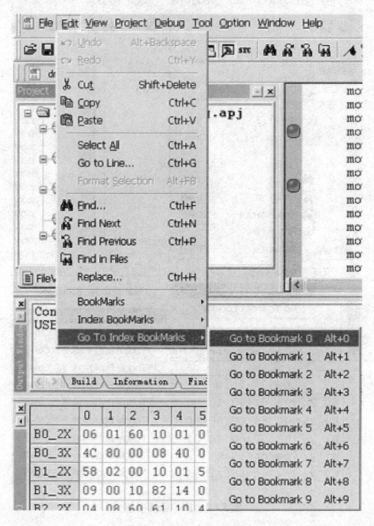

图 5-2-21　例子显示

Go To Label:显示文件中书签位置或功能。eUIDE 在编辑窗口会自动检测出相关的位置(如图 5-2-3 所示)。同时也会在输出窗口中显示查找的结果(如图 5-2-4 所示)。

Add to Watch:在观察窗口观测寄存器位置的数据变化。如图 5-2-22 所示,在 ICE 运行程序时,右击寄存器(后跟==、register、ram bank 或 control register page)。在弹出的窗口中,选择 Add to Watch。寄存器 R11 就会添加至观察窗口,并可以观察到调试数据的实时变化。

点击带有双等号(==)而不带有寄存器页码、RAM bank 和控制寄存器页码的暂存器时,将会显示观察对话框,具体详见 5.2.5 节。

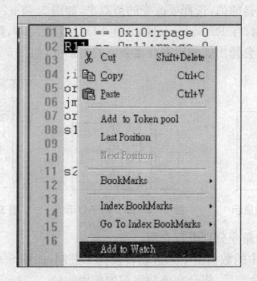

图 5 - 2 - 22　例子显示

5.2.3　特殊寄存器窗口

如图 5 - 2 - 23 所示,特殊寄存器窗口显示寄存器的最新内容和相对应型号的 MCU 的 I/O 控制寄存器。关闭窗口后,将读不到除一些特殊寄存器以外的任何有关窗口的硬件信息。

当寄存器的值改变时,
对应的数字变为红色

Special Register											
ACC	10	CONT	10								
R10	00	R0	18,24								
R11	16	R1/TCC	1B								
R12	FF	R2/PC	0045								
R13	02	R3	0000-0000	Page1		Page2		Page3			
R14	00	R4	0001-1000								
R15	98	R5	90	R5	91			R5	93	C5	90
R16	00	R6	87	R6	00			R6	01	C6	FF
R17	01	R7	1D	R7	00			R7	00	C7	FF
R18	24	R8	40	R8	00			R8	00	C8	FF
R19	00	R9	0B	R9				R9	00		
R1A	00	RA	00	RA	00	RA	92	RA	00	CA	0F
R1B	10	RB	00	RB	00	RB	02	RB	00	CB	00
R1C	00	RC	00	RC	00	RC	00	RC	00	CC	FF
R1D	02	RD	00	RD	00	RD	00	RD	00	CD	00
R1E	00	RE	00	RE	FF	RE	6B	RE	00	CE	FF
R1F	80	RF	70	RF	3F	RF	6B	RF	00	CF	00

图 5 - 2 - 23　特殊寄存器窗口

若要改变特殊寄存器的值,选择要改变的值双击,如图 5-2-24 中的 BD。

如图 5-2-25 所示,在 RAM bank 窗口,在 BD 位置键入 77,新数字将变为红色。

右击选中的数值将会弹出能编辑寄存器数值的对话框,如图 5-2-26 所示。

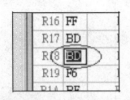 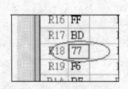 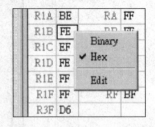

图 5-2-24　例子显示　　　图 5-2-25　例子显示　　　图 5-2-26　例子显示

下面将对菜单中的命令分别进行介绍:

Binary:将寄存器中的数值由十六进制转换为二进制,如图 5-2-27 所示。如果数字原先为二进制,执行该命令后,将会在该数字前加前缀(√)。

Hex:将寄存器中的数值由二进制转换为十六进制,如图 5-2-28 所示。如果数值原先为十六进制,执行该命令后,将会在该数值前加前缀(√)。

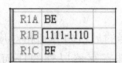

图 5-2-27　Binary 例子显示 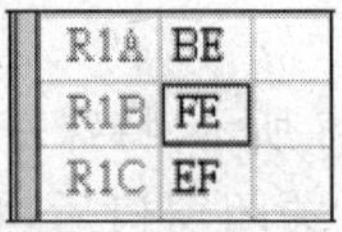　　　　　图 5-2-28　Hex 例子显示

Edit:修改寄存器的值。这和前面双击的作用是一致的。然而,推荐利用这种方法。

5.2.4　堆栈窗口

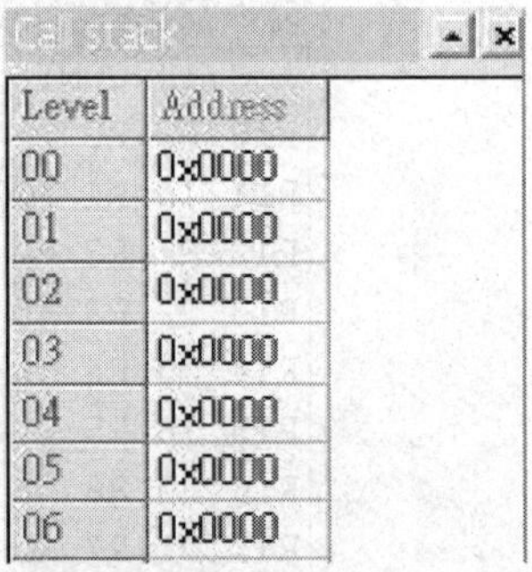

堆栈窗口(如图 5-2-29 所示)显示堆栈最新的内容,窗口中的内容真实地反映了硬件信息。当关闭窗口后,该窗口将不会显示任何关于硬件的内容。

一般情况下,堆栈不设定初始值,当按下 F6 后,eUIDE 将会将所有的堆栈值设置为 0x0000。由于 ICE 硬件设置的限制,在程序中堆栈已满(如图 5-2-30 所示)的情况下,调用子程序返回,从栈中读取的值将会如图 5-2-31 所示,这将会影响子程序的运行,如图 5-2-32 所示。

图 5-2-29　堆栈窗口

若采用分步操作(F7),执行"ret"操作去判断当前堆栈位置时,eUIDE 将会比较前后的堆栈值。如图 5-2-33 所示,将会把堆栈值由 0x0003 变为 0x0000。

继续采用分步操作,可以设置更高层的堆栈值为 0x0000,如图 5-2-34 所示。这将不会影响正常的堆栈操作。

eUDIE 不能准确地确定 ICE 停止工作的位置。因为 ICE 的硬件限制了 eUDIE 堆栈窗口显示正确的堆栈位置。然而,这并不会影响正常的堆栈操作。当执行 Go 或 FreeRun 命令后,如果所有的堆栈窗口都显示相同的值,原因是程序调用了第一级调用函数或程序没有调用任何函数。在这种情况下,不建议使用 StepOut 命令。否则,程序将跳转到在调用堆栈窗口中的第一级地址。

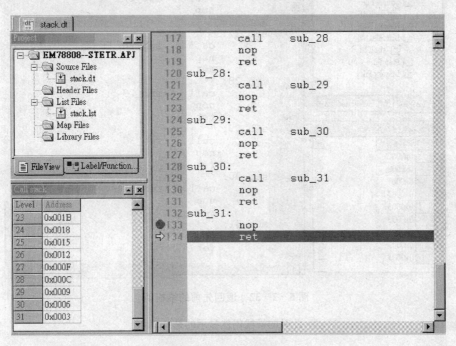

图 5 - 2 - 30　堆栈已满

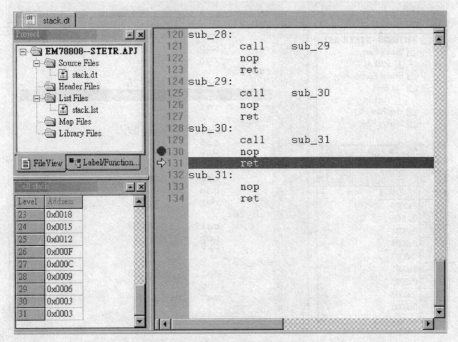

图 5 - 2 - 31　返回堆栈值

注:最后一行堆栈显示 0x0003(在堆栈已满时最后一行的显示值)。

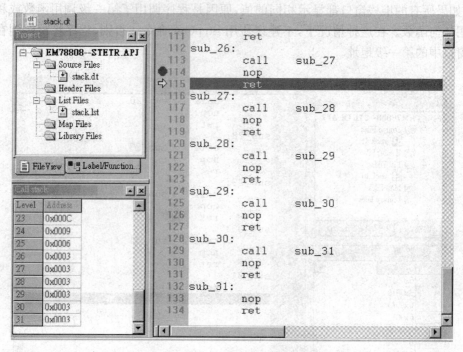

图 5 - 2 - 32　返回先前的堆栈值

注：此时的堆栈仍然显示的是 0x0003。

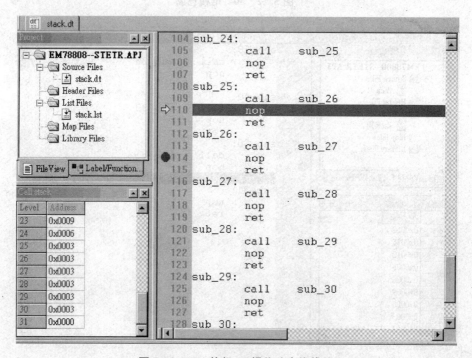

图 5 - 2 - 33　执行 F7 操作改变堆栈值

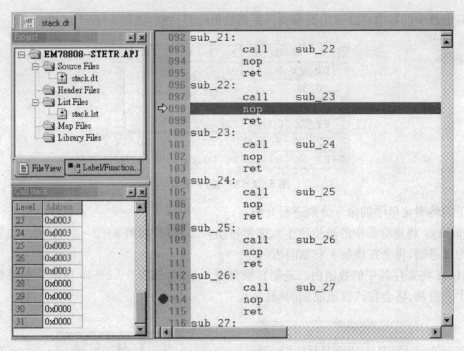

图 5-2-34　采用分步操作改变更高层的堆栈值

5.2.5　通用寄存器(RAM 区)窗口

如图 5-2-35 所示,通用寄存器窗口显示最新的通用 RAM 内的数据。当关闭此窗口时,将不会得到任何关于窗口的任何硬件信息。

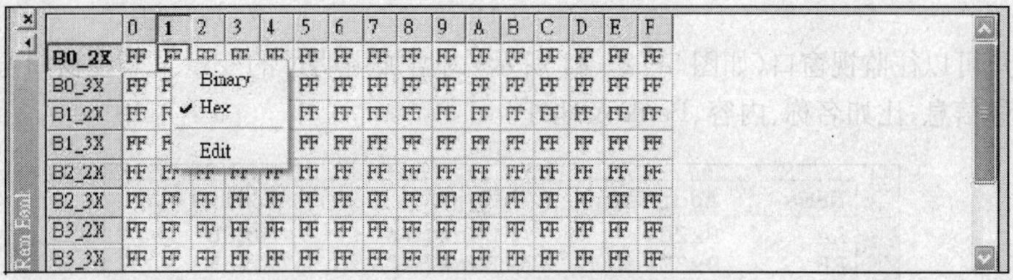

图 5-2-35　通用寄存器(RAM 区)窗口

当要改变寄存器中的数值,双击该值。例如,若要改变如图 5-2-36 所示中的 EF 值,则双击该值,EF 值闪烁,键入新的数值 33,如图 5-2-37 所示。可以观察到在窗口的其他位置点击时,该数值变为红色。

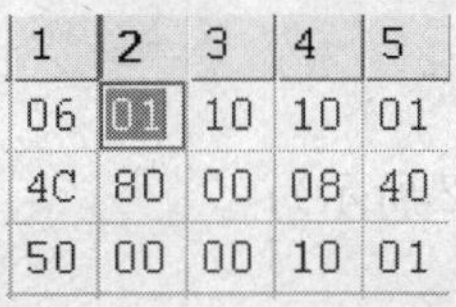

1	2	3	4	5
06	01	10	10	01
4C	80	00	08	40
50	00	00	10	01

图 5-2-36　例子显示

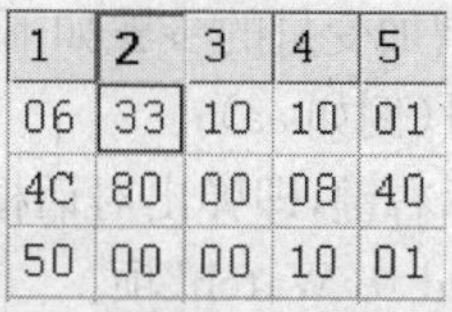

1	2	3	4	5
06	33	10	10	01
4C	80	00	08	40
50	00	00	10	01

图 5-2-37　例子显示

右击选中的数值将会弹出能编辑寄存器数值的对话框,如图 5 - 2 - 38 所示。

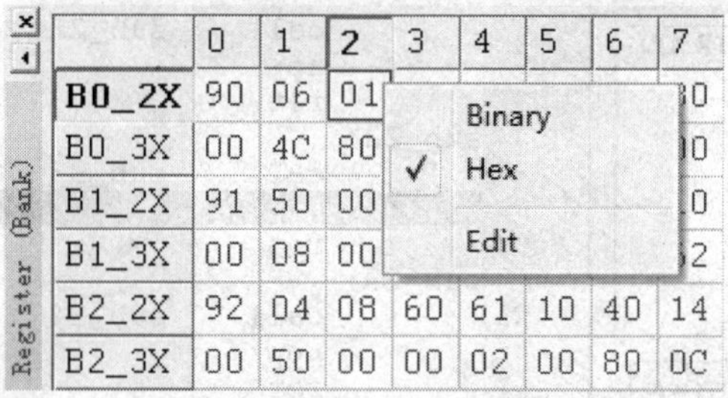

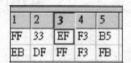

图 5 - 2 - 38　例子显示

下面将对菜单中的命令分别进行介绍:

Binary:将寄存器中的数值由十六进制转换为二进制,如图 5 - 2 - 39 所示。如果数字已经为二进制,将会在该数字前加前缀(√)。

Hex:将寄存器中的数值由二进制转换为十六进制,如图 5 - 2 - 40 所示。如果数值已经为十六进制,将会在该数值前加前缀(√)。

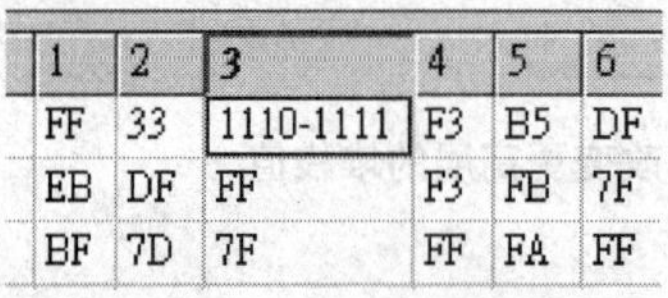

1	2	3		4	5	6
FF	33	1110-1111		F3	B5	DF
EB	DF	FF		F3	FB	7F
BF	7D	7F		FF	FA	FF

图 5 - 2 - 39　Binary 例子显示

1	2	3	4	5
FF	33	EF	F3	B5
EB	DF	FF	F3	FB

图 5 - 2 - 40　Hex 例子显示

Edit:修改寄存器的值。这和前面双击的作用是一致的。然而,推荐利用这种方法。

5.2.6　监视窗口

用户可以往监视窗口(如图 5 - 2 - 41 所示)内增加声明过的变量。监视窗口会显示定义的变量信息,比如名称、内容、Bank 及地址。

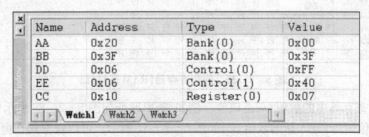

图 5 - 2 - 41　监视窗口

往监视窗口增加变量的步骤如下:

(1) 选中变量(例如 aa);

(2) 点击鼠标右键,即弹出对话框(如图 5 - 2 - 42 所示);

(3) 选择"Add to Watch"项。

程序运行时,若要在监视窗口中观测寄存器数值的变化,寄存器中的值必须送入监视窗口中。可以用以下三种方法来实现：

（1）在编辑窗口直接右击选择寄存器的值。

① 右击编辑窗口寄存器变量或数值，在弹出的对话框中，选择 Add to Watch 命令（如图 5-2-43 所示）。

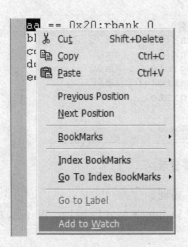

图 5-2-42　对话框

图 5-2-43　对话框

如果选定的值包含 register page（ram bank 或 control register page），则寄存器的值将会直接在监视窗口中显示。如果选定的值不包含 register page、ram bank 或 control register page，则寄存器中的值将会显示在监视对话框中，如图 5-2-44 所示。

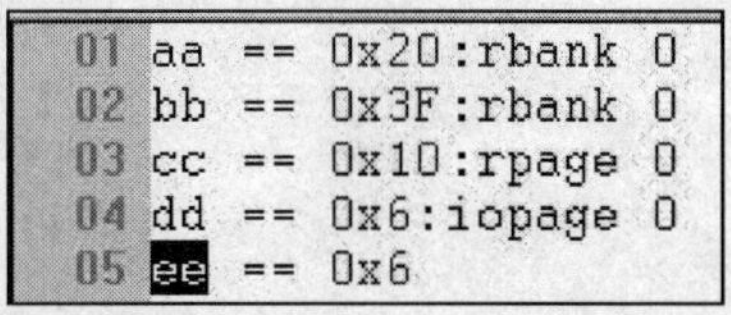

```
01  aa == 0x20:rbank 0
02  bb == 0x3F:rbank 0
03  cc == 0x10:rpage 0
04  dd == 0x6:iopage 0
05  ee == 0x6
```

图 5-2-44　例子显示

② 在监视对话框窗口内，右击所要的变量名，然后在 Label Types 选项中确定变量类型，如特殊寄存器、控制寄存器或 RAM(Bank)，如图 5-2-45 所示。

图 5-2-45　例子显示

③ 点击 OK 则可将变量增加至监视窗口,例子显示如图 5-2-46 所示。

注意:程序代码中用双等号"=="定义的变量,在监视对话框窗口中显示的变量是相同的。添加或清除星号"*",可以双击变量名。在变量前有"*"意味着选中该变量。点击 OK(确定)可将变量增加到监视窗口。

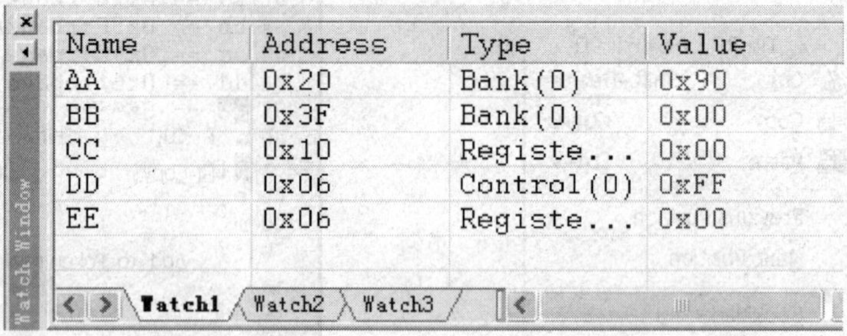

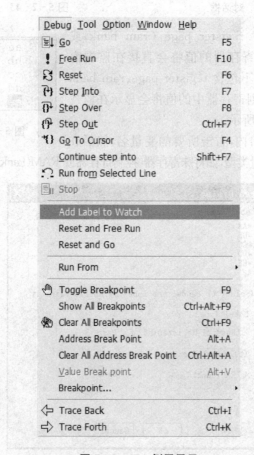

图 5-2-46 例子显示

(2) 通过菜单栏 Debug→Add Label to Watch 实现。

① 在编辑窗口中选择寄存器,然后选择菜单栏 Debug→Add Label to Watch,对话框如图 5-2-47 所示。

图 5-2-47 例子显示

② 在监视对话框窗口内，右击所要的变量名，然后在 Label Types 选项中，确定变量类型，如特殊寄存器、控制寄存器或 RAM(Bank)，如图 5-2-48 所示。

图 5-2-48　例子显示

③ 点击 OK 则可将变量增加至监视窗口，例子显示如图 5-2-46 所示。

(3) 通过菜单栏 Option→View 实现。

① 点击 Option→View Setting，在弹出的对话框中选择 Add defined label to watch automatically。在 eUIDE 2.06 及更高版本中，有三种分类方式，如图 5-2-49 所示。

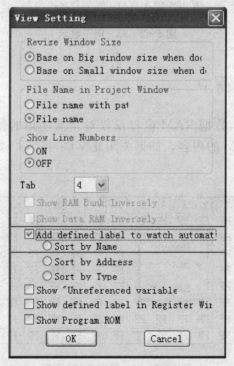

图 5-2-49　例子显示

② 在编辑窗口中，page location data 的所有变量都自动标记，如图 5 - 2 - 50 所示。

③ 程序缓冲后，变量则自动包含在监视窗口，如图 5 - 2 - 51 所示。

```
aa == 0x20:rbank 0
bb == 0x3F:rbank 0
cc == 0x10:rpage 0
dd == 0x6:iopage 0
ee == 0x6
```

Name	Address	Type	Value
AA	0x20	Bank(0)	0x90
BB	0x3F	Bank(0)	0x00
CC	0x10	Registe...	0x00
DD	0x06	Control(0)	0xFF

Watch1 / Watch2 / Watch3

图 5 - 2 - 50 例子显示   图 5 - 2 - 51 例子显示

注意：在监视窗口删除一个变量，只需将该变量选中，再按下 Del 键。

如果选择 Add defined label to watch automatically，则监视窗口会按这三种方式对标号进行分类；按前面所说的，标号将会置于监视窗口的末尾；C 模式下程序缓冲时，所有的标号显示在输出窗口，第一块区域为各种变量和页码类型，第二块区域为寄存器或 ROM 变量地址，第三块区域为变量名，如图 5 - 2 - 52 所示。

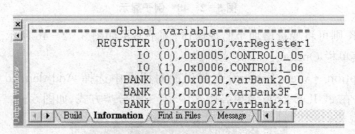

```
=============Global variable=============
REGISTER (0),0x0010,varRegister1
      IO (0),0x0005,CONTROL0_05
      IO (1),0x0006,CONTROL1_06
    BANK (0),0x0020,varBank20_0
    BANK (0),0x003F,varBank3F_0
    BANK (0),0x0021,varBank21_0
```

Build / **Information** / Find in Files / Message

图 5 - 2 - 52 例子显示

5.2.7 数据 RAM 窗口

如图 5 - 2 - 53 所示，数据 RAM 窗口仅仅对当前使用的微控制器可以使用，数据 RAM 窗口显示数据 RAM 的内容。如果关闭此窗口，将不能读取任何关于此窗口的硬件信息。

	0	1	2	3	4	5	6	7	8	9	A	B	C	D	E	F
B0_0	FF	FF	FF	FF	FF	FF	FF	FF	FF	FF	FF	FF	FF	FF	FF	FF
B0_1	FF	FF	FF	FF	FF	FF	FF	FF	FF	FF	FF	FF	FF	FF	FF	FF
B0_2	FF	FF	FF	Binary	FF	FF	FF	FF	FF	FF	FF	FF	FF	FF	FF	FF
B0_3	FF	FF	FF	✓ Hex	FF	FF	FF	FF	FF	FF	FF	FF	FF	FF	FF	FF
B0_4	FF	FF	FF	Edit	FF	FF	FF	FF	FF	FF	FF	FF	FF	FF	FF	FF
B0_5	FF	FF	FF	FF	FF	FF	FF	FF	FF	FF	FF	FF	FF	FF	FF	FF
B0_6	FF	FF	FF	FF	FF	FF	FF	FF	FF	FF	FF	FF	FF	FF	FF	FF
B0_7	FF	FF	FF	FF	FF	FF	FF	FF	FF	FF	FF	FF	FF	FF	FF	FF

图 5 - 2 - 53 数据 RAM 窗口

5.2.8 LCD RAM 窗口

当前使用的微控制器如果支持 LCD RAM,那么 LCD RAM 窗口将会显示 LCD RAM 的内容。当关闭该窗口后,将不能读取关于此窗口的任何硬件信息。

如图 5-2-54 所示为 LCD RAM 窗口,它包含以下四个部分:

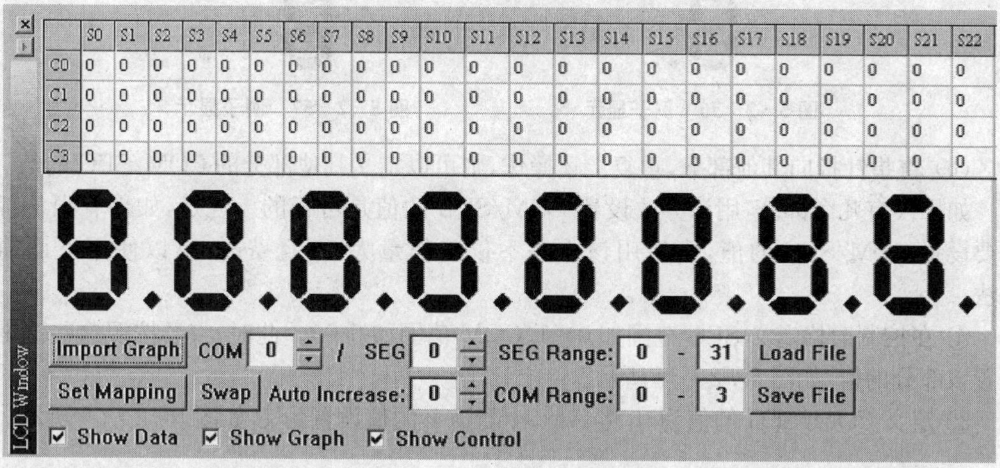

图 5-2-54　LCD RAM 窗口

1. 数据窗格

"Cx"表示 LCD 的"COMx"信号,"Sx"则表示"Segment x"。双击被选择的部分(方格),可以修改 LCD RAM 的内容,内容的颜色会从粉红色(1)变成白色(0)。任何相关的信息都将显示在输出窗口。

2. 图窗格

该窗格显示加载的 BMP 图的状态。

3. 控制窗格

该窗格控制 BMP 图和数据的关系,同时为图的每部分设置 COM/SEG。

4. 窗格选择

用户可以选择要显示的窗格。

下面介绍如何显示加载和设置图形的步骤。

(1) 点击 Import Graph 加载 BMP 文件。程序将会自动将图形转换为黑白两种颜色,并确定黑色像素信息。

(2) 点击 Set Mapping,黑色部分变为灰色,表明系统处于映射模式。同时,按钮"Set Mapping"变为"Done"。在映射模式程序完成后,点击"Done"。

(3) 在控制窗格中定义 COM/SEG 的值,指向所在的部分,则该部分变为蓝色,这说明该段被选中,如图 5-2-55 所示。

(4) 点击浅色部分,则 COM/SEG 部分的值会显示在该部分。例子中显示的 COM 和 SEG 的值均为 0,如图 5-2-56 所示。

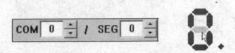

图 5-2-55 例子显示

(5) 将指针移至其他部分,如图 5-2-57 所示,说明系统已保存 COM/SEG 的值。

图 5-2-56 例子显示   图 5-2-57 例子显示

(6) 将指针指向其他部分,重复上述操作,则可以定义其他部分的 COM/SEG 的值。

如果仅有几个部分,用该方法设置 COM/SEG 的值是可行的。但是,如果有很多部分需要设置 COM/SEG 的值,则使用该方法不仅工作量大,而且费时,可以使用下面简便方法:

① 在控制窗格定义 SEG 范围如 0～1,COM 范围如 0～1。此时,将会按照这些范围来设置该部分的值,如图 5-2-58 所示。

② 定义 COM/SEG 的值为 0,将 Auto Increase 的值设置为 1,如图 5-2-59 所示。

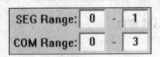
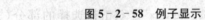
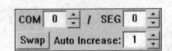

图 5-2-58 例子显示   图 5-2-59 例子显示

③ 点击 COM/SEG 的值为 0 的部分,则会观察到点击的部分显示"0/0",如图 5-2-60 所示。

④ 此时,控制窗格将会自动将 SEG 的值增 1,如图 5-2-61 所示。

⑤ 因而,不用再在控制窗格中设置 COM/SEG 的值 0/1,直接在相应部分点击即可,如图 5-2-62 所示。

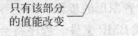

只有该部分
的值能改变

图 5-2-60 例子显示   图 5-2-61 例子显示   图 5-2-62 例子显示

⑥ 由于 SEG 的范围设置为 0～1,则 SEG 将不会继续增 1 变为 2,所以,系统将自动将 COM 增 1,而将 SEG 置 0,如图 5-2-63 所示。

⑦ 继续点击其他部分实现相应值的定义。

此外,还可以在 LCD RAM 窗口中使用下面简便方法:

① 如仅使 COM 中的值自动增加,点击"Swap",可以注意到 SEG 和 COM 互换位置,如图 5-2-64 所示。

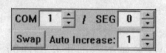

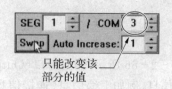
只能改变该
部分的值

图 5 - 2 - 63　例子显示　　　　　　　图 5 - 2 - 64　例子显示

② 点击"Swap",则设置过的区域中的 SEG 和 COM 的位置互换,即从 COM/SEG 变为 SEG/COM。

③ 当设置相应部分的值后,建议点击"Save File"保存(为 * . LCD 格式),否则,下次使用时需要重新设置。

④ 由于 LCD 模拟数据文件包含导入图形文件,只需点击"Load File"调用 * . LCD 文件。

⑤ 系统能默认相关联的黑色像素。如果两个以上的部分组成一个不可分隔的字符或元素,则这些部分应设置为相同的值,否则,系统会将其看做相互独立的部分。

⑥ 如果两个或两个以上部分是相互分离的,则 COM/SEG 应设置为不同的值,否则,系统将会将这些部分看做一个整体。

⑦ 所有的部分设置完毕,点击"Done"。然后执行"GO"或"Continue step into"运行程序,检查错误。

5.2.9　EEPROM 窗口

如图 5 - 2 - 65 所示,EEPROM 窗口显示 EEPROM 中的数据内容,当关闭此窗口后,将不能得到关于该窗口的任何硬件信息。系统读取 EEPROM 的数据信息很耗时,对于 256 字节需要大约 8 s。如果不需要读取 EEPROM 中的数据,可以点击列首,该列显示灰色,以节省时间,但是数据将不能被更新。如需更新该行数据,可以再次点击该列首。若要更新 EEPROM 中的所有数据,只需点击左上角"Refresh"按钮。

Refresh	0	1	2	3	4	5	6	7	8	9	A	B	C	D	E	F
00	FF	FF	FF	FF	FF	FF	FF	55	55	55	55	55	55	55	55	55
10	55	55	55	55	55	55	55	55	55	55	55	55	55	55	55	55
20	55	55	55	33	33	33	33	33	33	33	33	33	33	33	33	33
30	00	00	00	00	00	00	00	00	00	00	00	00	00	00	00	00
40	00	00	00	00	00	00	00	00	00	00	00	00	00	00	00	00
50	33	33	33	33	33	33	33	33	33	33	33	33	33	33	33	33
60	33	33	33	33	33	33	33	33	33	33	33	33	33	33	33	33
70	33	33	33	33	33	33	33	33	33	33	33	33	33	33	33	33
80	33	33	33	33	33	33	33	33	33	33	33	33	33	33	33	33

图 5 - 2 - 65　EEPROM 窗口

5.2.10　输出窗口

如图 5-2-66 所示,输出窗口(Output Window)会显示当前正在编译的工程结果(包含错误)的信息,例如汇编信息、连接信息、跟踪和调试等的过程。这个窗口包含了五个子窗口,即 Build、Information、Find in Files、Message 和 Program ROM。详述如下:

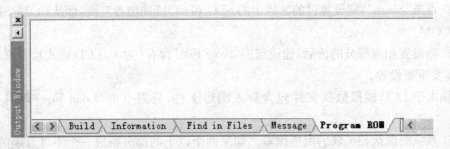

图 5-2-66　输出窗口

Build:显示汇编程序/连接器的相关信息和跟踪日志,双击错误信息会链接到相应源程序错误信息所在的行。若相关的源文档当前没有被激活,那么它将会在编辑窗口内被自动打开。

Information:显示正在调试的相关 ROM 和 RAM 的使用信息。

Find in Files:允许在文件夹内其他激活的或者没有激活的文件里寻找同一字符串(从激活的文件里选择)。包含相同字符串的文件,连同它的源文件名和目录都会显示在输出窗口内。

Message:显示正在调试的对 LCD RAM 的相关改变的信息。

Program ROM:显示程序缓冲后的 ROM 内容。

下面介绍在输出窗口如何使用查找功能。

(1) 点击鼠标右键,弹出一对话框,如图 5-2-67 所示。

(2) 选择"Find",弹出查找对话框,如图 5-2-68 所示。

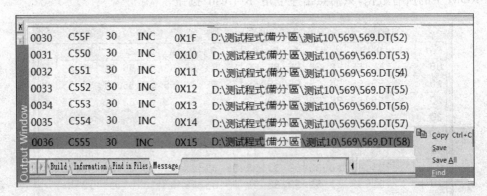

图 5-2-67　输出窗口查找

下面介绍查找对话框(图 5-2-68)中的各种命令。

Find:输入要查找的内容。

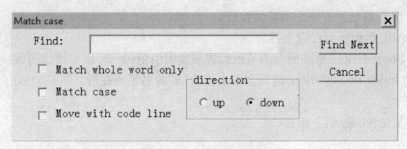

图5-2-68 查找对话框

Find Next：查找下一个相匹配的内容(也可用快捷键：Alt+N)。

Cancel：取消该对话框。

Up：向前查找(快捷键：Alt+U)。

Down：向后查找(快捷键：Alt+D)。

Match whole word only：全字匹配(快捷键：Alt+W)。

Match case：匹配大小写(快捷键：Alt+C)。

Move with code line：跟踪日志(快捷键：Alt+M)。

注意：对话框激活状态下,这些快捷键可用;当eUIDE处于激活状态时,向前查找可用Ctrl+R,向后查找可用Ctrl+Q。

5.3 eUIDE 的菜单和相关设定

5.3.1 Edit 菜单

Edit 菜单栏如图5-3-1所示,其每一栏的具体功能如下：

Undo：撤销上次编辑操作。

Redo：恢复上次编辑操作。

Cut/Copy/Paste：标准剪切板功能。

Select All：选定当前活动窗口的所有内容。

Go to Line：移动光标至活动窗口的指定行。

Formation Selection：使能智能缩进设置进行格式选定(仅支持C)。

Find：在活动窗口中查找定义的字符串。

Find Next：寻找下一个。

Find Previous：寻找上一个。

Find in Files：在所有工程文件中查找定义的字符串。

Replace：提供标准查找,替换编辑功能。

BookMarks：在光标所在行插入书签。

Toggle：书签切换。

Previous：光标跳转至上一个书签所在行。

图5-3-1 Edit 菜单

Next：光标跳转至下一个书签所在行。

Clear All：撤销所有已设书签。

Index BookMarks：清除所有书签或设置书签索引值(0～9)以方便访问(跳)。

Go To Index BookMarks：跳转至索引值为"x"的书签所在行。

5.3.2　View 菜单

View 菜单栏如图 5-3-2 所示,其每一栏的具体功能如下：

Project：显示/隐藏工程窗口。

Special Register：显示/隐藏特殊寄存器窗口。

General Registers：显示/隐藏通用寄存器窗口。

Call Stack Data：显示/隐藏调用堆栈窗口。

Data RAM：显示/隐藏数据 RAM 窗口。

LCD Data：显示/隐藏 LCD Data 窗口。

Output：显示/隐藏输出窗口。

Watch：显示/隐藏观察窗口。

Assembly Code：显示/隐藏编辑器窗口中的汇编代码。

Only Source Window：编辑器窗口最大化。

Toolbars：显示/隐藏工具栏。

Status Bar：显示/隐藏状态栏。

Document Bar：显示/隐藏文件栏。

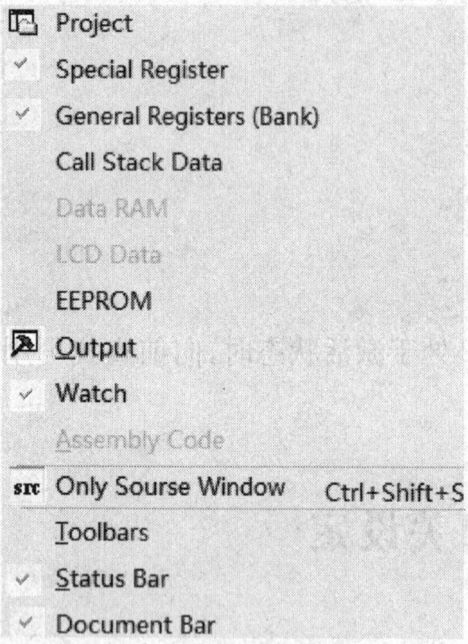

图 5-3-2　View 菜单

5.3.3　Project 菜单

Project 菜单栏如图 5-3-3 所示,其每一栏的具体功能如下：

New：创建一个工程项目。

Open Project：打开一个已有的工程项目。

Save Project：保存运行工程以及相关文件。

Close Project：关闭运行工程窗口。

Add Files：为工程添加已有源文件。

Delete Files：删除工程中原有的源文件。

Assemble (Compile in C mode)：汇编(或编译)活动文件。汇编(或编译)错误,输出窗口显示错误相关信息,编译通过输出窗口显示"0 errors, 0 warnings, 0 users"。

Build：汇编(或编译)已被修改过的文件,并将其链接到已打开的工程项目中。

Rebuild All：重新汇编所有文件,并将其链接到已打开的工程项目中。

图 5-3-3　Project 菜单

Dump to ICE：转存编辑后的代码至 ICE 中。

Trace Log：查看执行"Go"，"Free Run"，或"Go To Cursor"等调试功能后的可用记录。eUIDE 提供 8 K 可查看记录。用户进行 LPT 连接时，最后记录则为下一条将要执行命令；用户进行 USB 连接时，最后记录则为最后一条执行过命令。

Dump code over 64 K to SRAM：用于 EM78815。转存程序代码（超过 64 K 的）到 SRAM，如图 5 - 3 - 4 所示。其中设置"初始页"为 64，"尾页"为 127。

图 5 - 3 - 4　转存代码至 SRAM

5.3.4　Debug 菜单

Debug 菜单栏如图 5 - 3 - 5 所示，其每一栏的具体功能如下：

🕃	Reset	F6
🏂	Step Into	F7
🏂	Step Over	F8
🏂	Step Out	Ctrl+F7
🏂	Go To Cursor	F4
	Continue step into	Shift+F7
⟳	Run from Selected Line	
📑	Stop	
	Add Label to Watch	
	Reset and Free Run	
	Reset and Go	
	Run From	
🖑	Toggle Breakpoint	F9
	Show All Breakpoints	Ctrl+Alt+F9
🖐	Clear All Breakpoints	Ctrl+F9
	Address Break Point	Alt+A
	Clear All Address Break Point	Ctrl+Alt+A
	Value Break point	Alt+A
	Breakpoint...	
⇦	Trace Back	
⇨	Trace Front	

图 5 - 3 - 5　Debug 菜单

Go：从当前指针处开始全速运行程序，直至遇到断点停止。

Free Run：从当前指针开始全速运行程序，直至执行"stop running"时停止。

Reset：程序复位（寄存器内容初始化）。

Step Into：一步执行一条语句（同时更新寄存器值）。

Step Over：一步执行一条语句，如果该语句是调用子函数语句，则将整个函数子程序与调用语句一起一次执行。

Step Out：当应用于调用子函数时，子函数从当前指针处运行并返回到调用该子函数的下一条语句。

Go to Cursor：从当前指针开始全速运行程序，至光标所在行停止（仅用于调试模式）。

Continue step into：继续执行"Step Into"项功能。

Run from Selected Line：程序下一次运行从选定行开始。

Stop：用于停止运行用户程序。

Add Label to Watch：添加/删除观察窗口中的变量，如图 5 - 3 - 6 所示。

Reset and Free Run：初始化硬件并全速运行程序，直至执行"stop running"停止。

Reset and Go：初始化硬件并全速运行程序，直至遇到断点停止。

Run From：详见图 5 - 3 - 7 所示。

Toggle Breakpoint：在光标处设置/删除断点。

Show All Breakpoints：在输出窗口显示所有断点信息。

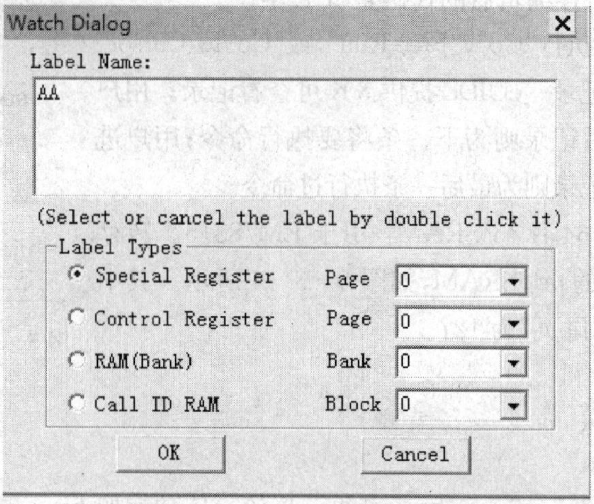

图 5 - 3 - 6　添加观察标签

Clear All Breakpoints：清除所有断点。

Address Break Point：定义断点设置地址，见图 5 - 3 - 8 所示。

Clear All Address Break Point：清除所有要进行断点设置的地址。

Value Break point：设置断点值。

Breakpoint：弹出断点对话框。

Trace Back：从上次执行点倒至到本次执行点。

Track Front：从上次执行点顺序到 Trace Back 所经过的点。

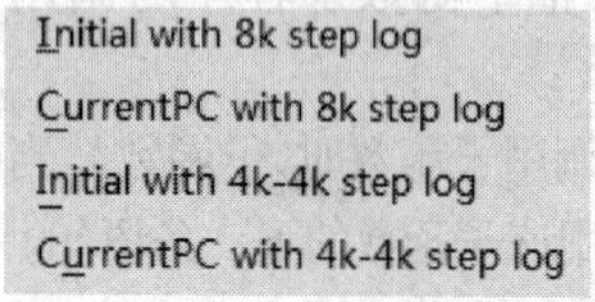

图 5 - 3 - 7　"Run From" 子功能选项图

图 5 - 3 - 7 为 Run from 所提供的子功能选项，具体说明如下：

Initial with 8 K step log：程序从初始处开始执行，在断点处停止，追踪缓存器中保存的最近 8 KB 程序执行记录。

Current PC with 8 K step log：程序从当前程序指针处开始执行，在断点处停止，追踪缓存器中保存的最近 8 KB 程序执行记录。

Initial with 4 K - 4 K step log：程序从初始处开始执行，在断点处停止，追踪缓存器中保存的断点前 4 KB 和断点后 4 KB 的程序记录。

Current PC with 4K - 4K step log：程序从当前程序指针处开始执行，在断点处停止，追踪缓存器中保存的断点前 4 KB 和断点后 4 KB 的程序记录。

断点设置选项界面如图 5 - 3 - 8 所示。地址断点包括三种类型：Group、OR 和 Nest 三者功能各异，其中 OR 和 Nest 设置方法相同，而 Group 与其他两者的设置不一样。

Breakpoint Group：最多有 63 组，其中每组都有起始地址、结束地址，并进行通过计数。在执行完起始地址与结束地址中间任一条指令时，计数器自动减 1。当计数器减为 0 时，程序立即停止执行。所需说明的是每组都是相互独立的。

Breakpoint OR：最多有 63 组，每组都有多个地址，并进行通过计数。当程序执行到任何一个地址，通用计数器自动减 1。当计数器减为 0 时，执行断点功能。所需说明的是每组都是相互独立的。

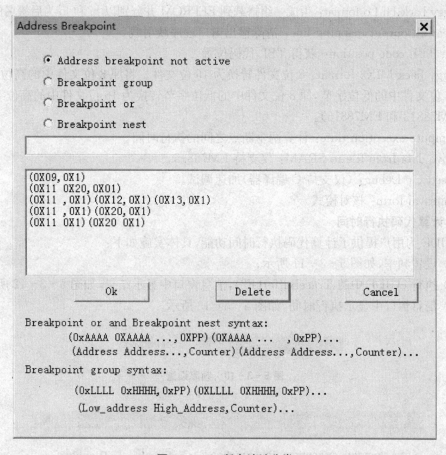

图 5 - 3 - 8　断点地址分类

Breakpoint Nest：根据地址分配小组，并根据小组设定断点。只有在外层组满足时，内层组才有效。要注意的是小组设定断点与程序中设定的断点不能同起作用。小组设定断点有效，则程序中设定的断点不起作用。相反，程序中设定的断点有效，小组设定的断点不起作用。

5.3.5　Tool 菜单

Tool 菜单栏如图 5 - 3 - 9 所示，其每一栏的具体功能如下：

Connect：定义与 ICE 连接的打印机端口地址（默认为 378 H）。

Check ICE memory：检测 ICE 可用内存。

Get checksum from project：从编辑程序中获得校验信息。

Piggy back MIX format：生成一个搭载到 EEPROM 并以 MIX 为后缀名的文件。

图 5 - 3 - 9　Tool 菜单

Piggy back Hi Lo format：生成一组搭载到 EEPROM 并分别以 hi 和 lo 为后缀名的文件。

Clear all output mapping line：清除输出窗口程序映射线。

Get TBL code position：获得 TBL 代码位置。

Piggy back MIX2 format：8 位文件转换为 16 位文件。将原 8 位文件中的高位字节转换为 16 位文件中的低位字节，原 8 位文件中的低位字节转换为 16 位文件中的高位字节（仅支持 EM78813 和 EM78815）。

Compute execution time：计算两个断点之间的执行时间。

Move data from file to SRAM：仅支持 EM78815。

Speed Up Debug：（仅支持 C 编译器）加速调试。

Approval form：核对模式。

1. 计算代码执行时间

eUIDE 为用户提供了计算代码执行时间功能，具体实施如下：

(1) 设置频率，如图 5－3－11 所示；

(2) 执行 eUIDE 中的 TraceBuffer(F2)，消息窗口中显示结果，如图 5－3－12 所示；

(3) 信息窗口中显示执行时间，如图 5－3－13 所示。

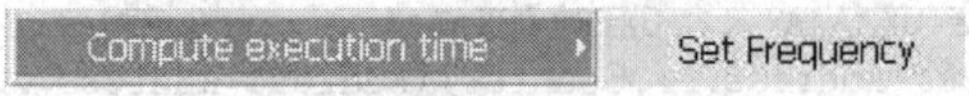

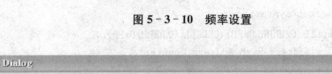

Compute execution time
Set Frequency

图 5－3－10　频率设置

Dialog
Compute executime time function :
Enable
Disable
Frequency of ICE :
4.000000
MHz
This frequency is used for calculating timing while execution.
OK
Cancel

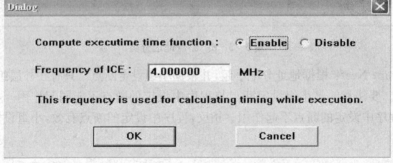

图 5－3－11　"设置频率"对话框

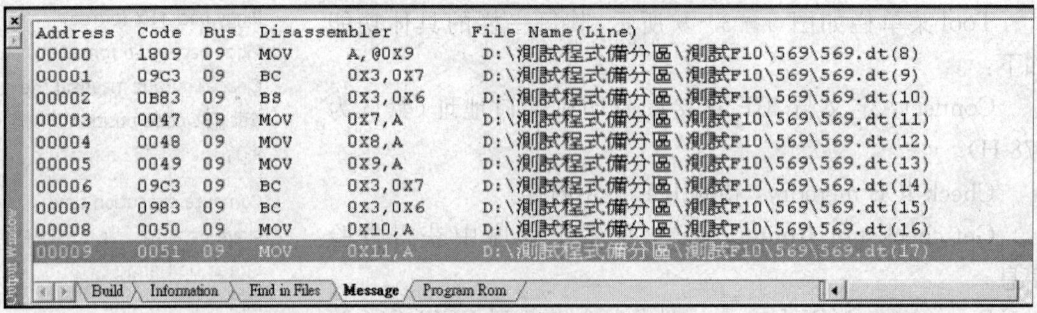

Address Code Bus Disassembler File Name(Line)
00000 1809 09 MOV A,@0X9 D:\測試程式備分區\測試F10\569\569.dt(8)
00001 09C3 09 BC 0X3,0X7 D:\測試程式備分區\測試F10\569\569.dt(9)
00002 0B83 09 BS 0X3,0X6 D:\測試程式備分區\測試F10\569\569.dt(10)
00003 0047 09 MOV 0X7,A D:\測試程式備分區\測試F10\569\569.dt(11)
00004 0048 09 MOV 0X8,A D:\測試程式備分區\測試F10\569\569.dt(12)
00005 0049 09 MOV 0X9,A D:\測試程式備分區\測試F10\569\569.dt(13)
00006 09C3 09 BC 0X3,0X7 D:\測試程式備分區\測試F10\569\569.dt(14)
00007 0983 09 BC 0X3,0X6 D:\測試程式備分區\測試F10\569\569.dt(15)
00008 0050 09 MOV 0X10,A D:\測試程式備分區\測試F10\569\569.dt(16)
00009 0051 09 MOV 0X11,A D:\測試程式備分區\測試F10\569\569.dt(17)
Build
Information
Find in Files
Message
Program Rom

图 5－3－12　消息子窗口中跟踪结果

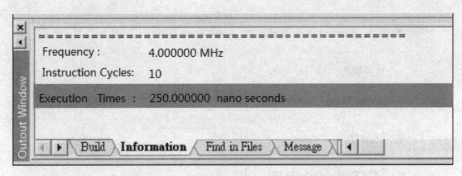

图 5-3-13　信息子窗口中的程序执行时间

2. 从文件移动数据到 SRAM(用于 EM78815 使用)

eUIDE 新版本支持单片机与外部 512 KB 容量 SRAM 相兼容,主要是为了利用外部 SRAM。在介绍细节之前,先介绍这些新功能特性:

(1) 用户可以将数据从二进制文件移动至外部 SRAM;

(2) 用户可以使用外部 SRAM 开发大小超过 64 KB 的程序。

下面我们详细介绍实施细节:

我们假设连接稳定,准备调试程序,并在程序中访问外部存储器的数据。现在我们在应用过程中用外部 SRAM 代替 FLASH,以下为我们重点描述的两部分从二进制文件中移动数据至外部 SRAM 和转储代码至外部 SRAM。

(1) 从二进制文件中移动数据至外部 SRAM。

首先,用户在从二进制文件中移动数据到外部 SRAM 的操作之前先请复位,用户并非每次移动之前都需复位。当连接 ICE 后,首次进行调试时则必须复位,否则,数据从文件转移 SRAM 将失败。我们建议用户在转移数据前对 ICE 和 eUIDE 进行环境初始化。

随后,在工具菜单中点击 Move data from file to SRAM。选择所需的二进制文件,并设定转移数据的起始位置和长度,最后点击 OK 按钮。设置前,请阅读数据开始地址和长度的说明,详见图 5-3-14。要注意数据开始地址的数值一定要大于外部程序代码段的大小,否则会引起程序代码存储与数据存储冲突。用户可在操作完成后检验外部数据,如发现数据错误,则停止检验。用户如不想关闭 ICE 或改变二进制文件中的数据值,我们建议用户在一天之内只执行一次数据转移。

(2) 转储代码至外部 SRAM。

如果程序代码超过 64 KB,点击 Dump to ICE(F3)转储程序代码至 ICE,其中程序代码中超过 64 KB 的部分会被转存至外部 SRAM 内,所需要的时间则根据用户的代码大小而定。用户可以通过设置选项菜单中环境设置对话框中的选项来使能外部代码检查,我们建议用户在首次转存外部代码时选定该选项。

5.3.6　Option 菜单

Option 菜单栏如图 5-3-15 所示,其每一栏的具体功能如下:

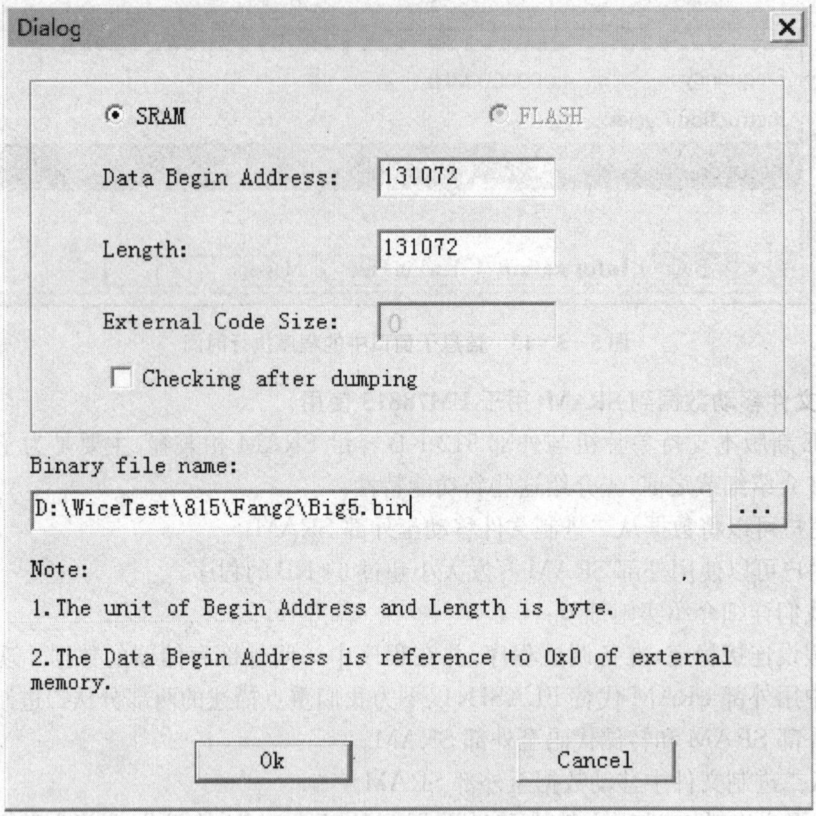

图 5 - 3 - 14　移动文件数据至外部 SRAM

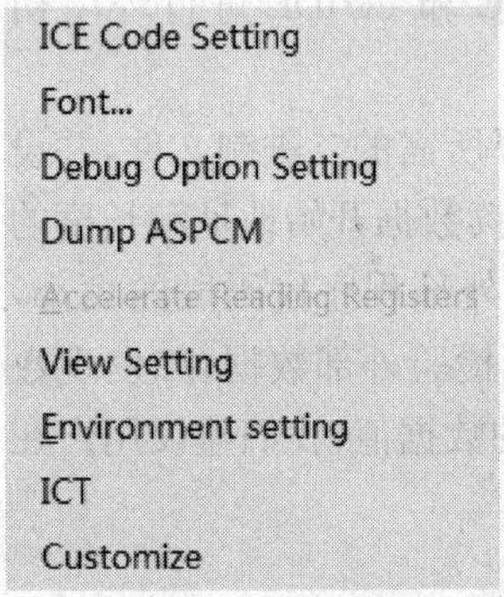

图 5 - 3 - 15　Option 菜单

ICE Code Setting：设置选定的微控制器代码选项。

Font：为编辑器窗口定义字体。

Debug Option Setting：设置调试器变量选择。

Dump ASPCM：转储至数据内存。

Variable Radix：变量表现形式在十进制或十六进制之间选择。

Accelerate Reading Registers：频率超过 1.6 MHz 加速读取寄存器值(仅支持 USB ICE)。

View Setting：设置 eUIDE 视图变量。

Environment Setting：设置 eUIDE 环境变量。

Customize：自定义工具栏、菜单和加速器。

1. 调试选项设定

调试选项如图 5 - 3 - 16 所示分为五个区块,每区块具体说明如下:

(1) Dumping codes and checking：eUIDE 将下载代码之前检查硬件配备的内存。

(2) Interrupt disabled after break：程序遇断点停止,此时中断请求失效。通常在更新屏幕时避免产生中断,因为即使程序停止,TCC2、COUNTER1 和 COUNTER2 仍在保持工作。因此,必须关闭中断功能,否则用户将无法调试程序。

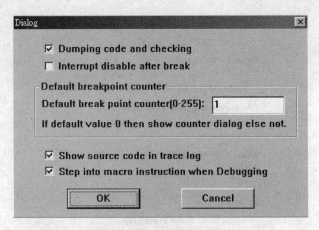

图 5 - 3 - 16　调试选项设置

（3）Default breakpoint counter（可参考源代码调试章节）。

（4）Show trace log in source program：根据汇编器默认设置，在输出窗口显示跟踪记录内容。如果该功能关闭，则输出窗口中显示源代码断点地址。

（5）Setp into macro instruction when Debugging：该选项使能，在单步调试中则执行宏指令。如需在后台运行宏代码，点击 Step Over（F7 键）。在执行 Step Into 或 Step Over 功能时，都可以禁止宏代码在后台运行。同时请注意正在执行并即将停止的宏的地址，因为这个地址是宏代码的首地址。点击 Step Into（F7 键）来执行指令的第一个宏，然后在第二个宏指令处停止（绿色阴影再次）。

2. 加速寄存器读取

加速寄存器读取对话框如图 5 - 3 - 17 所示，当使用 USB ICE 并且频率超过 200 MHz 时，便可以启用此功能，但此功能并非 100% 稳定，如果遇到异常情况请关闭此项功能。

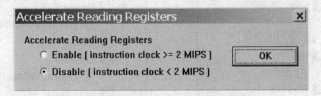

图 5 - 3 - 17　加速寄存器读取

注意：当使用 IRC 时设置的代码选项，eUIDE 可能根据所选择的频率自动使能该选项。

3. 视图设置

eUIDE 为用户提供了很人性化的视图设置，如图 5 - 3 - 18 所示，用户可根据自己需要修改界面，以下为具体说明。

（1）项目窗口文件名。项目窗口文件名和文件路径示例如图 5 - 3 - 19 所示。

（2）显示代码行序号。示例如图 5 - 3 - 20 所示。

（3）Tab Width：自定义标签的大小。

（4）Add defined label to watch automatically：在观察窗口中自动添加所需观察变量。

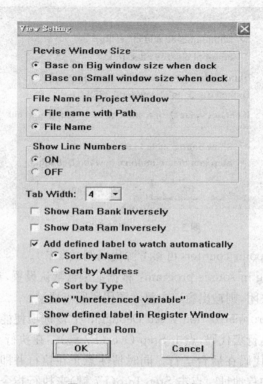

图 5 - 3 - 18   eUIDE 环境

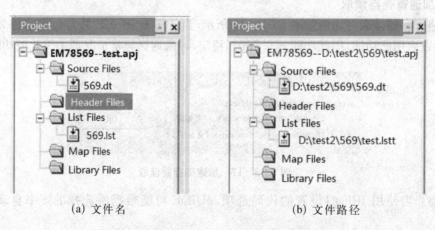

(a) 文件名   (b) 文件路径

图 5 - 3 - 19   项目窗口文件名与文件路径示例

(5) Show "Unreferenced variable"：生成汇编代码时是否使用变量检查功能。

(6) Show defined label in Register Window：

Checked：寄存器名称为寄存器窗口的标签名称。如果标签名称的长度超过 6 个字节，那么只显示前 6 个字节但在提示框中显示完整名称。

Unchecked：寄存器名称为寄存器窗口的初始名称。

(7) Show program Rom：在程序存储区的子输出窗口中显示程序代码。

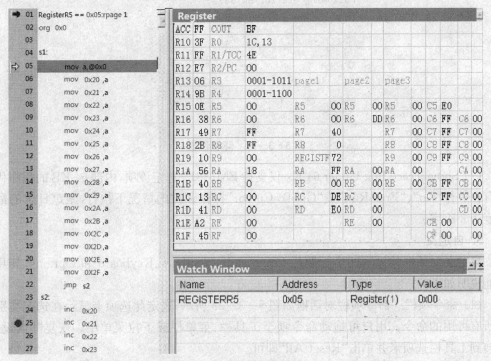

```
1   org  0x0                    org  0x0
2   s1:                         s1:
3        mov a,@0xFF                mov a,@0xFF
4        mov 0x20,a                 mov 0x20,a
5        mov a,@0x0                 mov a,@0x0
6        mov 0x20,a                 mov 0x20,a
```

　　　　　(a) 序号显示打开　　　　　　　　　(b) 序号显示关闭

(c) 寄存器和观察窗口

图 5-3-20　显示代码行序号示例

4. 编译环境设置

用户可以根据自己需要设置环境变量,如图 5-3-21 所示,例如,是否生成列表文件,是否生成映射文件以及编辑窗口的数目,等等。

(1) Create List File:选定该项,工程编译有生成 LIST 文件,LIST 文件中包含行序号、地址、程序代码以及源文件。

(2) Create Map File:选定该项,连接 LIST 文件,MAP 文件包含公共向量名与地址。

(3) Recent File List:可以保存在 eUIDE 中最近关闭的文件数目(最多为 10 个)。

(4) Recent Project List:可以保存在 eUIDE 中最近关闭的工程数目(最多为 10 个)。

(5) Auto Dump Over 64 K:仅支持 EM78815,选定该项存储程序代码至外部硬件存储器。

(6) External Code checking:仅支持 EM78815 选定该项,检查存储程序(或数据)至外部硬件存储器执行状态。

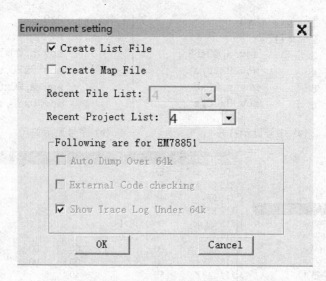

图 5 - 3 - 21　环境设置

（7）Show Trace Log Under 64 K：仅支持 EM78815 选定该项，内部 64 KB 的程序代码只有在进行"Go"、"Free Run"或"Go To Cursor"操作调试的情况下执行，跟踪日志的最大长度为 8 K 字。

5. 自定义

自定义对话框共显示四个标题栏 Commands、Toolbars、Keyboard 和 Options，其具体功能说明如下：

（1）命令项栏。命令项栏对话框如图 5 - 3 - 22 所示，选定此选项卡显示在选定类别中的所有可用的命令。用户可拖动命令项至工具栏、菜单栏或下拉菜单中。恢复默认设置，请转到工具栏选项卡并单击"Reset All"即可。

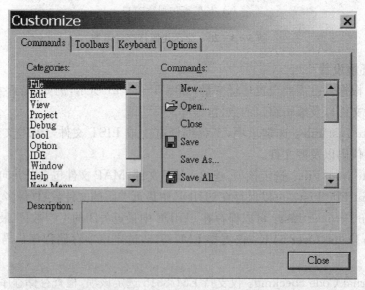

图 5 - 3 - 22　命令项栏对话框

（2）工具栏。工具栏选项卡如图 5-3-23 所示，选定此选项卡允许用户启用或禁止工具栏。点击 Reset/Reset All 恢复工具栏的部分或全部功能。同时，用户可以自定义工具栏，通过选中 Show text labels 复选框用户便可为工具栏按钮修改文本标签。

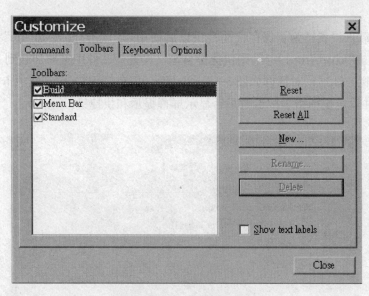

图 5-3-23 工具栏对话框

（3）快捷键栏。快捷键对话框如图 5-3-24 所示，用户可以通过此选项卡来建立或删除相应命令项快捷键。以下介绍详细步骤。

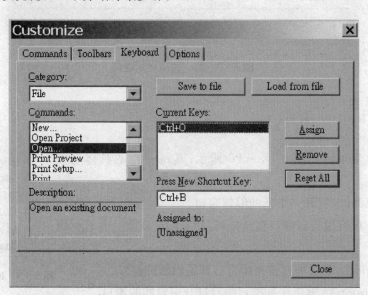

图 5-3-24 快捷键栏对话框

① 建立快捷键。用户选定类别和命令项，并在 Press New Shortcut Key 中输入快捷键，eUIDE 将自动检测新建的快捷键是否已经被分配，如已被分配，用户则需要重新命名快捷键。

② 删除快捷键。用户选定类别和命令项,并在 Current Keys 中选择所需删除的快捷键,最后点击"Remove"。

③ 恢复所有快捷键默认设置。单击"Reset All"恢复所有命令的快捷键 eUIDE 默认设置。

④ 保存/载入设置。为了保存快捷键供以后使用,则点击"Save to file"将设置保存到文件;相反,点击"Load from file",则快捷键自定义设置从文件中重新加载到 eUIDE。

(4) 选项栏。选项栏对话框如图 5-3-25 所示,用户可用 Option 选项卡来设置工具栏按钮的大小,并设定鼠标指示按键时是否显示屏幕提示和快捷键。

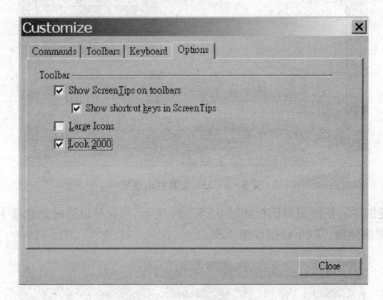

图 5-3-25　选项栏对话框

5.3.7　Window 菜单

Windows 菜单栏如图 5-3-26 所示,其每一栏的具体功能如下:

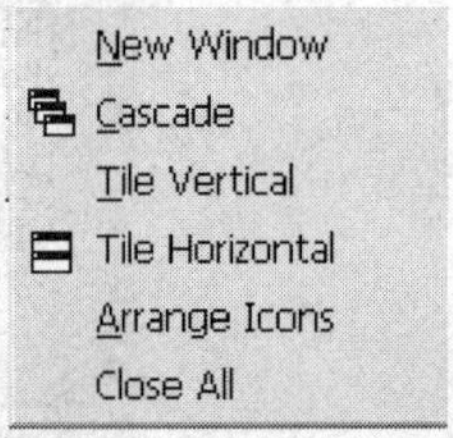

New Window:打开一个新的编辑窗口。

Cascade:所有编辑器窗口重新排列,使它们出现重叠并且标题栏完全可见。

Tile Vertical:重新垂直排列所有打开编辑器的窗口。

图 5-3-26　Windows 菜单

Tile Horizontal:重新水平排列所有打开编辑器的窗口。

Arrange Icons:排列所有打开的文件单行文件名,形成在编辑器窗口的底部。

Close All:关闭所有打开文件。

Windows:显示选定对话框。

5.3.8　Help 菜单

Help 菜单栏如图 5－3－27 所示,其每一栏的具体功能如下:

图 5－3－27　help 菜单

User Manual:用户手册。

Check New Version:从 EMC 检查 eUIDE 新版本,执行结果如图 5－3－28 所示。

图 5－3－28　查看新版本

About:显示 eUIDE 当前版本信息以及近期相关修改信息。

Register ELAN:注册 ELAN。

Update USB Glue Firmware:USB UICE 硬件升级。

5.4　eUIDE 的工具栏、文件栏、状态栏

5.4.1　工具栏

图 5－4－1 为 eUIDE 所提供的工具栏,其各图标和相应功能说明如下:

图 5－4－1　eUIDE 工具栏

Open：打开一个现有的文件(Ctrl + O)。

Save：保存当前活动文档。

Save all：保存所有文件。

Cut：删除所选字符串到剪贴板。

Copy：复制所选字符串到剪贴板。

Paste：从剪贴板粘贴字符串。

Undo：取消最后编辑操作。

Redo：取消最后撤销。

Open/Hide Workspace：项目窗口显示/隐藏切换。

Open/Hide Output：输出窗口显示/隐藏切换。

Only Source Window：编辑窗口最大化。

Find：在整个活动文档中查找字符串。

Find Down：从光标处至文档末查找字符串。

Find Up：从文档头至光标处查找字符串。

Find from Files：在所有非活动文档中查找字符串。

Bookmark：在光标处设置书签。

Jump Down to Bookmark：跳转到下一个书签位置。

Jump Up to Bookmark：跳转到上一个书签位置。

Clear Bookmarks：清除所有书签。

Print：打印活动文档。

About：关于软件版本和其他信息。

Assemble (or Compile in C mode)：汇编(或 C 模式)编辑窗口中的文档。

Build：汇编(或 C 模式)在项目中修改后的文件并链接其他对象文件。

Rebuild All：汇编(或 C 模式)在项目中的所有文件并链接其他对象文件。

Go：自动存储程序并根据断点执行程序。

Free Run：自动存储程序并执行程序且忽略断点。

Reset：复位 ICE。

Step Into：自动转储并单步执行程序(包括子程序)。

Step Over：自动转储并单步执行程序(不包括子程序)。

Step Out：自动转储并执行程序,直到退出该子程序。

Run to Cursor：自动转储并执行程序且忽略断点,在光标位置处停止。

⟳ Run from Selected Line：从指定行开始运行。

🖐 Insert/Remove Breakpoint：插入/删除断点切换。

🐾 Remove All Breakpoints：清除所有断点。

⇦ Trace Back：反向跟踪。

⇨ Trace Forth：前向跟踪。

📑 Stop：停止调试。

5.4.2 文件栏

文件栏(如图 5-4-2 所示)中显示编辑窗口中打开文档的图标。点击图标激活相应的文档,该被激活文档图标变亮。双击图标则关闭相应文档。

EM78P447_EXT INT.C   Em78x447xx.h

图 5-4-2 eUIDE 文档栏

5.4.3 状态栏

eUIDE 编译用户工程时工作状态显示在状态栏,如图 5-4-3 所示,光标位置显示值为文本编辑窗口中光标所在的地址。读/写标志指示活动文件读/写状态。如果只读,"阅读"会显示,否则字段为空。键盘模式,显示了以下键盘键的状态。

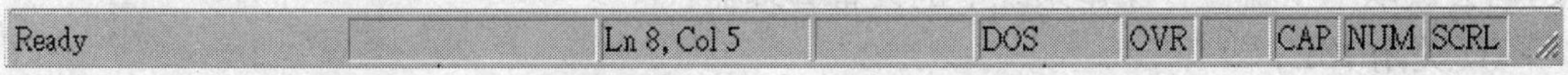

Ready   Ln 8, Col 5   DOS   OVR   CAP NUM SCRL

图 5-4-3 eUIDE 状态栏

Insert 键：当编辑器处于改写模式时 OVR 变亮,否则 OVR 变暗。
Caps Lock 键：大小写模式关闭时 CAP 变亮,否则 CAP 变暗。
Num Lock 键：计算器模式关闭时 NUM 变亮,否则 NUM 变暗。
Scroll Lock 键：光标模式关闭时 SCRL 变亮,否则 SCRL 变暗。

5.5 eUIDE 软件的使用

当 ICE 正确连接到目标板、电脑和电源后,打开 ICE 电源开关,观察 LED 红色指示灯亮起。如果目标板由 ICE 供电,则 LED 黄色指示灯亮起。当确认 ICE 和目标板上电正常运行后,启动 eUIDE IDE 软件。

启动 eUIDE 程序,需从桌面或 Windows 开始菜单单击 eUIDE 图标。当从开始菜单中启动时,单击程序,找到 eUIDE 组,然后单击 eUIDE 图标。

一旦程序启动,该程序的主窗口将首先显示 Connect(连接)对话框,如图 5-5-1 所示,提示用户设置现有的目标微控制器和连接端口之间的正确连接。

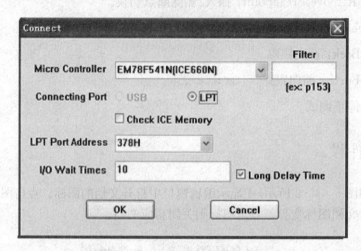

图 5-5-1　eUIDE 程序连接对话框

(1) 滤波器:在一些所需的集成电路的名称中起重要作用,如 159,表示微控制器组合框将包含 159 这颗 IC,它使集成电路很容易选择。eUIDE 2.06 版及更高版本均支持此功能。

(2) 微控制器:在编辑栏中存在的设备只是 EM78 系列之一,用户还可以通过单击编辑栏右侧向下的三角形图标来选择其他的。

(3) 连接端口:用户可以选择 LPT 或 USB 来连接端口。如果 USB ICE 没有检测到,用户不能选择 USB,这个选项将被禁用。如果该选项被禁用,并且 USB ICE 已经与 PC 连接,请尝试以下步骤检查操作系统下的设备管理器:

① 关闭 ICE;

② 断开 USB 电缆;

③ 打开 ICE;

④ 打开 USB 电缆。

然后,请检查 USB 选项是否启用。

(4) LPT 端口地址:系统会自动搜索打印端口地址,它已经与硬件连接,连接成功之后,eUIDE 还将立刻诊断硬件(默认地址是 378 H)。

(5) I/O 等待时间:它描述了 I/O 响应速度,增加了较慢速度的值,并减少了较快速度的值。通常,该值越大,稳定性越好。

(6) 检查 ICE 内存:可以启用此复选框检查 ICE 内存的状况。

(7) 长延迟时间:当计算机与 ICE 无法连接时,选中长延迟时间复选框(见图 5-5-1),这将允许计算机和 ICE 之间有较长的握手时间,单击 OK 按钮完成。

(8) 重新连接:如果用一个新的硬件代替目前的一个,就需要重新与电脑连接。请从"选项"主菜单选择"连接"来重新连接,图 5-5-1 将再次弹出。如果要在相同的硬件环境下完成再次重新连接,则它需要更长的时间等待电脑与硬件之间的连通。

程序代码对话框如图 5-5-2 所示,检查所有项目以确认 ICE 的实际状态,并按照要求作出适当的改变,然后点击 OK 按钮。用户需要研究 MCU 或 ICE 来选择正确的规格代码选项,否则无法连接 ICE。用户可以通过拖动边缘来放大或缩小对话框,eUIDE 不仅使用 USB 模式的新的代码选项对话框,而且打印机端口模式也是 2.06 或更高版本。

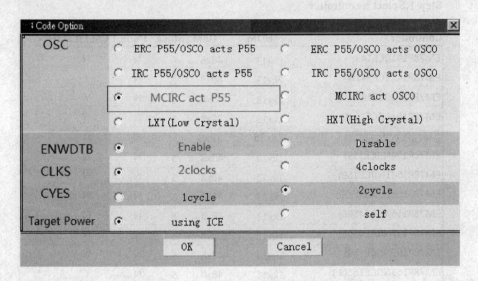

图 5 - 5 - 2　eUIDE 程序代码对话框

注意:并非所有的单片机必须设置连接代码选项。

如果使用 USB ICE,则在设置代码选项后这个对话框就会弹出。

5.5.1　创建一个新项目

1. 使用项目向导

项目向导包含几个对话框,它将引导用户一步一步设置项目。

第一步,选择控制器;

第二步,设置控制器的代码选项;

第三步,创建一个新项目,并设置项目名称和类型;

第四步,为项目添加新的文件或已有的文件;

第五步,总结。

(1) 选择控制器。从如图 5 - 5 - 3 所示的列表中为项目选择一个控制器,并输入设备名称。

图中按钮说明如下:

"返回"(Back):按此按钮可返回上一步。

"下一步"(Next):设置完成后,按此按钮可进入下一步。

"取消"(Cancel):按此按钮可中止设置并退出向导。

(2) 设置控制器的代码选项(对话框如图 5 - 5 - 4 所示)。如果控制器不需设置任何代码选项,则这一步可以跳过。

(3) 创建一个新项目:设置项目名称和类型(对话框如图 5 - 5 - 5 所示)。

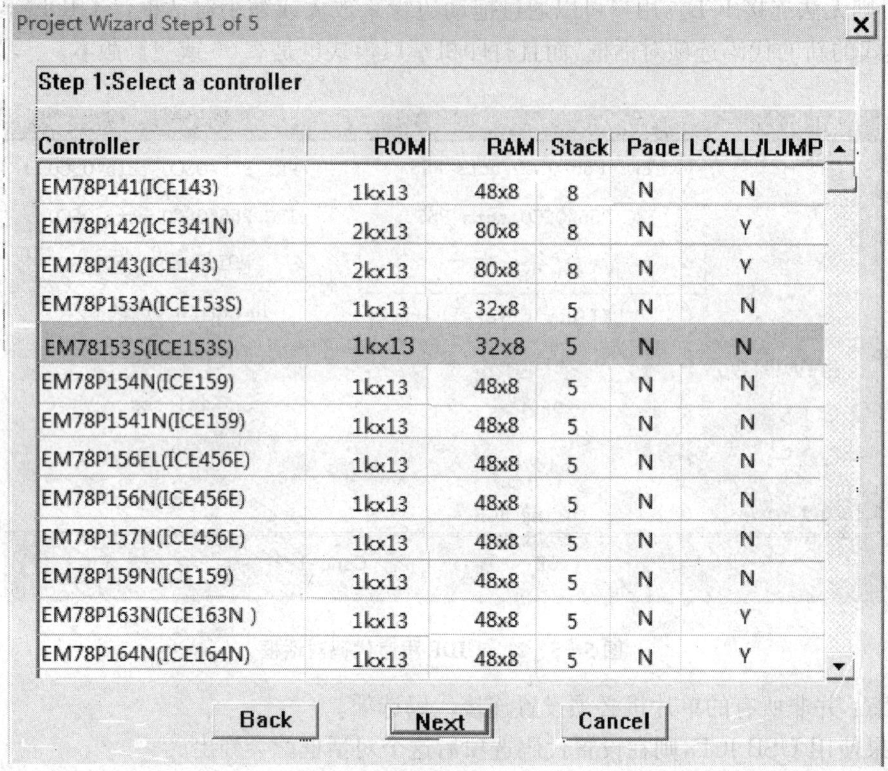

图5-5-3 选择控制器对话框

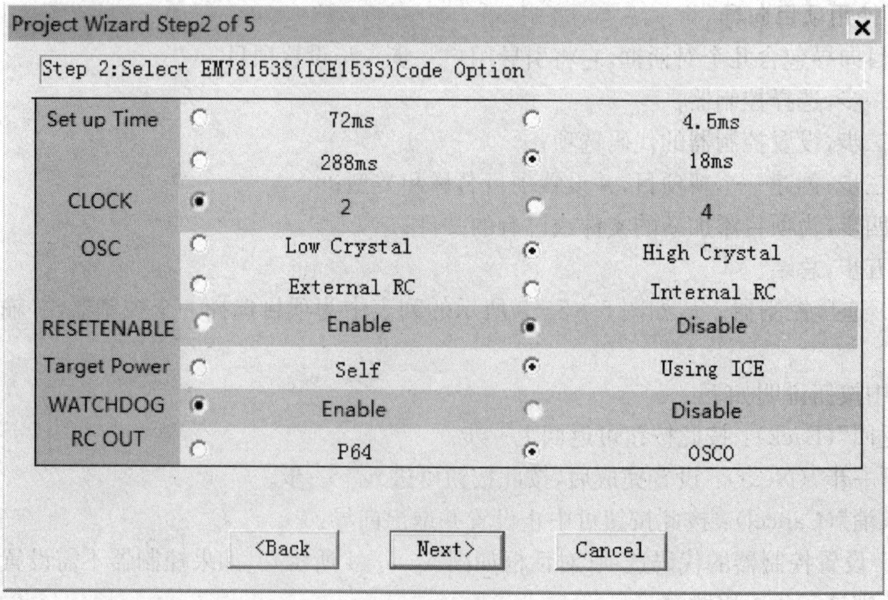

图5-5-4 设置控制器的代码对话框

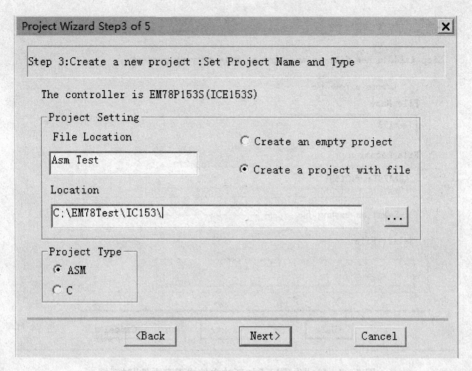

图 5 - 5 - 5 "创建一个新项目"对话框

如果选择"创建一个空项目",则按"下一步"(Next)按钮,将转到最后一步"摘要"。如果选择"创建一个文件项目",则按"下一步"(Next)按钮,将转到第四步"创造一个新的文件或选择一个现有的文件"。

为新项目输入名称、位置和项目类型。

① 设置目录:

a. 为一个新的目录或已有的目录键入路径,当单击"下一步"时将提示用户创建目录。

b. 点击"..."浏览现有的目录或用户想创建的新目录的上一级,在浏览的文件夹对话框单击"确定"。如果用户要创建一个新的目录,需完成路径,然后单击"下一步"。如果它不存在,将提示用户创建目录。

② 设置项目类型:

a. 点击"ASM"按钮来创建汇编语言项目;

b. 点击"C"按钮来创建 C 语言项目。

(4) 为项目添加新的文件或现有的文件。

① 创建一个空的新文件:键入文件名,它将被保存在"文件位置"所示位置。

② 选择一个现有的文件:如果想为新的项目增加一个已有文件,则在"选择文件"处选择文件,这时,将打开该文件的对话框(默认的文件夹在"文件位置"所示位置),用户可以选择文件将其添加到项目。

(5) 总结。如图 5 - 5 - 7 所示,检查这一项目的总结信息,如果有不正确的地方,单击"返回"(Back)返回到用户需要的对话框来更改设置。

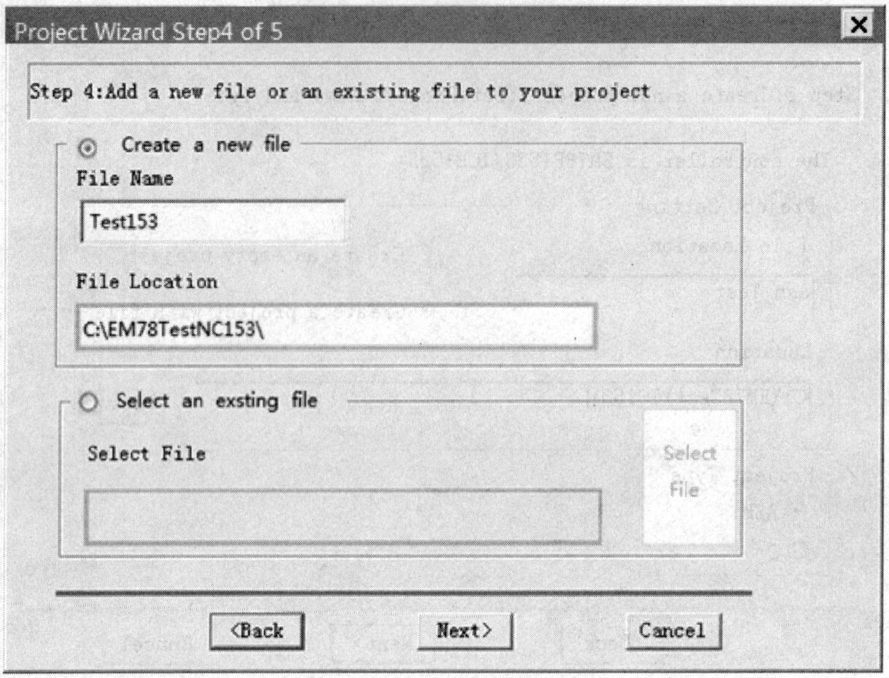

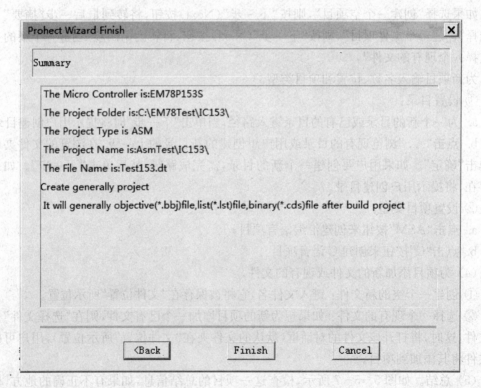

图 5-5-6 "为项目添加新的文件或现有文件"对话框

图 5-5-7 "总结"对话框

2. 不使用项目向导

要创建一个新的项目,用户需要按照以下步骤配置项目:

(1) 从"文件"或"项目"菜单(如图 5-5-8 和 5-5-9 所示)中,从菜单栏上单击或从生成的下拉菜单中选择 New 命令。

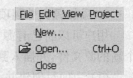

图 5-5-8　"文件"菜单

(2) 如果单击文件菜单中的新建命令,则显示新建对话框;如果单击项目菜单中的新建命令,则显示如图 5-5-10 所示的新建项目对话框。

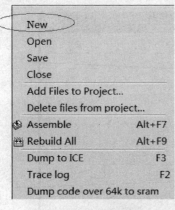

图 5-5-9　"项目"菜单

(3) 从新的对话框中选择项目选项卡。

(4) 在项目名称框中分配一个新项目的名称(后缀.PRJ 将自动附加到文件名)。

(5) 找到要存储新项目的文件夹,可以使用浏览图标来找到相应的文件夹。

(6) 从微控制器列表框中选择适合项目的目标微控制器。

(7) 确认所有的选择和输入后单击"确定"按钮。

这时,已定义的项目名称的新项目就创建完成,所选择的微控制器也显示在项目窗口的顶部,如图 5-5-11所示。

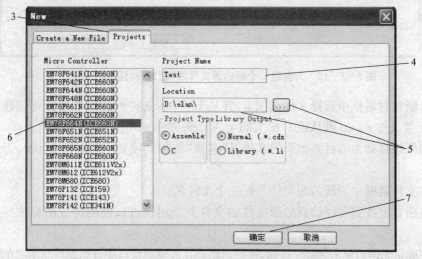

图 5-5-10　为创建新项目的"新建"对话框

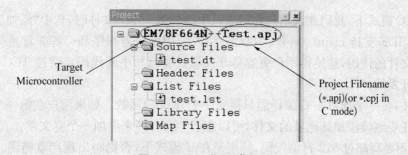

图 5-5-11　"项目"窗口

3. 添加源文件到项目和从项目中删除源文件

用户可以将已有源文件插入到新的或现有的项目,也可以用 eUIDE 文本编辑器创建一个新的源文件,并插入到项目中去。

(1) 为项目创建并添加一个新的源文件。

如果源文件还尚未创建,用户可以利用新建对话框(如图 5-5-12 所示,通过从文件菜单中选择新建命令得到)来创建新的源文件并使用 eUIDE 文本编辑器来编辑内容。

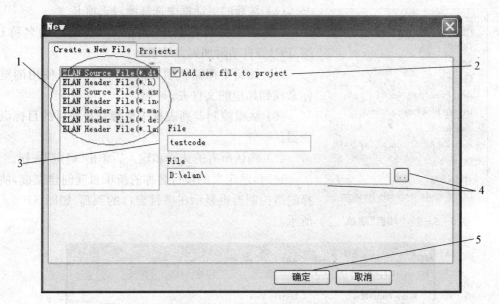

图 5-5-12 为创建一个新的源文件的"新建"对话框项目选项卡

① 从新建对话框中选择文件选项卡,并从 EMC 源文件列表框中选择要创建的源文件类型,如配置文件 *.dt(默认或 C 模式的 *.C)、头文件 *.h。

② 如果想自动为项目添加新的文件,请选择"添加到项目"复选框(默认),否则清除该复选框。

③ 在文件名框中为新的源文件分配一个文件名。

④ 在磁盘上找到要存储新的源文件的文件夹。用户可以使用浏览图标来找到相应的文件夹。

⑤ 在确认无误后单击"确定"按钮,将提示用户在编辑器窗口中开始编写新定义的源文件。

注意:

① 在 C 模式下,我们建议用户在新项目中添加第一个 c 文件时,选中"添加新的文件到工程"。eUIDE 支持 main()函数、中断保存程序、中断服务程序和一些非常重要的保存和恢复用户文件的代码,这使得用户更容易开发项目和编写中断代码。通过 TCC2 中断程序是很容易开发的。

请记住,在一个项目中 C 编译器只接受一个 main()函数。如果用户在第一个主文件已经添加后还要继续添加其他新的文件,可以查看"空文件"来添加一个空文件。

② 请不要写超过 512 行的代码,特别是在 C 模式下,否则将出现严重错误。在以前的版本,这个最大值大约是 256 行。

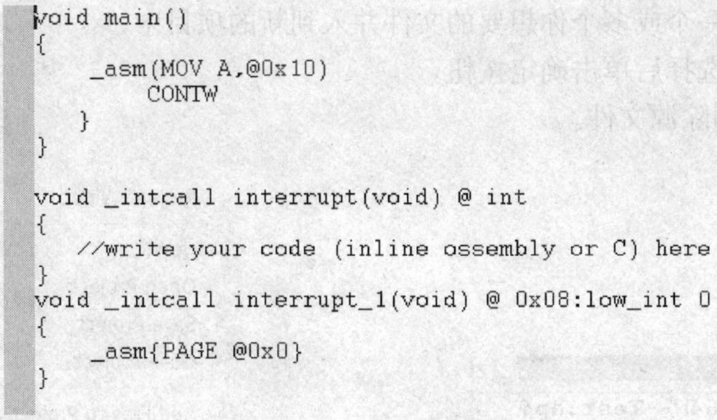

void main()
{
_asm(MOV A,@0x10)
CONTW
}
}
void _intcall interrupt(void) @ int
{
//write your code (inline ossembly or C) here
}
void _intcall interrupt_1(void) @ 0x08:low_int 0
{
_asm{PAGE @0x0}
}

图 5－5－13　中断程序

(2) 添加现有的源文件到新项目。

如果源文件已经准备好,用户可以立即插入到新项目中。

① 从菜单栏上单击项目菜单,从下拉菜单(如图 5－5－14 所示)中选择添加文件到项目命令,然后显示"打开"对话框;

Project Wizard
New...
Open Project
Save Project
Close Project
Add Files to Project...
Assemble Alt+F7
Build Shift+Alt+F9
Rebuild All Alt+F9
Dump to ICE F3
Trace Log F2
Dump code over 64K to SRAM

图 5－5－14　"添加文件到项目"命令

打开
查找范围(I): elan
testcodeasm
569_bp.dt
569_bp_nnk.dt
569_new_nnk.dt
569_nnk.dt
test.dt
文件名(N): 569_bp.dt
文件类型(T): Source Files (*.dt,*.asm)
打开(O)
取消

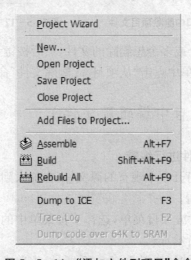

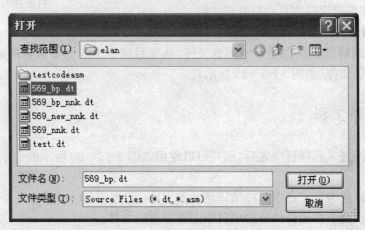

图 5－5－15　"打开"对话框

② 浏览并选择一个或多个你想要的文件并入到新的项目中；

③ 在确认你的选择后单击确定按钮。

（3）从项目中删除源文件。

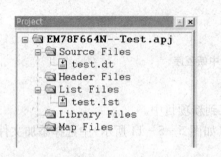

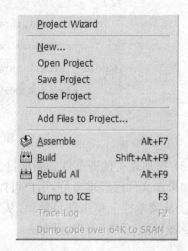

图 5-5-16　直接从"项目"窗口中删除项目文件　　　图 5-5-17　从"项目"菜单中删除项目文件

① 从项目窗口中，选一个或多个想删除的文件，然后按键盘上的 Delete 键；

② 也可以从项目下拉菜单中点击"从项目…删除文件"命令删除项目文件。

5.5.2　在文件夹或项目中编辑源文件

1. 从文件夹中打开源文件进行编辑

用户可以在编辑窗口中打开一个现有的源文件，在加入到新项目之前进行最后一次编辑。

（1）从菜单栏上单击文件或项目菜单，选择下拉菜单中的"打开"命令（如图 5-5-18 所示）；

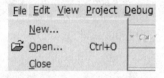

图 5-5-18　从"文件"菜单中
打开并编辑源文件

（2）从生成的"打开"对话框（如图 5-5-15 所示）中单击源文件，则将在编辑窗口中自动打开该文件。

2. 从项目中打开源文件进行编辑

用户可以编辑已添加在项目中的源文件，从项目窗口中双击要编辑的源文件，则在编辑窗口中打开该文件（如图 5-5-19 所示）。

5.5.3　编译工程

源文件已经嵌入到项目中之后，用户可以使用如图 5-5-20 所示的命令从项目菜单中编译项目。

单击"组装（或编译）"命令只能编译活动的文件（生成 *.lst 文件）。

单击"生成"命令来编译修改的项目中需要修改的文件。

单击编译项目中的所有文件，而不管它们是否需要进行修改。

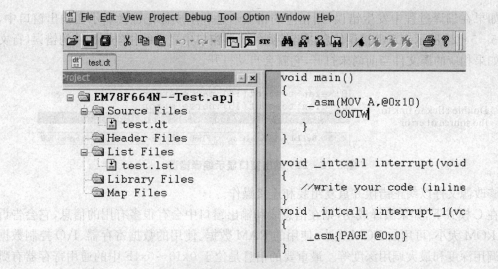

图 5 - 5 - 19　从项目中打开并编辑源文件

Project Wizard	
New...	
Open Project	
Save Project	
Close Project	
Add Files to Project...	
Assemble	Alt+F7
Build	Shift+Alt+F9
Rebuild All	Alt+F9
Dump to ICE	F3
Trace Log	F2
Dump code over 64K to SRAM	

图 5 - 5 - 20　组装及链接命令

注意:"生成"和"全部重建"命令都将产生目标文件(* . bbj)、列表文件(* . lst)和二进制文件(* . cds)。

编译的文件将自动保存在其他源文件所在的同一文件夹中,集合操作的状态都将在输出窗口中被监控,如图 5 - 5 - 21 所示。

	0	1	2	3	4	5	6	7	8	9	A	B	C	D	E	F
B0_2X	00	00	00	00	00	00	00	00	00	00	00	00	00	00	00	00
B0_3X	00	00	00	00	00	00	00	00	00	00	00	00	00	00	00	00
B1_2X	00	00	00	00	00	00	00	00	00	00	00	00	00	00	00	00

```
Compiling...
D:\elan\test.c
                0 error(s), 0 warning(s)
```
Build / Information / Find in Files / Message / Program ROM

图 5 - 5 - 21　在输出窗口中显示汇编成功

如果在编译过程中发生错误，则相应的错误信息和生成标记也会显示在输出窗口中，如图 5-5-22 所示。双击错误信息以链接到编辑器窗口中显示的相应源文件的错误(行文本)，如果相应的源文件当前尚未打开，它就会自动打开。

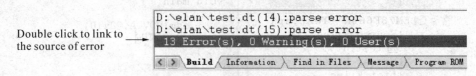

图 5-5-22　输出窗口显示编译错误

修改源文件以纠正错误并重复组装和连接操作。

在 C 模式下，如果编译成功，则在信息表和输出窗口中会有很多有用的信息，它会告诉用户 ROM 大小、可用的 ROM 大小、使用的 RAM 数据、使用的数据寄存器、I\O 控制数据以及调用深度和最大调用深度等。最重要的信息是位于 0x10～0x1F 中的通用寄存器有哪些被系统占用。

我们可以从图 5-5-23 所示的信息知道，当 MCU 在运行 C 系统的中断服务时需要保存 0x10 和 0x11 寄存器，并且在离开中断服务之前恢复这两个通用寄存器。

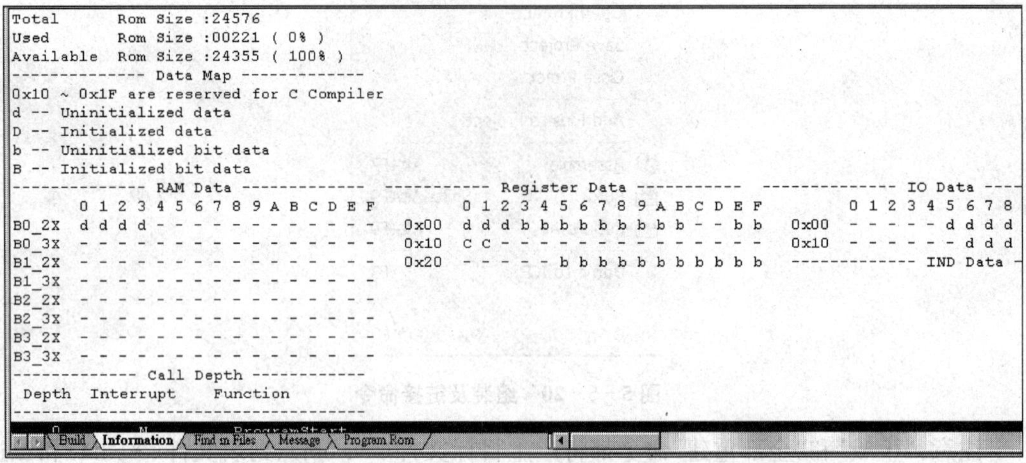

```
Total       Rom Size :24576
Used        Rom Size :00221 ( 0% )
Available   Rom Size :24355 ( 100% )
------------- Data Map -------------
0x10 ~ 0x1F are reserved for C Compiler
d -- Uninitialized data
D -- Initialized data
b -- Uninitialized bit data
B -- Initialized bit data
----------- RAM Data ------------    ----------- Register Data -----------    ------------- IO Data ----
        0 1 2 3 4 5 6 7 8 9 A B C D E F         0 1 2 3 4 5 6 7 8 9 A B C D E F         0 1 2 3 4 5 6 7 8
B0_2X   d d d d - - - - - - - - - - - -    0x00  d d d b b b b b b b b - - b b    0x00  - - - - - d d d
B0_3X   - - - - - - - - - - - - - - - -    0x10  C C - - - - - - - - - - - - - -    0x10  - - - - - - d d d
B1_2X   - - - - - - - - - - - - - - - -    0x20  - - - - b b b b b b b b b b b    ------------- IND Data -
B1_3X   - - - - - - - - - - - - - - - -
B2_2X   - - - - - - - - - - - - - - - -
B2_3X   - - - - - - - - - - - - - - - -
B3_2X   - - - - - - - - - - - - - - - -
B3_3X   - - - - - - - - - - - - - - - -
------------- Call Depth -------------
Depth  Interrupt    Function
```

图 5-5-23　编译成功后的信息

5.5.4　下载程序

当源文件改正错误并成功编译后，从项目下拉菜单(如图 5-5-24 所示)选择"转存到 ICE"或使用相应的快捷键 F3 下载编译的程序并转存到 ICE。

5.5.5　调试工程

当编译的程序成功下载到 ICE 后，用户可以准备调试文件，但要确保 ICE 已经正确连接到计算机。

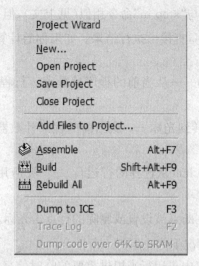

图 5－5－24　"转存到 ICE"命令

全部调试命令均可从调试菜单(见图 5－5－25,在其右侧的下拉菜单中有相应的快捷键)中利用,一些常用的调试图标也可以从 eUIDE 程序工具栏(见图 5－5－26)上找到。

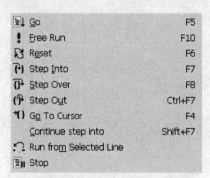

图 5－5－25　下拉菜单中的调试命令

图 5－5－26　调试命令的工具栏

图标(调试命令和快捷键)说明如下:

Go 调试运行(F5)——从当前的程序计数器开始运行程序,直到断点被匹配或者断点地址开始执行。

Free Run 直接运行(F10)——从当前的程序计数器开始运行程序,直到点击"停止运行"对话框中的"停止"按钮,当程序运行时忽略所有定义的断点。

Reset 复位(F6)——执行硬件复位(寄存器的内容被设置为初始值),ICE 将恢复到初始状态。

Step Into(F7)——一步一步执行程序,并出执行结果(并在同一时间更新寄存器内容)。如果你的计算机内存不够,请不要不停地按此按钮。

⟨🔟⟩ Step Over(F8)——与"step in"命令相似(见上文),但 CALL 指令执行的是"运行"命令,即不一步一步执行程序,直接出执行结果。如果你的计算机内存不够,请不要不停地按此按钮。

⟨🔘⟩ Step Out(Ctrl+F7)——从当前的程序计数器运行程序,直到 RET/RETI/RETL 指令地址被执行。

⟨🔟⟩ Go to Cursor (F4)转到光标——从当前的程序计数器开始执行,直到光标所在的位置停止。

⟨🔁⟩ Run from Selected Line(从选择的行运行)——要应用此功能,则下一次开始为将被在插入。

⟨🖑⟩切换断点(F9)——在断点被设置或删除的行点击光标。

⟨📶⟩停止——在无断点情况下停止运行。

在调试过程中,每当程序中止运行来提供重要的临时信息时,读取并显示程序计数器、寄存器和存储器的内容。

第6章
基本应用实例

6.1 输入输出程序范例

6.1.1 I/O端口功能说明

　　EM78F664N共有四个双向I/O端口,即P5、P6、P7和P8。其中,P6、P7可软件设置上拉;P50~P53、P60~P63、P7可软件设置下拉;P6端口的设置最为灵活,还可软件设置为开漏输出。

6.1.2 I/O端口相关寄存器

1. IOC5~IOC8(方向控制寄存器)

　　将某一位设置为1,则对应管脚将设置为输入管脚;将某一位设置为0,则对应管脚将设置为输出管脚。

　　IOC5~IOC8均是可读写的寄存器。

2. Bank 2 RF PHCR1(上拉控制寄存器1)

Bit 7	Bit 6	Bit 5	Bit 4	Bit 3	Bit 2	Bit 1	Bit 0
/PH77	/PH76	/PH75	/PH74	/PH73	/PH72	1	1

　　Bit 7 (/PH77):P77 使能上拉控制位。

　　0:使能内部上拉;

　　1:禁止内部上拉。

　　Bit 6 (/PH76):P76 使能上拉控制位。

　　Bit 5 (/PH75):P75 使能上拉控制位。

　　Bit 4 (/PH74):P74 使能上拉控制位。

　　Bit 3 (/PH73):P73 使能上拉控制位。

　　Bit 2 (/PH72):P72 使能上拉控制位。

　　Bit 1~Bit 0:未使用,始终置"1"。

RF 寄存器可读写。

3. IOCD PHCR2(上拉控制寄存器 2)

Bit 7	Bit 6	Bit 5	Bit 4	Bit 3	Bit 2	Bit 1	Bit 0
/PH67	/PH66	/PH65	/PH64	/PH63	/PH62	/PH61	/PH60

Bit 7 (/PH7)：P67 使能上拉控制位。

0：使能内部上拉；

1：禁止内部上拉。

Bit 6 (/PH6)：P66 使能上拉控制位。

Bit 5 (/PH5)：P65 使能上拉控制位。

Bit 4 (/PH4)：P64 使能上拉控制位。

Bit 3 (/PH3)：P63 使能上拉控制位。

Bit 2 (/PH2)：P62 使能上拉控制位。

Bit 1 (/PH1)：P61 使能上拉控制位。

Bit 0 (/PH0)：P60 使能上拉控制位。

IOCD 寄存器可读写。

4. Bank 3 RF PDCR1(下拉控制寄存器 1)

Bit 7	Bit 6	Bit 5	B it 4	Bit 3	Bit 2	Bit 1	Bit 0
/PD77	/PD76	/PD75	/PD74	/PD73	/PD72	1	1

Bit 7 (/PD77)：使能 P77 下拉控制位。

0：使能内部下拉；

1：禁止内部下拉。

Bit 6 (/PD76)：P76 使能下拉控制位。

Bit 5 (/PD75)：P75 使能下拉控制位。

Bit 4 (/PD74)：P74 使能下拉控制位。

Bit 3 (/PD73)：P73 使能下拉控制位。

Bit 2 (/PD72)：P72 使能下拉控制位。

Bit 1～Bit 0：未使用,始终置"1"。

RF 寄存器可读写。

5. IOCB PDCR2(下拉控制寄存器 2)

Bit 7	Bit 6	Bit 5	Bit 4	Bit 3	Bit 2	Bit 1	Bit 0
/PD63	/PD62	/PD61	/PD60	/PD53	/PD52	/PD51	/PD50

Bit 7 (/PD7)：P63 使能下拉控制位。

0：使能内部下拉；

1：禁止内部下拉。

Bit 6（/PD6）：P62 使能下拉控制位。

Bit 5（/PD5）：P61 使能下拉控制位。

Bit 4（/PD4）：P60 使能下拉控制位。

Bit 3（/PD3）：P53 使能下拉控制位。

Bit 2（/PD2）：P52 使能下拉控制位。

Bit 1（/PD1）：P51 使能下拉控制位。

Bit 0（/PD0）：P50 使能下拉控制位。

IOCB 寄存器可读写。

6. IOCC ODCR（漏极开路控制寄存器）

Bit 7	Bit 6	Bit 5	Bit 4	Bit 3	Bit 2	Bit 1	Bit 0
OD67	OD66	OD65	OD64	OD63	OD62	OD61	OD60

Bit 7（OD7）：P67 使能输出漏极开路控制位。

0：禁止输出漏极开路；

1：使能输出漏极开路。

Bit 6（OD6）：P66 使能输出漏极开路控制位。

Bit 5（OD5）：P65 使能输出漏极开路控制位。

Bit 4（OD4）：P64 使能输出漏极开路控制位。

Bit 3（OD3）：P63 使能输出漏极开路控制位。

Bit 2（OD2）：P62 使能输出漏极开路控制位。

Bit 1（OD1）：P61 使能输出漏极开路控制位。

Bit 0（OD0）：P60 使能输出漏极开路控制位。

IOCC 寄存器可读写。

6.1.3 使用步骤

（1）设置端口的输出电平；

（2）设置端口的输入输出方向；

（3）设置端口的上拉、下拉或漏极开路。

注意：如果先设置端口的输入输出方向，再设置端口的输出电平，则芯片管脚上可能会输出一个毛刺信号，如果管脚外接一些关键负载，可能会导致误动作。

6.1.4 例程

1. 汇编程序

```
; ****************************************************************
;   将 P62、P72 设置为上拉,将 P53、P73 设置为下拉,将 P64 设置为开漏
```

```
; ********************************************************************
;MCU: EM78F664N
;Oscillator: IRC  4 MHz
;Clock: 2
;WDT: disable
;编译软件: eUIDE Version 1.00.04

INCLUDE "EM78F664N.INC"

        ORG         0X00            ;复位向量地址
        JMP         INITIAL
        ORG         0X50
; =============
INITIAL:
        WDTC                        ;看门狗计时器清零(防止溢出)
        DISI                        ;禁止中断
        BANK        0
        CLR         PORT5           ;将 P5 的初始电平设置为低电平
        CLR         PORT6           ;将 P6 的初始电平设置为低电平
        CLR         PORT7           ;将 P7 的初始电平设置为低电平
        MOV         A,@0XFF
        IOW         P5CR            ;将 P5 全部设置为输入
        MOV         A,@0XEF
        IOW         P6CR            ;将 P64 设置为输出,其他设为输入
        MOV         A,@0XFF
        IOW         P7CR            ;将 P7 全部设置为输入

        BANK        2
        MOV         A,@0XFB
        MOV         PHCR1,A         ;使能 P72 上拉
        IOW         PHCR2           ;使能 P62 上拉

        BANK        3
        MOV         A,@0XF7
        MOV         PDCR1,A         ;使能 P73 下拉
        IOW         PDCR2           ;使能 P53 下拉

        MOV         A,@0X10
        IOW         ODCR            ;使能 P64 内部漏极开路
```

```
MAIN:
        NOP
        NOP
        JMP         MAIN
```

2. C 语言例程

```
//; ********************************************************************
//; 将 P62、P72 设置为上拉,将 P53、P73 设置为下拉
//; 将 P64 设置为开漏
//; ********************************************************************
//MCU: EM78F664N
//Oscillator: IRC 4 MHz
//Clock: 2
//WDT: disable
//编译软件: eUIDE Version 1.00.04


#include"EM78F664N.H"

#define NOP()    _asm{nop}
#define ENI()    _asm{ENI}
#define WDTC()   _asm{WDTC}
#define DISI()   _asm{DISI}
#define SLEP()   _asm{SLEP}

void main()
{
  WDTC();                // 看门狗计时器清零(防止溢出)
  DISI();                // 禁止中断
  PORT5 = 0X00;          // 将 P5 的初始电平设置为低电平
  PORT6 = 0X00;          // 将 P6 的初始电平设置为低电平
  PORT7 = 0X00;          // 将 P7 的初始电平设置为低电平
  P5CR = 0XFF;           // 将 P5 全部设置为输入
  P6CR = 0XEF;           // 将 P64 设置为输出,其他设为输入
  P7CR = 0XFF;           // 将 P7 全部设置为输入
  PHCR1 = 0XFB;          // 使能 P72 上拉
  PHCR2 = 0XFB;          // 使能 P62 上拉
  PDCR1 = 0XF7;          // 使能 P73 下拉
  PDCR2 = 0XF7;          // 使能 P53 下拉
  ODCR = 0X10;           // 使能 P64 内部漏极开路

  while(1);
}
```

6.2 中断/Timer 控制程序范例

6.2.1 中断功能说明

EM78F664N 具有 14 个中断源(其中 3 个外部中断,11 个内部中断)。表 6-2-1 列出了每个中断的特性、中断向量及优先级别。

表 6-2-1 中断源的属性

中 断 源		使 能 条 件	中断标志	中断向量	优先级
内部/外部	Reset	—	—	0000H	High 0
外部	INT	ENI + EXIE=1	EXIF	0003H	High 1
外部	P6 输入改变	ENI + ICIE=1	ICIF	0006H	High 2
内部	TCC	ENI + TCIE=1	TCIF	0009H	High 3
内部	SPI	ENI + SPIIE=1	SPIIF	0012H	High 4
外部	比较器 2 中断	ENI + CMP2IE=1	CMP2IF	0015H	High 5
内部	TC1	ENI + TC1IE=1	TC1IF	0018H	High 6
内部	UART 发送	ENI + UTIE=1	TBEF	001BH	High 7
内部	UART 接收	ENI+URIE=1	RBFF	001EH	High 8
内部	UART 接收错误	ENI+UERRIE=1	UERRIF	0021H	High 9
内部	TC2	ENI+TC2IE=1	TC2IF	0024H	High 10
内部	TC3	ENI+TC3IE=1	TC3IF	0027H	High 11
内部	PWMA	ENI+PWMAIE=1	PWMAIF	002AH	High 12
内部	PWMB	ENI+PWMBIE=1	PWMBIF	002DH	High 13
内部	AD	ENI+ADIE=1	ADIF	0030H	High 14

RE 与 RF 为中断状态寄存器,它们记录了当某个中断产生中断请求后的中断标志位。IOCE 与 IOCF 为中断设置寄存器,中断的允许与禁止在这两个寄存器中设置。

总中断的允许是通过下"ENI"指令,相反,总中断的禁止是通过下"DISI"指令。当一个中断产生时,它的下一条指令的执行将从它们特定的地址处执行。在离开中断服务程序之前相应的中断标志位必须清零,这样才能避免中断的误动作。

当执行中断子程序时,ACC、R3、R4 的内容将会被保存起来,直到离开中断子程序后,被保存的值将会载入 ACC、R3、R4，如果有新的中断发生，ACC、R3、R4 的值将被新的中断值替代，如图 6-2-1 所示。

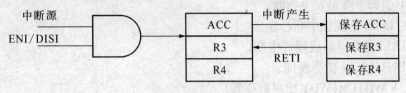

图 6-2-1 中断过程

6.2.2 中断相关寄存器

1. Bank 0 RE ISR1(中断状态寄存器 1)

Bit 7	Bit 6	Bit 5	Bit 4	Bit 3	Bit 2	Bit 1	Bit 0
—	ADIF	SPIIF	PWMBIF	PWMAIF	EXIF	ICIF	TCIF

Bit 6(ADIIF)：AD 中断标志位。

Bit 5(SPIIF)：SPI 中断标志位。

Bit 4(PWMBIF)：PWMB 中断标志位。

Bit 3(PWMAIF)：PWMA 中断标志位。

Bit 2(EXIF)：外部中断标志位。

Bit 1(ICIF)：PORT6 输入状态改变中断标志位。

Bit 0(TCIF)：TCC 中断标志位。

2. Bank 1 RF ISR2(中断状态寄存器 2)

Bit 7	Bit 6	Bit 5	Bit 4	Bit 3	Bit 2	Bit 1	Bit 0
CMP2IF	0	TC3IF	TC2IF	TC1IF	UERRIF	RBFF	TBEF

Bit 7(CMP2IF)：比较器 2 中断标志位。

Bit 5(TC3IF)：8 位 TIMER3 中断标志位。

Bit 4(TC2IF)：16 位 TIMER2 中断标志位。

Bit 3(TC1IF)：8 位 TIMER1 中断标志位。

Bit 2(UERRIF)：UART 接受错误中断标志位。

Bit 1(RBFF)：UART 接受中断标志位。

Bit 0(TBEF)：UART 发送中断标志位。

3. CONT(控制寄存器)

Bit 7	Bit 6	Bit 5	Bit 4	Bit 3	Bit 2	Bit 1	Bit 0
INTE	/INT	TS	TE	PSTE	PST2	PST1	PST0

Bit 7（INTE）：INT 信号沿选择位。

0：INT 引脚上升沿发生中断；

1：INT 引脚下降沿发生中断。

Bit 6（/INT）：使能中断标志。

0：由 DISI 指令屏蔽或硬件中断；

1：由 ENI/RETI 指令使能。

4. IOCA WDTCR（WDT 控制寄存器）

Bit 7	Bit 6	Bit 5	Bit 4	Bit 3	Bit 2	Bit 1	Bit 0
WDTE	EIS	0	0	PSWE	PSW2	PSW1	PSW0

Bit 6（EIS）：定义 P60（/INT）引脚控制位。

0：P60，双向 I/O pin；

1：/INT，作为外部中断引脚，P60 的 I/O 控制位（IOC6 的位 0）必须设置为"1"。

当 EIS 为"0"，/INT 被禁止作为 IO 端口；当 EIS 为"1"，/INT 引脚的状态也可由 Port 6（R6）读取。EIS 可读写。

5. IOCE IMR2（中断屏蔽寄存器 2）

Bit 7	Bit 6	Bit 5	B it 4	Bit 3	Bit 2	Bit 1	Bit 0
CMP2IE	0	TC3IE	TC2IE	TC1IE	UERRIE	URIE	UTIE

注：0：禁止中断；1：使能中断。

Bit 7（CMP2IF）：比较器 2 中断使能位。

Bit 5（TC3IF）：8 位 TIMER3 中断使能位。

Bit 4（TC2IF）：16 位 TIMER2 中断使能位。

Bit 3（TC1IF）：8 位 TIMER1 中断使能位。

Bit 2（UERRIF）：UART 接受错误中断使能位。

Bit 1（URIE）：UART 接受中断使能位。

Bit 0（UTIE）：UART 发送中断使能位。

6. IOCF IMR1（中断屏蔽寄存器 1）

Bit 7	Bit 6	Bit 5	Bit 4	Bit 3	Bit 2	Bit 1	Bit 0
0	0	SPIIE	PWMBIE	PWMAIE	EXIE	ICIE	TCIE

注：0：禁止中断；1：使能中断。

Bit 5（SPIIE）：SPI 中断使能位。

Bit 4（PWMBIE）：PWMB 中断使能位。

Bit 3（PWMAIE）：PWMA 中断使能位。

Bit 2（EXIE）：外部中断使能位。

Bit 1(ICIE)：PORT6 输入状态改变中断使能位。

Bit 0(TCIE)：TCC 中使能位。

6.2.3 使用步骤

以外部中断为例：

(1) 设置相应的边沿中断，上升沿还是下降沿，通过"CONTW"指令；

(2) 设置 INT/P60 口为 INT 口用，通过设置 WDTCR 寄存器 Bit 6 (EIS)为"1"(注意，必须同时在 IOC6 寄存器中将 P60 设置为输入端口)；

(3) 使能外部中断功能，通过设置 IOCF0 寄存器 Bit 2(EXIE)为"1"；

(4) 下"ENI"指令；

(5) 中断程序处理完毕，在退出中断前，一定要清除中断标志寄存器中的 EXIF 标志位。

注意：使用查询或中断方式，INT 都需要设置中断使能，即设置 IOCF 寄存器 Bit 2 (EXIE)为"1"。

6.2.4 例程

1. 汇编程序(以外部中断为例)

```
; ***************************************************************************
;功能：当连接至外部 P60/INT 口的按键按下时，P57 端口开始一直输出高电平
; ***************************************************************************
;MCU: EM78F644N
;Oscillator: Crystal 4 MHz
;Clock: 2
;WDT: disable
;编译软件: eUIDE Version 1.00.04
INCLUDE        "EM78F664N.INC"


        ORG     0X00
        JMP     INITIAL
        ORG     0X03                    ; 外部中断入口地址
EXIT_INT:                               ; 中断服务子程
        BANK    0
        MOV     A, @0B11111011
        AND     ISR1,A                  ; 将外部中断请求标志清零
        BS      PORT5,7                 ; 有外部中断产生时,P57 输出高电平
        RETI
```

```
; ============
INITIAL:
        DISI
        WDTC
        BANK     0
        MOV      A,@0X60
        MOV      MSR,A                    ; 选择主时钟作为 CPU 及定时器的时钟源
        CLR      PORT5                    ; 将 P57 的初始电平设置为低电平
        MOV      A,@0X7F                  ; 给累加器 A 赋值
        IOW      IOC5                     ; 将 P57 设置为输出端口
        MOV      A,@0B11111111
        IOW      IOC6                     ; 将 P60 设置为输入端口
        MOV      A,@0X40
        IOW      WDTCR                    ; 将 P60 设置为外部中断输入管脚
        MOV      A,@0X00
        CONTW                             ; 将外部中断信号设置为上升沿有效
        MOV      A,@0X04
        IOW      IMR1                     ; 使能外部中断响应
                                          ; 这里的 IMR1 也就是 IOCF
        CLR      ISR1                     ; 将当前的外部中断请求标志位清零
        ENI
MAIN:                                     ; 主循环
        NOP
        NOP
        JMP      MAIN
```

2. C 语言程序

```
// *********************************************************************
//功能: 外部 P60/INT 口按键按下时,P57 口输出高电平
// *********************************************************************
//MCU: EM78F664N
//Oscillator: IRC 4 MHz
//Clock: 2
//WDT: disable
//编译软件: eUIDE Version 1.00.04

#include   "EM78F664N.H"
#define NOP()        _asm{nop}
#define ENI()        _asm{ENI}
```

```c
#define WDTC()    _asm{WDTC}
#define DISI()    _asm{DISI}
#define SLEP()    _asm{SLEP}


extern int IntVecIdx; //occupied 0x10:rpage 0
void main()
{
    WDTC();                 // 看门狗计时器清零(防止溢出)
    DISI();                 // 禁止中断
    MSR = 0X60;             // 选择主时钟作为 CPU 及定时器的时钟源
    PORT5 = 0X00;           // 将 P57 的初始电平设置为低电平
    P5CR = 0X7F;            // 将 P57 设置为输出端口
    P6CR = 0XFF;            // 将 P60 设置为输入端口
    WDTCR = 0X40;           // 将 P60 设置为外部中断输入管脚
    _asm                    // 嵌入式汇编语句
    {
      MOV       A,@0X00
      CONTW                 // 将外部中脚信号设置为上升沿有效
    }
    IMR1 = 0X04;            // 使能外部中断响应
    ISR1 = 0X00;            // 将当前的外部中断请求标志位清零
    ENI();                  // 使能全局中断
    while(1);
}


void _intcall ALLint(void) @ int
{
  switch(IntVecIdx)         // 判断中断源是否是外部中断
  {
    case 0x4:
        ISR1 = ISR1&0XFB;   // 将外部中断请求标志清零
        P57 = 1;            // 有外部中断产生时,P57 输出高电平
    break;
  }


}

void _intcall ext_interrupt_1(void) @ 0x03:low_int 0
{
```

```
_asm{MOV A,0x2};
}
```

6.2.5 Timer1 功能介绍

（1）作定时器用时，Timer1 的时钟来自内部时钟，P74/TC1 脚可以作为 IO 端口用。

（2）作计数器用时，Timer1 的时钟来自外部的信号源，此时 P74/TC1 脚只能作为 Timer1 信号输入脚用，外部信号源的频率必须要低于 MCU 的频率。

（3）软件捕捉。

6.2.6 Timer1 相关寄存器

1. Bank 1 R5 TC1CR（Timer1 控制寄存器）

Bit 7	Bit 6	Bit 5	Bit 4	Bit 3	Bit 2	Bit 1	Bit 0
TC1CAP	TC1S	TC1CK1	TC1CK0	TC1M	TC1ES	0	0

Bit 7（TC1CAP）：软件捕捉控制位。

0：软件捕捉禁止；

1：软件捕捉使能。

Bit 6（TC1S）：定时器/计数器 1 启动控制位。

0：停止，清计数器；

1：启动。

Bit 5～Bit 4（TC1CK1～TC1CK0）：定时器/计数器 1 时钟源选择（参见表 6 - 2 - 2）。

表 6 - 2 - 2 定时器/计数器 1 时钟源选择

TC1CK1	TC1CK0	时　钟　源	分　辨　率	最　大　时　间
		正常/空闲	Fc=4 MHz	Fc=4 MHz
0	0	$Fc/2^{12}$	1 024 μs	262 144 μs
0	1	$Fc/2^{10}$	256 μs	65 536 μs
1	0	$Fc/2^{7}$	32 μs	8 192 μs
1	1	外部时钟（TC1 引脚）	—	—

Bit 3（TC1M）：定时器/计数器 1 模式选择。

0：定时器/计数器模式；

1：捕捉模式。

Bit 2（TC1ES）：TC1 信号边沿选择位。

0：TC1 引脚电平由低到高转变时（上升沿）加 1；

1：TC1 引脚电平由高到低转变时(下降沿)加 1。

2. Bank 1 R6 TCR1DA(定时器 1 数据缓存器 A)

Bit 7	Bit 6	Bit 5	Bit 4	Bit 3	Bit 2	Bit 1	Bit 0
TCR1DA7	TCR1DA6	TCR1DA5	TCR1DA4	TCR1DA3	TCR1DA2	TCR1DA1	TCR1DA0

Bit 7 ～ Bit 0 (TCR1DA7 ～ TCR1DA0)：8 位的定时器/计数器 1 数据缓存器。

3. Bank 1 R7 TCR1DB(定时器 1 数据缓存器 B)

Bit 7	Bit 6	Bit 5	Bit 4	Bit 3	Bit 2	Bit 1	Bit 0
TCR1DB7	TCR1DB6	TCR1DB5	TCR1DB4	TCR1DB3	TCR1DB2	TCR1DB1	TCR1DB0

Bit 7 ～ Bit 0(TCR1DB 7 ～ TCR1DB 0)：8 位定时器/计数器 1 数据缓存器。

4. IOCE IMR2(中断使能寄存器 2)

Bit 7	Bit 6	Bit 5	Bit 4	Bit 3	Bit 2	Bit 1	Bit 0
CMP2IE	0	TC3IE	TC2IE	TC1IE	UERRIE	URIE	UTIE

Bit 3(TC1IE)：中断使能位。

0：禁止 TC1IF 中断；

1：使能 TC1IF 中断。

5. Bank 1 RF ISR2(中断标志寄存器 2)

Bit 7	Bit 6	Bit 5	Bit 4	Bit 3	Bit 2	Bit 1	Bit 0
CMP2IF	0	TC3IF	TC2IF	TC1IF	UERRIF	RBFF	TBEF

Bit 3(TC1IF)：8 位定时/计数器 1 中断标志位,由软件清零。

6.2.7　Timer1 定时模式

1. 设置步骤

(1) 设置 Timer1 的时钟源；

(2) 设置 TCR1DA,并使能 Timer1 中断；

(3) 假如需要进入中断则下"ENI"指令。

2. 计算公式

Timer1 定时时间：

$$Timer1 = Clock\ source \times Buffer$$

其中,Clock source：时钟源,通过 TC1CK1～TC1CK0 设置。Buffer：TCR1DA 值。

例如：若 Clock source = Fc/2^7（TC1CK1 ～ TC1CK0 = 10），Buffer = 128，Fc = 4 MHz,则

$$Timer1 = 1/(4/2^7) \times 128 = 4\ 096\ \mu s$$

3. 汇编例程

```
; *********************************************
;   P57 口输出周期为 8192 μs、占空比为 50％的方波
; *********************************************
;MCU: EM78F664N
;Oscillator: Crystal 4 MHz
;Clock: 2
;WDT: disable
;编译软件: eUIDE Version 1.00.04


INCLUDE "EM78F664N.INC"
                                ; 变量定义
FLAG == 0X11
        ORG     0X00            ; 复位向量地址
        JMP     INITIAL
        ORG     0X50
TC1_INT:                        ; TC1 所对应的中断子程
        BANK    1
        MOV     A,@0XF7
        AND     ISR2,A          ; 清除 TC1 所对应的中断请求标志位 TC1IF
                                ; 其他中断请求标志位保持不变
        BANK    0
        COM     FLAG            ; 自定义的 RAM 变量 FLAG 取反
                                ; 起作用的仅是 FLAG 的最低位
        RETI
; ==============
INITIAL:
        WDTC                    ; 将看门狗计时器清零(防止溢出)
        DISI                    ; 禁止中断
        CLR     PORT5           ; 将 P57 的初始电平设置为低电平
        MOV     A,@0X7F
        IOW     P5CR            ; 将 P57 设置为输出
        BANK    1
        MOV     A,@0X20
        MOV     TC1CR,A         ; 设置为 timer/counter 模式
```

```
                                          ; 计数时钟为内部时钟 Fc/2~7(32 μs@4 MHz)
        MOV      A,@128
        MOV      TCR1DA,A              ; TC1 的中断触发计数值设置为 128
                                       ; 所以中断间隔时间为(128 * 2~7/4MHz) = 4096 μs
        BS       TC1S                  ; 定时器开始计数
        CLR      ISR2               ; 清除包括 TC1IF 在内的 ISR2 中的所有中断标志位
        MOV      A,@0X08
        IOW      IMR2                  ; 将 TC1IE 置 1,以使能 TC1 的定时中断
        BANK     0
        CLR      FLAG
        ENI                           ; 使能全局中断
MAIN:
        BANK     0
        JBC      FLAG,0                ; 根据 FLAG 的最低位来设置 P57 管脚的输出电平
        BS       PORT5,7
        JBS      FLAG,0
        BC       PORT5,7
        JMP      MAIN
```

4. C 语言例程

```
// ****************************************************************
//P57 口输出周期为 8 192 μs、占空比为 50 % 的方波
// ****************************************************************
//MCU:EM78F664N
//Oscillator:IRC 4 MHz
//Clock:2
//WDT:disable
//编译软件:eUIDE Version 1.00.04


#include "EM78F664N.H"
#define NOP()    _asm{nop}
#define ENI()    _asm{ENI}
#define WDTC()   _asm{WDTC}
#define DISI()   _asm{DISI}
#define SLEP()   _asm{SLEP}


unsigned int flag;


extern int IntVecIdx; //occupied 0x10:rpage 0
void main()
```

```
{
    WDTC();                 // 将看门狗计时器清零(防止溢出)
    DISI();                 // 禁止中断
    PORT5 = 0X00;           // 将 P57 的初始电平设置为低电平
    P5CR = 0X7F;            // 将 P57 设置为输出
    TC1CR = 0X20;           // 设置为 timer/counter 模式
                            // 计数时钟为内部时钟 Fc/2^7(32 μs@4 MHz)
    TCR1DA = 128;           // TC1 的中断触发计数值设置为 128
                            // 所以中断间隔时间为(128 * 2^7/4 MHz) = 4096 μs
    TC1S = 1;               // 定时器开始计数
    ISR2 = 0X00;            // 清除包括 TC1IF 在内的 ISR2 中的所有中断标志位
    IMR2 = 0X08;            // 将 TC1IE 置 1,以使能 TC1 的定时中断
    flag = 0X00;
    ENI();                  // 使能全局中断
    do
    {
        if(flag)            // 根据 FLAG 的最低位来设置 P57 管脚的输出电平
        {
            P57 = 1;
        }
        else
        {
            P57 = 0;
        }
    }while(1);
}


void _intcall ALLint(void) @ int    // 外部中断服务子程

{
    switch(IntVecIdx)           // 判断中断源是否为外部中断
    {
    case 0x19:
        ISR2 = 0XF7;            // 清除 TC1 所对应的中断请求标志位 TC1IF
                               // 其他中断请求标志位保持不变
        flag = ~flag;          // 自定义的 RAM 变量 FLAG 取反
                               // 起作用的仅是 FLAG 的最低位
    break;
    }
```

```
}
void _intcall TC1_l(void) @ 0x18:low_int 5
{
  _asm{MOV A,0x2};
}
```

6.2.8　Timer1 计数器模式

计数器模式下,加计数是以外部时钟输入引脚(TC1 引脚)实现的,上升沿或下降沿可通过设置 TC1ES 位来选择,当加计数器内容与 TCR1DA 相匹配时,中断发生,计数器被清零,在计数器清零后加计数继续。

Timer1 的中断时间计算公式:

$$TIME = CLOCK\ SOURCE \times (TCR1DA)$$

实现 TIMER 功能的步骤说明:

(1) TC1 PIN 为输入,接受外部 CLOCK;

(2) TC1M=0,选择 Timer1 作为计数器使用;

(3) 设置 TC1ES,设置触发边缘是上升沿还是下降沿;

(4) 设置 TC1CK1-TC1CK0=11,选择 Timer1 为外部计数功能;

(5) 设置 Timer1 TIMER DATA BUFFER 的时钟源;

(6) 根据需要使能 Timer1 中断功能,同时执行 ENI 指令以使能全局中断;

(7) 使能 TC1S,开始外部计数。

6.2.9　Timer1 捕捉模式

捕捉模式下,TC1 引脚输入的脉冲的脉宽、周期和占空比可以测量出。可以用于监视细微变化的控制信号。计数器使用内部时钟自由运行,在 TC1 引脚输入信号的上升(下降)沿,计数器的值载入到 TCR1DA,中断发生,计数器被清零。在 TC1 引脚输入信号的下降(上升)沿,计数器的值载入到 TCR1DB,计数器继续计数,在 TC1 引脚输入信号的下一个上升沿,计数器的值载入到 TCR1DA,中断再次发生,计数器被清零。如果边沿检测到之前,计数器溢出,则载入 FFH 到 TCR1DA,溢出中断产生。在中断程序中,可以用 TCR1DA 的值是否为 FFH 来判断是否是溢出中断。一个中断产生后(TCR1DA 捕获,或者溢出),捕捉和溢出保持直到 TCR1DA 读出。

6.2.10　Timer2 功能介绍

(1) TC2 可以进行 16 位的计数;

(2) 可以用作 TIMER/COUNTER/WINDOW。

6.2.11　Timer2 相关寄存器

1. Bank 1 R8 TC2CR(TC2 控制寄存器)

Bit 7	Bit 6	Bit 5	Bit 4	Bit 3	Bit 2	Bit 1	Bit 0
0	0	TC2ES	TC2M	TC2S	TC2CK2	TC2CK1	TC2CK0

Bit 5(TC2ES)：TC2 信号边沿选择位。

0：TC2 引脚电平由低到高转变时(上升沿)加 1；

1：TC2 引脚电平由高到低转变时(下降沿)加 1。

Bit 4(TC2M)：定时器/计数器模式选择。

0：定时器/计数器模式；

1：窗口模式。

Bit 3(TC2S)：定时器/计数器启动控制。

0：停止,清计数器；

1：启动。

Bit 2~Bit 0 (TC2CK2~TC2CK0)：定时器/计数器时钟源选择(参见表 6 - 2 - 3)。

表 6 - 2 - 3　时钟源选择

TC2CK2	TC2CK1	TC2CK0	时　钟　源	分辨率	最大时间
			正常/空闲	Fc=4 MHz	Fc=4 MHz
0	0	0	$Fc/2^{23}$	2.1 s	38.2 h
0	0	1	$Fc/2^{13}$	2.048 ms	134.22 s
0	1	0	$Fc/2^{8}$	64 μs	4.194 s
0	1	1	$Fc/2^{3}$	2 μs	131.072 ms
1	0	0	Fc	250 ns	16.384 ms
1	0	1	—	—	—
1	1	0	—	—	—
1	1	1	外部时钟 (TC2 引脚)		

2. Bank 1 R9 TC2DH(定时器 2 高字节数据缓存器)

Bit 7	Bit 6	Bit 5	Bit 4	Bit 3	Bit 2	Bit 1	Bit 0
TC2D15	TC2D14	TC2D13	TC2D12	TC2D11	TC2D10	TC2D9	TC2D8

Bit 7 ~ Bit 0 (TC2D8 ~ TC2D15)：16 位的定时器/计数器 2 高字节数据缓存器。

3. Bank 1 RA TC2DL(定时器 2 低字节数据缓存器)

Bit 7	Bit 6	Bit 5	Bit 4	Bit 3	Bit 2	Bit 1	Bit 0
TC2D7	TC2D6	TC2D5	TC2D4	TC2D3	TC2D2	TC2D1	TC2D0

Bit 7 ～ Bit 0（TC2D7 ～ TC2D0）：16 位定时器/计数器 2 低字节数据缓存器。

4. Bank 1 RF ISR2(中断标志寄存器)

Bit 7	Bit 6	Bit 5	Bit 4	Bit 3	Bit 2	Bit 1	Bit 0
CMP2IF	0	TC3IF	TC2IF	TC1IF	UERRIF	RBFF	TBEF

Bit 4（TC2IF）：16 位定时/计数器 2 中断标志位,由软件清零。

5. IOCE IMR2(中断使能寄存器)

Bit 7	Bit 6	Bit 5	Bit 4	Bit 3	Bit 2	Bit 1	Bit 0
CMP2IE	"0"	TC3IE	TC2IE	TC1IE	UERRIE	URIE	UTIE

Bit 4（TC2IE）：中断使能位。

0：禁止 TC2IF 中断；

1：使能 TC2IF 中断。

6.2.12　Timer2 定时器模式

定时器模式下,加计数是以内部时钟实现的。当加计数内容与 TCR2（TCR2H＋TCR2L)相匹配时,中断发生,计数器被清零。在计数器清零后加计数继续。

1. 计算公式

Timer2 定时时间计算公式：

$$\text{Timer2} = \text{Clock source} \times \text{Buffer}$$

其中,Clock source：时钟源,通过 TC2CK2～TC2CK0 设置。Buffer：(TC2DH、TC2DL)值。

例如：若 Clock source＝Fc（TC2CK2～TC2CK0＝100）,Buffer＝5000,Fc＝4 MHz,则

$$\text{Timer2} = 1/4 \text{ MHz} \times 5\,000 = 1.25 \text{ ms}$$

2. 设置步骤

实现 TIMER 功能的步骤说明：

(1) 设置 TC2M 位,选择 Timer2 作为计时器或计数器；

(2) 设置 TC2CK2～TC2CK0,选择内部时钟源；

(3) 设置 TC2 TIMER DATA BUFFER 的计数值；

(4) 根据需要使能 Timer2 中断；

（5）根据需要下"ENI"指令；

（6）使能 TC2S 位，开始计时。

3. 汇编例程

```
; ********************************************************************
; 功能：利用 TC2 定时器在 P57 管脚输出周期为 32 768 μs、占空比为 50 % 的方波
; ********************************************************************
; MCU：EM78F664N
; Oscillator：Crystal 4 MHz
; Clock：2
; WDT：disable
; 编译软件：eUIDE Version 1.00.04


INCLUDE "EM78F664N.INC"
; ==============
        ORG     0X0             ; 复位向量地址
        JMP     INITIAL
        ORG     0X24            ; TC2 的中断向量地址
TIMER2_INT:                     ; TC2 中断子程
        BANK    1
        JBS     TC2IF           ; 如果 TC2IF = 0，则立即退出中断子程
                                ; 这是一种抗干扰处理
        RETI
        MOV     A,@0XEF
        AND     ISR2,A          ; 清除 TC2 所对应的中断请求标志位 TC2IF
                                ; 其他中断请求标志位保持不变
        BANK    0
        COM     PORT5           ; 将 P57 的输出电平反转
        RETI
; ==============
INITIAL:
        WDTC                    ; 将看门狗计时器清零(防止溢出)
        DISI                    ; 禁止中断
        CLR     PORT5           ; 将 P57 的初始电平设置为低电平
        MOV     A,@0X7F
        IOW     P5CR            ; 将 P57 设置为输出管脚
        BANK    1
        MOV     A,@0X04
        MOV     TC2CR,A         ; 设定 TC2 工作在 timer/counter 模式
                                ; 选择 Fc 为时钟源
```

```
        MOV     A,@0XFF
        MOV     TC2DH,A
        MOV     TC2DL,A        ; 定时时间设置为 65535/4 MHz = 16384 μs
        BS      TC2S                  ; 将 TC2CR 寄存器中的 TC2S 位置 1,TC2 开始工作
        CLR     ISR2           ; 清除中断请求标志位
        MOV     A,@0X10
        IOW     IMR2           ; 将 TC2IE 置 1,以使能 TC2 的定时中断
        BANK    0
        ENI
MAIN:
        NOP
        JMP     MAIN
```

4. C 语言例程

```
// ********************************************************************************
// 功能: 利用 TC2 定时器在 P57 管脚输出周期为 32768 μs、占空比为 50% 的方波
// ********************************************************************************
    //MCU: EM78F664N
    //Oscillator: IRC 4 MHz
    //Clock: 2
    //WDT: disable
    //编译软件: eUIDE Version 1.00.04

    #include "EM78F664N.H"
    #define NOP()    _asm{nop}
    #define ENI()    _asm{ENI}
    #define WDTC()   _asm{WDTC}
    #define DISI()   _asm{DISI}
    #define SLEP()   _asm{SLEP}

    extern int IntVecIdx; //occupied 0x10:rpage 0
    void main()
    {
        WDTC();                 // 将看门狗计时器清零(防止溢出)
        DISI();                 // 禁止中断
        PORT5 = 0X00;           // 将 P57 的初始电平设置为低电平
        P5CR = 0X7F;            // 将 P57 设置为输出管脚
        TC2CR = 0X04;           // 设定 TC2 工作在 timer/counter 模式
                                // 选择 Fc 为时钟源
        TC2DH = 0XFF;           // 定时时间设置为 65535/4MHz = 16384 μs
```

```
            TC2DL = 0XFF;
            TC2S = 1;                    // 将 TC2CR 寄存器中的 TC2S 位置 1,TC2 开始工作
            IMR2 = 0X10;                 // 将 TC2IE 置 1,以使能 TC2 的定时中断
            ISR2 = 0X00;                 // 清除中断请求标志位
            ENI();                       // 使能全局中断
            while(1);
        }


    void _intcall ALLint(void) @ int        // 中断服务子程
    {
        switch(IntVecIdx)                       // 判断中断源是否为 TC2 定时中断
        {
        case 0x25:
            ISR2 = 0X00;                         // 清除中断请求标志位
            PORT5 = ~PORT5;                      // 将 P57 的输出电平反转
        break;
        }
    }
    void _intcall TC2_l(void) @ 0x24:low_int 9
    {
        _asm{MOV A,0x2};
    }
```

6.2.13 Timer2 计数器模式

计数器模式下,加计数是以外部时钟输入引脚(TC2 引脚)实现的,上升沿或下降沿可通过设置 TC2ES 位来选择,当加计数器内容与 TCR2(TCR2H+TCR2L)相匹配时,中断标志位被置"1",计数器被清零。在计数器清零后加计数继续。

1. 计算公式

Timer2 的中断时间计算公式:

$$TIME = CLOCK\ SOURCE \times (TC2DH, TC2DL)$$

2. 设置步骤

实现 Timer2 计数功能的步骤说明:

(1) TC2 PIN 为输入,接受外部 CLOCK;

(2) TC2M=0,选择 TC2 作为计时/计数功能;

(3) 设置 TC2ES,选择上升沿计数还是下降沿计数;

(4) 设置 TC2CK2~TC2CK0=111,选择 COUNTER2 外部计数功能;

(5) 设置 TC2 TIMER DATA BUFFER 的值;

（6）根据需要使能 TC2 中断；

（7）根据需要下"ENI"指令；

（8）使能 TC2S，开始外部计数。

6.2.14　Timer2 窗口模式

窗口模式下，内部时钟和 TC2 引脚的脉冲（窗口脉冲）逻辑与后，在脉冲的上升沿加计数器加 1，当加计数器内容与 TCR2（TCR2H＋TCR2L）相匹配时，中断发生，计数器被清零。窗口脉冲频率必须低于所选内部时钟。

1. 计算公式

TC2 中断时间计算公式：

$$\text{TIME} = \text{AVAILABLE CLOCK} \times (\text{TC2DH}, \text{TC2DL})$$

AVAILABLE CLOCK 即有效 CLOCK，只有 TC2 电平为高时，up count 才会递加计数。

2. 设置步骤

实现 WINDOW 功能的步骤说明：

（1）TC2 PIN 为输入，接受外部高低电平；

（2）TC2M＝1，选择 Timer2 为窗口模式；

（3）设置 TC2CK2～TC2CK0，选择内部时钟源；

（4）设置 TC2 TIMER DATA BUFFER 的值；

（5）根据需要使能 Timer2 的中断；

（6）根据需要下"ENI"指令；

（7）使能 TC2S，开始计数。

3. 汇编例程

```
; *********************************************************************
;  设置 TC2 工作在 Window 模式
;  也即以内部时钟信号和 P56 管脚输入信号的逻辑"与"信号作为时钟源
;  每当 P56 管脚的高电平持续时间累计达到 1022 μs 时
;  P57 管脚的输出电平翻转一次
; *********************************************************************
;MCU: EM78F664N
;Oscillator: Crystal 4 MHz
;Clock: 2
;WDT: disable
;编译软件: eUIDE Version 1.00.04

INCLUDE "EM78F664N.INC"
; ==============
```

```
            ORG       0X00              ; 复位向量入口地址
            JMP       INITIAL
            ORG       0X24
TIMER2_INT:
            BANK      1
            JBS       TC2IF             ; 如果 TC2IF = 0,则立即退出中断子程
                                        ; 这是一种抗干扰处理
            JMP       INT_RET
            MOV       A,@0XEF
            AND       ISR2,A            ; 清除 TC2 所对应的中断请求标志位 TC2IF
                                        ; 其他中断请求标志位保持不变
            BANK      0
            COM       PORT5             ; 将 P57 的输出电平反转
INT_RET:
            RETI
; =============
            ORG       0X50
INITIAL:
            DISI                        ; 禁止中断
            WDTC                        ; 将看门狗计时器清零(防止溢出)
            CLR       PORT5             ; 将 P57 的初始电平设置为低电平
            MOV       A,@0X7F
            IOW       P5CR              ; 将 P57 设置为输出管脚
            BANK      1
            MOV       A,@0B00010011
            MOV       TC2CR,A           ; TC2 设定为 Window 模式,选择 Fc/8 为时钟源
            MOV       A,@0X01
            MOV       TC2DH,A
            MOV       A,@0XFF
            MOV       TC2DL,A           ; 定时时间设置为 511/4 MHz * 8 = 1022 μs
            BS        TC2S              ; 将 TC2CR 寄存器中的 TC2S 位置 1,TC2 开始工作
            MOV       A,@0X10
            IOW       IMR2              ; 将 TC2IE 位置 1,以使能 TC2 的定时中断
            BANK      0
            ENI                         ; 使能全局中断
MAIN:
            NOP
            NOP
            JMP       MAIN
```

4. C 语言例程

```
// ********************************************************************
// 设置 TC2 工作在 Window 模式
// 也即以内部时钟信号和 P56 管脚输入信号的逻辑与信号作为时钟源
// 每当 P56 管脚的高电平持续时间累计达到 1022 μs 时
// P57 管脚的输出电平翻转一次
// ********************************************************************

    //MCU: EM78F664N
    //Oscillator: IRC 4 MHz
    //Clock: 2
    //WDT: disable
    //编译软件: eUIDE Version 1.00.04


    #include "EM78F664N.H"
    #define NOP()    _asm{nop}
    #define ENI()    _asm{ENI}
    #define WDTC()   _asm{WDTC}
    #define DISI()   _asm{DISI}
    #define SLEP()   _asm{SLEP}


    extern int IntVecIdx; //occupied 0x10:rpage 0
    void main()
    {
        WDTC();                // 将看门狗计时器清零(防止溢出)
        DISI();                // 禁止中断
        PORT5 = 0X00;          // 将 P57 的初始电平设置为低电平
        P5CR = 0X7F;           // 将 P57 设置为输出管脚
        TC2CR = 0X13;          // TC2 设定为 Window 模式,选择 Fc/8 为时钟源
        TC2DH = 0X01;          // 定时时间设置为 511/4 MHz * 8 = 1022 μs
        TC2DL = 0XFF;
        IMR2 = 0X10;           // 将 TC2IE 位置 1,以使能 TC2 的定时中断
        TC2S = 1;              // 将 TC2CR 寄存器中的 TC2S 位置 1,TC2 开始工作
        ENI();                 // 使能全局中断
        while(1);
    }


    void _intcall ALLint(void) @ int       // 中断服务子程
    {
        switch(IntVecIdx)                   // 判断中断源是否为外部中断
```

```
{
    case 0x25:
        ISR2 = 0X00;            // 清除 TC2 所对应的中断请求标志位 TC2IF
                                // 其他中断请求标志位保持不变
        PORT5 = ~PORT5;         // 将 P57 的输出电平反转
    break;
    }
}
void _intcall TC2_l(void) @ 0x24:low_int 9
{
    _asm{MOV A,0x2};
}
```

6.2.15　Timer3 功能介绍

（1）TC3 可以进行 8 位的计数；
（2）可以用作 TIMER/COUNTER/PWM/PDO。

6.2.16　Timer3 相关寄存器

1. Bank 3 RD TC3CR(Timer3 控制寄存器)

Bit 7	Bit 6	Bit 5	Bit 4	Bit 3	Bit 2	Bit 1	Bit 0
TC3FF1	TC3FF0	TC3S	TC3CK2	TC3CK1	TC3CK0	TC3M1	TC3M0

Bit 7 ～ Bit 6 (TC3FF1 ～ TC3FF0)：定时器/计数器 3 flip-flop 控制(参见表 6 - 2 - 4)。

表 6 - 2 - 4　flip-flop 控制工作模式

TC3FF1	TC3FF0	工作模式
0	0	Clear
0	1	Toggle
1	0	Set
1	1	保留

Bit 5(TC3S)：定时器/计数器 3 启动控制。

0：停止，清计数器；

1：启动。

Bit 4 ～ Bit 2 (TC3CK2 ～ TC3CK0)：定时器/计数器 3 时钟源选择(参见表 6 - 2 - 5)。

表 6-2-5　定时器/计数器3时钟源选择

| TC3CK2 | TC3CK1 | TC3CK0 | 时　钟　源 | 分 辨 率 | 最大时间 |
			正　常	Fc=8 MHz	Fc=8 MHz
0	0	0	$Fc/2^{11}$	256 μs	64 ms
0	0	1	$Fc/2^{7}$	16 μs	4 ms
0	1	0	$Fc/2^{5}$	4 μs	1 ms
0	1	1	$Fc/2^{3}$	1 μs	256 μs
1	0	0	$Fc/2^{2}$	500 ns	128 μs
1	0	1	$Fc/2^{1}$	250 ns	64 μs
1	1	0	Fc	125 ns	32 μs
1	1	1	外部时钟(TC3 引脚)	—	—

Bit 1 ～ Bit 0 (TC3M1 ～ TC3M0)：定时器/计数器3工作模式选择(参见表6-2-6)。

表 6-2-6　定时器/计数器3工作模式选择

TC3M1	TC3M0	工　作　模　式
0	0	定时器/计数器
0	1	保留
1	0	可编程分频器输出
1	1	脉宽调制输出

2. Bank 3 RE TCR3D(定时器3数据缓存)

Bit 7	Bit 6	Bit 5	Bit 4	Bit 3	Bit 2	Bit 1	Bit 0
TCR3D7	TCR3D6	TCR3D5	TCR3D4	TCR3D3	TCR3D2	TCR3D1	TCR3D0

Bit 7 ～ Bit 0 (TCR3D7 ～ TCR3D0)：8 位定时器/计数器3的数据缓存。

3. IOCE IMR2(中断屏蔽寄存器2)

Bit 7	Bit 6	Bit 5	Bit 4	Bit 3	Bit 2	Bit 1	Bit 0
CMP2IE	0	TC3IE	TC2IE	TC1IE	UERRIE	URIE	UTIE

Bit 5 (TC3IE)：中断使能位。

0：禁止 TC3IF 中断；

1：使能 TC3IF 中断。

4. Bank 1 RF ISR2（中断标志寄存器）

Bit 7	Bit 6	Bit 5	Bit 4	Bit 3	Bit 2	Bit 1	Bit 0
CMP2IF	0	TC3IF	TC2IF	TC1IF	UERRIF	RBFF	TBEF

Bit 5（TC3IF）：8 位定时/计数器 3 中断标志位，由软件清零。

6.2.17　Timer3 定时器模式

定时器模式下，加计数是以内部时钟实现的（上升沿触发）。当加计数内容与 TCR3D 相匹配时，中断标志位置位，计数器被清零。在计数器清零后加计数继续。

1. 计算公式

Timer3 的中断时间计算公式：

$$TIME = CLOCK\ SOURCE \times (TCR3D)$$

2. 设置步骤

实现 TIMER 功能的步骤说明：

（1）TC3M1～TC3M0＝00，选择 TC3 作为定时器；

（2）设置 TC3CK2～TC3CK0，选择内部时钟源及分频系数；

（3）设置 TCR3D 的计数值；

（4）根据需要使能 Timer3 的中断；

（5）根据需要下"ENI"指令；

（6）使能 TC3S，开始计时。

3. 汇编例程

```
; ********************************************************************
;功能：利用 TC3 的定时中断功能，在 P57 上输出周期为 16320 μs、占空比为 50％的方波
; ********************************************************************
;MCU: EM78F664N
;Oscillator: Crystal 4 MHz
;Clock: 2
;WDT: disable
;编译软件: eUIDE Version 1.00.04

INCLUDE "EM78F664N. INC"
; ==============
        ORG        0X00              ; 复位向量地址
        JMP        INITIAL
        ORG        0X027             ; TC3 中断向量地址
TIMER3_INT:
```

```
    BANK      1
    MOV       A,@0XDF
    AND       ISR2,A              ; 清除 TC3 所对应的中断请求标志位 TC1IF
                                  ; 其他中断请求标志位保持不变
    BANK      0
    COM       PORT5               ; 将 P57 管脚的电平反转
    RETI
; =============
INITIAL:                          ; 主程序开始
    WDTC                          ; 看门狗计时器清零(防止溢出)
    DISI                          ; 禁止中断
    CLR       PORT5               ; 将 P57 的初始电平设置为低电平
    MOV       A,@0X7F
    IOW       P5CR                ; 将 P57 设置为输出管脚
    BANK      3
    MOV       A,@0XC4             ; '0XC4'也即'0B11000100'
    MOV       TC3CR,A             ; 设置 TC3 工作在 Timer/Counter 模式下
                                  ; 计数时钟源选择 Fc/128(32 μs@4 MHz)
    MOV       A,@0XFF
    MOV       TC3D,A              ; 设置的定时中断间隔时间为 255 * 32 μs = 8160 μs
    BS        TC3S                ; Timer 3 开始计时
    BANK      1
    CLR       ISR2                ; 将中断请求标志清零
    MOV       A,@0X20
    IOW       IMR2                ; 使能 TC3 定时中断
    BANK      0
    ENI                           ; 使能全局中断
MAIN:                             ; 程序主循环
    NOP
    JMP       MAIN
```

4. C 语言例程

```
// ******************************************************************
// 功能: 利用 TC3 的定时中断功能,在 P57 上输出周期为 16320 μs
//        占空比为 50% 的方波
// ******************************************************************
//MCU: EM78F664N
//Oscillator: IRC 4 MHz
//Clock: 2
//WDT: disable
```

```c
//编译软件：eUIDE Version 1.00.04

#include "EM78F664N.H"
#define NOP()    _asm{nop}
#define ENI()    _asm{ENI}
#define WDTC()   _asm{WDTC}
#define DISI()   _asm{DISI}
#define SLEP()   _asm{SLEP}

extern int IntVecIdx; //occupied 0x10:rpage 0
void main()
{
    WDTC();                 // 将看门狗计时器清零(防止溢出)
    DISI();                 // 禁止中断
    PORT5 = 0X00;           // 将 P57 的初始电平设置为低电平
    P5CR = 0X7F;            // 将 P57 设置为输出管脚
    TC3CR = 0XC4;           // 设置 TC3 工作在 Timer/Counter 模式下
                            // 计数时钟源选择 Fc/128(32 μs@4 MHz)
    TC3D = 0XFF;            // 设置的定时中断间隔时间为 255 * 32 μs = 8160 μs
    TC3S = 1;               // Timer 3 开始计时
    ISR2 = 0X00;
    IMR2 = 0X20;            // 使能 TC3 定时中断
    ENI();                  // 使能全局中断
    while(1);
}


void _intcall ALLint(void) @ int
{
  switch(IntVecIdx)
  {
    case 0x28:
        ISR2 = ISR2&0XDF;   // 清除 TC3 所对应的中断请求标志位 TC1IF
                            // 其他中断请求标志位保持不变
        PORT5 = ~PORT5;     // 将 P57 的输出电平反转
    break;
  }


}
void _intcall TC3_1(vo_id)@0x27:low_int 10
```

```
{
  _asm{MOV A,0x2};
}
```

6.2.18 Timer3 计数器模式

计数器模式下,加计数是以外部时钟输入引脚(TC3 引脚)实现的,当加计数器内容与 TCR3D 相匹配时,中断标志位置位,计数器被清零,在计数器清零后加计数继续。

1. 计算公式

COUNTER3 的中断时间计算公式:

$$TIME = EXTERNAL\ CLOCK \times TCR3D$$

2. 设置步骤

实现 COUNTER3 功能的步骤说明:

(1) TC3 PIN 为输入,接受外部 CLOCK;

(2) 设置 TC3M1、TC3M0 位,选择 TC3 作为计时/计数;

(3) 设置 TC3CK2～TC3CK0,选择外部时钟源;

(4) 设置 TCR3D 的计数值;

(5) 根据需要使能 TC3 的中断;

(6) 根据需要下"ENI"指令;

(7) 使能 TC3S,开始计数。

6.2.19 Timer3 PDO 输出模式

可编程分频器输出(PDO)模式下,加计数是以内部时钟实现的,TCR3 的内容与加计数器的内容作比较,每次匹配时 F/F 输出反相,计数器清零。F/F 输出取反(F/F output is toggled)并输出到/PDO 引脚。该模式可产生 50％占空比的脉冲输出。F/F 可被程序初始化,复位时初始值为"0",每次/PDO 输出被反相时产生 TC3 中断。

1. 计算公式

Timer3 的中断时间计算公式:

$$TIME = SOURCE\ CLOCK \times TC3D$$

2. 设置步骤

实现 PDO 功能的步骤说明:

(1) 设置 P57 为输出;

(2) 设置 TC3M1、TC3M0 位,选择 TC3 作为可编程分频器输出;

(3) 设置 TC3FF1、TC3FF0,选择 TOGGLE 模式;

(4) 设置 TC3CK2～TC3CK0,选择内部时钟源及分频系数;

(5) 设置 TC3D 的计数值;

（6）根据需要使能 TC3 中断；

（7）根据需要下"ENI"指令；

（8）使能 TC3S,开始计数。

说明：UP-COUNTER 的值与 TC3D 的计数值匹配时,PD0 的电平会变化一次。然后 UP-COUNTER 从 0 开始重新计数

3. 汇编例程

```
; ****************************************************************************
; 利用工作在 PD0 模式下的 TC3,在 P57 管脚上输出周期为 25 μs、占空比为 50%的方波
; ****************************************************************************
;MCU: EM78F664N
;Oscillator: Crystal 4 MHz
;Clock: 2
;WDT: disable
;编译软件: eUIDE Version 1.00.04


INCLUDE "EM78F664N. INC"
; =============
    ORG         0X00           ; 复位向量地址
    JMP         INITIAL
; =============
    ORG         0X50
INITIAL:                       ; 主程序开始
    DISI                       ; 禁止中断
    WDTC                       ; 将看门狗计时器清零(防止溢出)
    CLR         PORT5          ; 将 P57 的初始电平设置为低电平
    MOV         A,@0X7F
    IOW         IOC5           ; 将 P57 均设置为输出管脚
    BANK        3
    MOV         A,@0B01011010
    MOV         TC3CR,A        ; 设置 TC3 工作在 PD0 模式下
                               ; 计数时钟源选择 Fc(250 ns@4 MHz)
    MOV         A,@0X32
    MOV         TC3D,A         ; 这里的 TCR3D 也即 Bank3 的 RE
; P57/TC3/PD0 管脚上输出的高或低电平的宽度均为 50 * 250 ns = 12.5 μs
    BS          TC3S           ; Timer 3 开始计时
    JMP         $              ; 死循环
```

4. C 语言例程

```
// ****************************************************************************
// 利用工作在 PD0 模式下的 TC3
```

```
// 在 P57 管脚上输出周期为 25 μs、占空比为 50% 的方波
// ********************************************************************
   //MCU: EM78F664N
   //Oscillator: IRC 4 MHz
   //Clock: 2
   //WDT: disable
   //编译软件: eUIDE Version 1.00.04

   #include "EM78F664N.H"
   #define NOP()    _asm{nop}
   #define ENI()    _asm{ENI}
   #define WDTC()   _asm{WDTC}
   #define DISI()   _asm{DISI}
   #define SLEP()   _asm{SLEP}

   extern int IntVecIdx; //occupied 0x10:rpage 0
   void main()
   {
       WDTC();            // 将看门狗计时器清零(防止溢出)
       DISI();            // 禁止中断
       P5CR = 0X7F;       // 将 P57 均设置为输出管脚
       PORT5 = 0X00;      // 将 P57 的初始电平设置为低电平
       TC3CR = 0X5A;      // 设置 TC3 工作在 PDO 模式下
                          // 计数时钟源选择 Fc(250 ns@4 MHz)
       TC3D = 0X32;
   // P57/TC3/PDO 管脚上输出的高或低电平的宽度均为 50 * 250 ns = 12.5 μs
       TC3S = 1;// Timer 3 开始计时
       while(1);
   }
```

6.2.20　Timer3 PWM 输出模式

脉冲宽度调制(PWM)输出模式下,加计数器是以内部时钟实现的。TCR3 的内容与加计数器的内容作比较,每次匹配时 F/F 输出取反,但计数器仍在计数,当计数器溢出时,F/F 又被取反,计数器清零。F/F 输出反相并输出到/PWM 引脚。每次溢出时产生 TC3 中断。TCR3 被设置成二级移位寄存器,输出期间,不会改变直到一个输出周期完成,即使 TCR3 被重写。因此,输出能不断地被改变,在数据载入 TCR3 后,通过置 TC3S 位为 1,TRC3 第一次被移位。

1. 计算公式

TC3 的中断时间计算公式:

$$TIME = SOURCE\ CLOCK \times 100H$$

输出的 PWM 的高低电平的时间比为(100H－TD3)∶TD3。

2. 设置步骤

实现 PWM 功能的步骤说明：

(1) P57 设置为输出；

(2) 设置 TC3M1～TC3M0,选择 TC3 作为 PWM 输出；

(3) 设置 TC3FF1～TC3FF0,选择 TOGGLE 模式；

(4) 设置 TC3CK2～TC3CK0,选择内部时钟源及分频系数；

(5) 设置 TC3D 的计数值；

(6) 根据需要使能 TC3 中断；

(7) 根据需要下"ENI"指令；

(8) 使能 TC3S,开始计数。

说明：UP-COUNTER 由 0XFF→0X00 溢出时,TC3 才有中断发生。

3. 汇编例程

```
; ********************************************************************************
;功能:利用工作在 PWM 模式下的 TC3,在 P57 管脚上输出一个周期内高电平为 12.5 μs;
;      低电平为 51.25 μs 的方波
; ********************************************************************************
;MCU: EM78F664N
;Oscillator: Crystal 4 MHz
;Clock: 2
;WDT: disable
;编译软件: eUIDE Version 1.00.04


INCLUDE "EM78F664N.INC"
; =============
    ORG         0X00                    ; 复位向量地址
    JMP         INITIAL

; =============
    ORG         0X50
INITIAL:                                ; 主程序开始
    DISI                                ; 禁止中断
    WDTC                                ; 将看门狗计时器清零(防止溢出)
    CLR         PORT5                   ; 将 P57 的初始电平设置为低电平
    MOV         A,@0X7F
    IOW         IOC5                    ; 将 P57 管脚设置为输出
    BANK        3
    MOV         A,@0B01011011
```

```
    MOV         TC3CR,A                         ; 设置 TC3 工作在 PWM 模式下
                                                ; 计数时钟源选择 Fc(250 ns@4 MHz)
    MOV         A,@0X32
    MOV         TC3D,A                          ; 这里的 TCR3D 也即 Bank 3 的 RE
            ; P57/TC3/PDO 管脚上输出高电平的宽度为 50 * 250 ns = 12.5 μs
                            ; 输出低电平的宽度为 (255 - 50) * 250 ns = 51.25 μs
    BS          TC3S                            ; Timer 3 开始计时
    JMP         $                               ; 空循环
```

4. C 语言例程

```
// ********************************************************************
// 利用工作在 PWM 模式下的 TC3,在 P57 管脚上输出;
// 一个周期内高电平为 12.5 μs、低电平为 51.25 μs 的方波
// ********************************************************************
    //MCU: EM78F664N
    //Oscillator: IRC 4 MHz
    //Clock: 2
    //WDT: disable
    //编译软件: eUIDE Version 1.00.04

    #include "EM78F664N.H"
    #define NOP()    _asm{nop}
    #define ENI()    _asm{ENI}
    #define WDTC()   _asm{WDTC}
    #define DISI()   _asm{DISI}
    #define SLEP()   _asm{SLEP}

    extern int IntVecIdx; //occupied 0x10:rpage 0
    void main()
    {
        WDTC();                         // 将看门狗计时器清零(防止溢出)
        DISI();                         // 禁止中断
        PORT5 = 0X00;                   // 将 P57 的初始电平设置为低电平
        P5CR = 0X7F;                    // 将 P57 管脚设置为输出
        TC3CR = 0X5B;                   // 设置 TC3 工作在 PWM 模式下
                                        // 计数时钟源选择 Fc(250 ns@4 MHz)
        TC3D = 0X32;                    // 这里的 TCR3D 也即 Bank 3 的 RE
            // P57/TC3/PDO 管脚上输出高电平的宽度为 50 * 250 ns = 12.5 μs
        TC3S = 1;                       // Timer 3 开始计时
        while(1);
    }
```

6.3 ADC/COMP 使用程序范例

6.3.1 AD 转换的介绍和功能

(1) EM78F664N 带有 8 路（P60～P67）10 位精度的 ADC，为确保精度，建议在转换前进行该通道的 AD 精度校正；

(2) 可通过查询或中断方式来判断 AD 转换是否完成；

(3) AD 转换完成时能将芯片从睡眠模式唤醒。

6.3.2 相关寄存器

1. Bank 0 RA WUCR(唤醒控制寄存器 1)

Bit 7	Bit 6	Bit 5	Bit 4	Bit 3	Bit 2	Bit 1	Bit 0
MPWE	ICWE	ADWE	EXWE	SPIWE	—		—

Bit 5（ADWE）：ADC 唤醒使能位。

0：禁止 ADC 唤醒；

1：使能 ADC 唤醒。

2. Bank 0 RF ISR1(中断状态寄存器 1)

Bit 7	Bit 6	Bit 5	Bit 4	Bit 3	Bit 2	Bit 1	Bit 0
—	ADIF	SPIIF	PWMBIF	PWMAIF	EXIF	ICIF	—

Bit 6（ADIF）：AD 转换中断标志。

3. Bank 2 R5 AISR(ADC 输入选择寄存器)

Bit 7	Bit 6	Bit 5	Bit 4	Bit 3	Bit 2	Bit 1	Bit 0
ADE7	ADE6	ADE5	ADE4	ADE3	ADE2	ADE1	ADE0

Bit 7（ADE7）：P67 引脚 AD 转换使能位。

Bit 6（ADE6）：P66 引脚 AD 转换使能位。

Bit 5（ADE5）：P65 引脚 AD 转换使能位。

Bit 4（ADE4）：P64 引脚 AD 转换使能位。

Bit 3（ADE3）：P63 引脚 AD 转换使能位。

Bit 2（ADE2）：P62 引脚 AD 转换使能位。

Bit 1(ADE1)：P61 引脚 AD 转换使能位。

Bit 0(ADE0)：P60 引脚 AD 转换使能位。

0：ADC 禁止使能,该引脚作为 I/O；

1：ADC 使能,该引脚作为模拟输入引脚。

4. Bank 2 R6 ADCON(A/D 控制寄存器)

Bit 7	Bit 6	Bit 5	Bit 4	Bit 3	Bit 2	Bit 1	Bit 0
VREFS	CKR1	CKR0	ADRUN	ADPD	ADIS2	ADIS1	ADIS0

Bit 7(VREFS)：ADC 的 Vref 输入源。

0：ADC 的参考电压连接至 Vdd(默认值),P50/VREF 执行 P50 功能；

1：以引脚 P50/VREF 上的电压为 ADC 的参考电压。

Bit 6~Bit 5(CKR1~CKR0)：ADC 振荡时钟预分频比(参见表 6 - 3 - 1)。

00 = 1：4(默认值)

01 = 1：1

10 = 1：16

11 = 1：2

表 6 - 3 - 1 ADC 振荡时间预分频比选择

CKR1	CKR0	工 作 模 式	最大工作频率
0	0	Fosc/4	4 MHz
0	1	Fosc	1 MHz
1	0	Fosc/16	16 MHz
1	1	Fosc/2	2 MHz

Bit 4(ADRUN)：ADC 开始运行。

0：转换完成后复位。该位不能由软件复位。

1：AD 转换开始。该位可由软件设置。

Bit 3(ADPD)：ADC 省电模式。

0：切断参考电阻以省电,即使 CPU 在运行状态。

1：ADC 运行模式。

Bit 2~Bit 0(ADIS2~ADIS0)：模拟输入选择。

000：AN0/P60；

001：AN1/P61；

010：AN2/P62；

011：AN3/P63；

100：AN4/P64；

101：AN5/P65；

110：AN6/P66；

111：AN7/P67。

只有当 ADIF 位和 ADRUN 位同时为低电平时，这几个位方可改变。

5. Bank 2 R7 ADOC(ADC 补偿寄存器)

Bit 7	Bit 6	Bit 5	Bit 4	Bit 3	Bit 2	Bit 1	Bit 0
CALI	SIGN	VOF[2]	VOF[1]	VOF[0]	0	0	0

Bit 7(CALI)：ADC 补偿校准使能位。

0：禁止 ADC 校准；

1：允许 ADC 校准。

Bit 6(SIGN)：补偿电压极性。

0：负电压；

1：正电压。

Bit 5~Bit 3(VOF[2]~VOF[0])：偏移电压位。

6. Bank 2 R8 ADDH(AD 高 8 位数据缓冲器)

Bit 7	Bit 6	Bit 5	Bit 4	Bit 3	Bit 2	Bit 1	Bit 0
AD9	AD8	AD7	AD6	AD5	AD4	AD3	AD2

当 AD 转换完成后，高 8 位的结果载入 ADDH 中。ADRUN 位清零，ADIF 位被置位（如果使能 AD 中断）。R8 寄存器为只读。

7. Bank 2 R9 ADDL(AD 低 2 位数据缓冲器)

Bit 7	Bit 6	Bit 5	Bit 4	Bit 3	Bit 2	Bit 1	Bit 0
0	0	0	0	0	0	AD1	AD0

Bits 1~0(AD1~AD0)：AD 低 2 位数据缓冲器。

R9 寄存器为只读。

8. IOCF IMR1(中断屏蔽寄存器 1)

Bit 7	Bit 6	Bit 5	Bit 4	Bit 3	Bit 2	Bit 1	Bit 0
0	ADIE	SPIIE	PWMBIE	PWMAIE	EXIE	ICIE	TCIE

Bit 6(ADIE)：ADIF 中断使能位。

0：禁止 ADIF 中断；

1：允许 ADIF 中断。

6.3.3 AD 转换的精度调整

以下是进行精度调整的步骤说明：

(1) 设置 ADOC 位"CALI＝1"，使能 ADC 校正位功能；

(2) 设置 ADCON 中"ADRUN＝1"，开始 AD 转换；

(3) 等待 ADRUN 被清"0"，如果使能中断则等待 AD 中断发生，中断发生后清 ADIF；

(4) 设置寄存器 ADOC 的 SIGN 为"1"，即先校正 ADC 的正电压，再校正 ADC 的负电压，每次校正 1 LSB 的电压；

(5) 如果检测到 AD 值为"0"，则结束 AD 精度校正，即将 ADC 的"CALI"位清为"0"。

6.3.4 AD 转换的实现

(1) 对寄存器 AISR 的 ADE7～ADE0 进行设置，使能模拟输入通道；

(2) 设置寄存器 ADCON 的 ADIS2～ADIS0，选择 AD 输入通道；

(3) 设置寄存器 ADCON 的 CKR1、CKR0，选择 ADC 的时钟预分频；可以根据需要使能中断且执行"ENI"指令；

(4) 设置寄存器 ADCON，选择 ADC 的参考电压；

(5) 设置寄存器 ADCON，置"ADPD＝1"，打开 ADC 电源；

(6) 根据需要增加校正程序；

(7) 置 ADCON 中"ADRUN＝1"，开始 AD 转换；

(8) 可以根据需要选择 IDLE/SLEEP 模式，进入睡眠；

(9) 等待 ADRUN 清零，如果使能中断，那么等待中断发生且清 ADIF；如果程序进入睡眠模式，那么等待唤醒；

(10) 保存转换的结果。如果需要 AD 采样准确，那么进行多次 AD 转换，即再次跳到步骤(8)。

6.3.5 范例

1. 查询方式 AD 转换之汇编代码

```
; ****************************************************************************
;  以查询方式实现 AD 校正及 AD 转换，并将转换结果存放在自定义的 RAM 变量中
; ****************************************************************************
;MCU: EM78F664N
;Oscillator: IRC 4 MHz
;Clock: 2
;WDT: disable
;编译软件: eUIDE  Version 1.00

INCLUDE    "EM78F664N.INC"           ; EM78F664N 头文件
                                     ; 下面为变量定义
ADC_LOW    == 0X10                   ; 用于存放 AD 转换值的低 2 位
ADC_HIGH   == 0X11                   ; 用于存放 AD 转换值的高 8 位
```

```
        COUNTER    = = 0X12                        ; 用于控制 AD 校正次数
    ; =============
        ORG      0X000
        JMP      INITIAL
    ; =============
        ORG      0X050
    INITIAL:
        DISI                    ; 禁止中断
        WDTC                    ; 将看门狗计时器清零(防止溢出)
        BANK     0
        MOV      A,@0X60
        MOV      MSR,A          ; 选择主频模式
                                ; 这里的 MSR 也即 Bank 0 RE(Mode Select Register)
        CALL     AD_INIT        ; 调用子程序 AD_INIT,实现 AD 模块初始化
        CALL     AD_CALI        ; 调用子程序 AD_CALI,实现 AD 校正;参见 6.3.4 节
    MAIN:
        BANK     0
        MOV      A, @0X60
        MOV      MSR, A         ; 选择主频模式
                                ; 这里的 MSR 也即 Bank 0 RE(Mode Select Register)
        CALL     SUB_ADC        ; 调用子程序 SUB_ADC,完成 AD 转换
        NOP
        NOP
        JMP      MAIN
    ; =============              ; 用于初始化 ADC 模块的子程序
    AD_INIT:
        BANK     2
        MOV      A, @0X02
        MOV      AISR, A        ; 将 P61/ADC1 管脚设置为 AD 采样输入类型
        MOV      A, @0B00001001
        MOV      ADCON, A       ; 开启 ADC 模块,工作时钟设置为 Fosc/4
                                ; 选择 P61/ADC1 为当前采样通道
        BANK     0
        CLR      ADC_LOW        ; 给自定义的 RAM 变量 ADC_LOW 赋初值 0
        CLR      ADC_HIGH       ; 给自定义的 RAM 变量 ADC_HIGH 赋初值 0
        RET
    ; =============             ; 完成 AD 转换的子程序
    SUB_ADC:
        BANK     2
```

```
BS        ADRUN            ; 将 ADCON 寄存器的 ADRUN 位置 1,以启动 AD 转换
JBC       ADRUN
                           ; 判断 AD 转换是否完成,AD 转换结束的标志是 ADRUN 由 1 变为 0
JMP       $-1
MOV       A, ADDL
AND       A, @0B00000011
                           ; ADDL 中仅有最低 2 位的数据有效,所以先将高 6 位清零
BANK      0
MOV       ADC_LOW, A       ; 将 AD 转换结果的最低 2 位存放在 ADC_LOW 中
BANK      2
MOV       A, ADDH
BANK      0
MOV       ADC_HIGH, A      ; 将 AD 转换结果的高 8 位存放在 ADC_HIGH 中
RET
```

2. 查询方式 AD 转换之 C 语言代码

```c
#include "EM78F664N.H"
#define   DISI()  _asm{disi}              // 禁止中断
#define   ENI()   _asm{eni}               // 允许中断
#define   WDTC()  _asm{wdtc}              // wdtc
#define   NOP()   _asm{nop}               // 空操作
#define   SLEP()  _asm{slep}              // slep
unsigned  short AD_VALUE @0X20:bank 0;
void      AD_cali(void);                  // AD  校正子程序
void      AD_init(void);                  // AD  初始化设置
void      AD_sampling(void);              // AD  采样
extern int IntVecIdx;                     //occupied 0x10:rpage 0
void main()
{
    DISI();                               // 禁止中断
    WDTC();                               // 将看门狗计时器清零(防止溢出)
    AD_init();                            // AD  初始化设置
    AD_cali();                            // 调用精度校正子程序
    AD_sampling();                        // AD  采样
    while(1);
}
void AD_init()
{
    AISR = 0x02;                          // 使能 P61/AD1  为模拟量输入口
    ADPD = 1;                             // AD Power Enable
```

```
        VREFS = 0;                        // AD  参考电压源：VDD
        CKR1 = 0;                         // ADC  预分频时钟频率 Fosc/4
        CKR0 = 0;                         // 设置 P61/AD2  为模拟输入口
        ADIS2 = 0;
        ADIS1 = 0;
        ADIS0 = 1;
}
void AD_sampling()
{
        ADRUN = 1;                        // 开始 AD  转换
        while(ADRUN = = 1);               // 等待 AD  转换完成
        AD_VALUE = ADDH;                  // 读取 AD 采样值
        AD_VALUE<< = 1;
        AD_VALUE<< = 1;
        AD_VALUE = AD_VALUE + (ADDL&0x03);
}
```

3. 中断方式 AD 转换之汇编语言代码

```
; ************************************************************************
; 以中断方式实现 AD 校正及 AD 转换,并将转换结果存放在自定义的 RAM 变量中
; ************************************************************************
;MCU: EM78F664N
;Oscillator: IRC 4 MHz
;Clock: 2
;WDT: disable
;编译软件: eUIDE  Version 1.00

INCLUDE     "EM78F664N. INC"          ; EM78F664N 头文件
                                      ; 下面为变量定义
ADC_LOW     == 0X10                   ; 用于存放 AD 转换值的低 2 位
ADC_HIGH    == 0X11                   ; 用于存放 AD 转换值的高 8 位
COUNTER     == 0X12                   ; 用于控制 AD 校正次数
; ==============
    ORG     0X000                     ; 复位向量地址
    JMP     INITIAL
; ==============
    ORG     0X030                     ; AD 中断向量地址
ADC_INT:                              ; AD 中断服务子程序
    BANK    0
    CLR     ISR1                      ; 清除 AD 中断请求标志 ADIF,这里的 ISR1 即 Bank 0 RF
```

```
        BANK      2
        MOV       A, ADDL
        AND       A, @0B00000011
                              ; ADDL 中仅有最低 2 位的数据有效,所以先将高 6 位清零
        BANK      0
        MOV       ADC_LOW, A          ; 将 AD 转换结果的最低 2 位存放在 ADC_LOW 中
        BANK      2
        MOV       A, ADDH
        BANK      0
        MOV       ADC_HIGH, A         ; 将 AD 转换结果的高 8 位存放在 ADC_HIGH 中
        RETI
; =============
INITIAL:                             ; 主程序
        DISI                         ; 禁止中断
        WDTC              ; 看门狗计时器清零,防止因为看门狗定时器溢出而导致复位
        BANK      0
        MOV       A, @0X60
        MOV       MSR, A             ; 选择主频模式;这里的 MSR 也即 Bank 0 RE

        CALL      AD_INIT            ; 调用子程序 AD_INIT,实现 AD 模块初始化
        CALL      AD_CALI            ; 调用子程序 AD_CALI,实现 AD 校正;参见 6.3.4 节
        BANK      0
        CLR       ISR1               ; 清除 AD 中断请求标志 ADIF,这里的 ISR1 即 Bank 0 RF
        MOV       A, @0B01000000
        IOW       IMR1               ; 将 ADIE 置位 1,以使能 AD 中断
        ENI                          ; 打开中断使能总开关
MAIN:
        BANK      0
        MOV       A, @0X60
        MOV       MSR, A             ; 选择主频模式;这里的 MSR 也即 Bank 0 RE
        BANK      2
        BS        ADRUN              ; 将 ADCON 寄存器的 ADRUN 置位 1,以启动 AD 转换
        JMP       $                  ; 死循环
; =============                       ; 用于初始化 ADC 模块的子程序
AD_INIT:
        BANK      2
        MOV       A, @0X02
        MOV       AISR, A            ; 将 P61/ADC1 管脚设置为 AD 采样输入类型
        MOV       A, @0B00001001
```

```
    MOV     ADCON, A          ; 开启 ADC 模块,工作时钟设置为 Fosc/4
                              ; 选择 P61/ADC1 为当前采样通道
    BANK    0
    CLR     ADC_LOW           ; 给自定义的 RAM 变量 ADC_LOW 赋初值 0
    CLR     ADC_HIGH          ; 给自定义的 RAM 变量 ADC_HIGH 赋初值 0
    RET
```

4. 中断方式 AD 转换之 C 语言代码

```c
#include "EM78F664N.H"
#define   DISI() _asm{disi}              // 禁止中断
#define   ENI() _asm{eni}                // 允许中断
#define   WDTC() _asm{wdtc}              // wdtc
#define   NOP() _asm{nop}                // 空操作
#define   SLEP() _asm{slep}              // slep
unsigned   short AD_VALUE @0X20:bank 0;
bit        F_AD;
void       AD_cali(void);                // AD  校正子程序
void       AD_init(void);                // AD  初始化设置
extern     int IntVecIdx; //occupied 0x10:rpage 0
void main()
{
    DISI();                              // 禁止中断
    WDTC();                              // 将看门狗计时器清零(防止溢出)
    F_AD = 0;
    AD_init();                           // AD  初始化设置
    AD_cali();                           // 调用精度校正子程序
    ISR1 = 0;                            // 清除中断标志
    IMR1| = 0x40;                        // 使能 AD  中断
    ENI();                               // 使能总中断
    ADRUN = 1;                           // 开始 AD  转换
    while(1)
    {
        if(F_AD)
        {
            F_AD = 0;
            AD_VALUE = ADDH;             // 转存转换的结果
            AD_VALUE<< = 1;
            AD_VALUE<< = 1;
            AD_VALUE = AD_VALUE + (ADDL&0x03);
        }
    }
}
```

```
    }
}

void _intcall ALLint(void) @ int
{
    switch(IntVecIdx)
    {
        case 0x31:                          // AD  中断入口地址 30H＋1
                ISR1& = 0xBF;               // 清除 AD  中断标志
                F_AD = 1;                   // 有 AD  中断产生,标志位置 1
// 注:中断程序中不支持 16bit  的变量
                break;
    }
}

void _intcall AD_l(void) @ 0x30:low_int 13
{
    _asm{MOV A,0x2};
}

void AD_init()
{
    AISR = 0x02;                            // 使能 P61/AD1  为模拟量输入口
    ADPD = 1;                              // AD Power Enable
    VREFS = 0;                             // AD  参考电压源:VDD
    CKR1 = 0;                              // ADC  预分频时钟频率 Fosc/4
    CKR0 = 0;                              // 设置 P61/AD2  为模拟输入口
    ADIS2 = 0;
    ADIS1 = 0;
    ADIS0 = 1;
}
```

5. AD 转换实现唤醒功能之汇编语言代码

```
; ****************************************************************
;当 AD 转换完成时将 MCU 从睡眠模式唤醒,并将转换结果存放在自定义的 RAM 变量中
; ****************************************************************
;MCU: EM78F664N
;Oscillator: IRC 4 MHz
;Clock: 2
;WDT: disable
```

```
;编译软件: eUIDE   Version 1.00


INCLUDE      "EM78F664N.INC"          ; EM78F664N 头文件
                                      ; 下面为变量定义
ADC_LOW      == 0X10                  ; 用于存放 AD 转换值的低 2 位
ADC_HIGH     == 0X11                  ; 用于存放 AD 转换值的高 8 位
COUNTER      == 0X12                  ; 用于控制 AD 校正次数
; ==============
    ORG      0X000                    ; 复位向量地址
    JMP      INITIAL
; ==============
    ORG      0X030                    ; AD 中断向量地址
ADC_INT:                              ; AD 中断服务子程序
    BANK     0
    CLR      ISR1         ; 清除 AD 中断请求标志 ADIF,这里的 ISR1 即 Bank 0 RF
    BANK     2
    MOV      A, ADDL
    AND      A, @0B00000011
                    ; ADDL 中仅有最低 2 位的数据有效,所以先将高 6 位清零
    BANK     0
    MOV      ADC_LOW, A              ; 将 AD 转换结果的最低 2 位存放在 ADC_LOW 中
    BANK     2
    MOV      A, ADDH
    BANK     0
    MOV      ADC_HIGH, A             ; 将 AD 转换结果的高 8 位存放在 ADC_HIGH 中
    RETI
; ==============
INITIAL:
    DISI                             ; 禁止中断
    WDTC     ; 看门狗计时器清零,防止因为看门狗定时器溢出而导致复位
    BANK     0
    MOV      A,@0X60
    MOV      MSR,A                   ; 选择主频模式;这里的 MSR 也即 Bank 0 RE
    CALL     AD_INIT                 ; 调用子程序 AD_INIT,实现 AD 模块初始化
    CALL     AD_CALI                 ; 调用子程序 AD_CALI,实现 AD 校正;参见 6.3.4 节
    BANK     0
    CLR      ISR1         ; 清除 AD 中断请求标志 ADIF,这里的 ISR1 即 Bank 0 RF
    MOV      A, @0B00100000
    MOV      WUCR, A                 ; 将 ADWE 位置 1,使能 ADC 唤醒功能
```

```
; 这里的 WUCR 也就是 Bank 0 RA(wake-up control register)
    MOV     A, @0B01000000
    IOW     IMR1                    ; 将 ADIE 标志置 1,以使能 AD 中断
    ENI
MAIN:
    BANK    0
    MOV     A, @0X60
    MOV     RE, A    ; 选择主频模式;这里的 RE 也即 MSR(Mode Select Register)
    BANK    2
    BS      ADRUN              ; 将 ADCON 寄存器的 ADRUN 位置 1,以启动 AD 转换
    SLEP                       ; 进入睡眠模式
AD_WAKE:
    NOP
    NOP
    JMP     AD_WAKE
; =============                    ; 用于初始化 ADC 模块的子程序
AD_INIT:
    BANK    2
    MOV     A, @0X02
    MOV     AISR, A              ; 将 P61/ADC1 管脚设置为 AD 采样输入类型
    MOV     A, @0B00001001
    MOV     ADCON, A             ; 开启 ADC 模块,工作时钟设置为 Fosc/4
                                 ; 选择 P61/ADC1 为当前采样通道
    BANK    0
    CLR     ADC_LOW              ; 给自定义的 RAM 变量 ADC_LOW 赋初值 0
    CLR     ADC_HIGH             ; 给自定义的 RAM 变量 ADC_HIGH 赋初值 0
    RET
```

6. AD 转换实现唤醒功能之 C 语言代码

```c
#include "EM78F664N.H"
#define   DISI() _asm{disi}          // 禁止中断
#define   ENI() _asm{eni}            // 允许中断
#define   WDTC() _asm{wdtc}          // wdtc
#define   NOP() _asm{nop}            // 空操作
#define   SLEP() _asm{slep}          // slep
unsigned  short AD_VALUE @0X20:bank 0;
bit       F_AD;
void      AD_cali(void);             // AD 校正子程序
void      AD_init(void);             // AD 初始化设置
extern    int IntVecIdx;             // occupied 0x10:rpage 0
```

```
void main()
{
    DISI();                              // 禁止中断
    WDTC();                              // 将看门狗计时器清零(防止溢出)
    MSR = 0X60;                          // 选择主频模式
    F_AD = 0;
    AD_init();                           // AD 初始化设置
    AD_cali();                           // 调用精度校正子程序
    WUCR = 0x20;                         // 使能 ADC 唤醒
    ISR1 = 0;                            // 清除中断标志
    IMR1| = 0x40;                        // 使能 AD 中断
    ENI();                               // 使能总中断
    ADRUN = 1;                           // 开始 AD 转换
    SLEP();                              // 进入睡眠模式
    while(1)
    {
        if(F_AD)
        {
            F_AD = 0;
            AD_VALUE = ADDH;             // 读取 A/D 转换的结果
            AD_VALUE<< = 1;
            AD_VALUE<< = 1;
            AD_VALUE = AD_VALUE + (ADDL&0x03);
        }
    }
}
void _intcall ALLint(void) @ int
{
    switch(IntVecIdx)
    {
        case 0x31:                       // AD  中断入口地址 30H + 1
            ISR1& = 0xBF;                // 清除 AD  中断标志
            F_AD = 1;                    // 有 AD  中断产生,标志位置 1
                                         // 注:中断程序中不支持 16 bit  的变量
            break;
    }
}
void _intcall AD_l(void) @ 0x30:low_int 13
{
```

```
    _asm{MOV A,0x2};
}
void AD_init()
{
    AISR = 0x02;              // 使能 P61/AD1  为模拟量输入口
    ADPD = 1;                 // AD Power Enable
    VREFS = 0;                // AD  参考电压源:VDD
    CKR1 = 0;                 // ADC  预分频时钟频率 Fosc/4
    CKR0 = 0;                 // 设置 P61/AD1  为模拟输入口
    ADIS2 = 0;
    ADIS1 = 0;
    ADIS0 = 1;
}
```

7. AD 校正子程序之汇编语言代码

```
; =============            ; 实现 ADC 校正的子程序
AD_CALI:
    BANK    0
    MOV     A, @0X07
    MOV     COUNTER, A       ; ADC 正向校正次数设置为 7 次
    BANK    2
    MOV     A, @0XF8
    MOV     ADOC, A          ; 将 ADC 校正电压设置为最大正向电压
AD_CALI_P:                   ; 开始对 ADC 进行正向电压校正
    BANK    2
    BS      ADRUN       ; 将 ADCON 寄存器的 ADRUN 位置 1,以启动 AD 转换
    JBC     ADRUN ; 判断 AD 转换是否完成,AD 转换结束的标志是 ADRUN 由 1 变为 0
    JMP     $-1
    MOV     A, ADDL
    AND     A, @0B00000011
; ADDL 中仅有最低 2 位的数据有效,所以先将高 6 位清零
    JBS     Z                ; 判断 ADDL 的最低 2 位是否为零
    JMP     CALI_STILL_P     ; 如果 ADDL 的最低 2 位不为零,则继续校正
    MOV     A, ADDH
    JBC     Z
    JMP     CALI_DONE        ; 如果 ADDH 也为零,则说明校正成功,退出子程序
CALI_STILL_P:
    MOV     A, @0X08
    SUB     ADOC, A          ; 将 ADC 的正向校正电压下调 1 个步进
    BANK    0
```

```
        DJZ     COUNTER              ；如果已校正 7 次，则开始反向校正
        JMP     AD_CALI_P
AD_CALI_N:                           ；开始对 ADC 进行反向电压校正
        BANK    0
        MOV     A, @0X07
        MOV     COUNTER, A           ；ADC 反向校正次数设置为 7 次
        BANK    2
        MOV     A, @0X80
        MOV     ADOC, A              ；将 ADC 校正电压设置为最小反向电压
CALI_LOOP_N:
        BANK    2
        BS      ADRUN        ；将 ADCON 寄存器的 ADRUN 位置 1，以启动 AD 转换
        JBC     ADRUN
；判断 AD 转换是否完成，AD 转换结束的标志是 ADRUN 由 1 变为 0
        JMP     $-1
        MOV     A, ADDL
        AND     A, @0B00000011
；ADDL 中仅有最低 2 位的数据有效，所以先将高 6 位清零
        JBS     Z            ；判断 ADDL 的最低 2 位是否为零
        JMP     CALI_STILL_N         ；如果 ADDL 的最低 2 位不为零，则继续校正
        MOV     A, ADDH
        JBC     Z
        JMP     CALI_DONE            ；如果 ADDH 也为零，则说明校正成功，退出子程序
CALI_STILL_N:
        BANK    2
        MOV     A,@0X08
        ADD     ADOC,A               ；将 ADC 的反向校正电压上调 1 个步进
        BANK    0
        DJZ     COUNTER              ；如果已校正 7 次，则放弃校正
        JMP     CALI_LOOP_N
CALI_DONE:
        BANK    2
        BC      CALI
；将 ADOC 寄存器的 CALI 标志清零，以禁止校正功能（防止误操作）
        BANK    0
        RET
```

8. AD 校正子程序之 C 语言代码

```
void AD_cali()                       // AD  校正子程序
{
```

```
    unsigned char cnt;
    cnt = 0x0F;
    ADOC = 0XF8;                        // 使能 ADC 位校正功能
    do
    {
        ADRUN = 1;                      // 开始 AD 转换
        while(ADRUN ==1) ;              // 等待 AD 转换完成
        cnt - - ;
        if(! SIGN)                      // offset 负电压
        {
            ADOC + = 0X08;
        }
        else                            // offset 正电压
        {
            ADOC - = 0X08;
        }
        if(cnt ==0)
        {
            cnt = 0x0F;
            if(SIGN)
            {
                ADOC = 0X80;
            }
            else
            {
                CALI = 0;
            }
        }
    }while(ADDL||ADDH&&CALI);
    CALI = 0;                           // AD 校正完成,将使能位清零
}
```

6.3.6 COMP 相关寄存器

1. Bank 0 RA WUCR(唤醒控制寄存器)

Bit 7	Bit 6	Bit 5	Bit 4	Bit 3	Bit 2	Bit 1	Bit 0
CMPWE	ICWE	—	EXWE	SPIWE	—	—	—

Bit 7(CMPWE)：比较器唤醒使能位。

0：禁止比较器唤醒；

1：使能比较器唤醒。

当比较器的输出状态改变用于将 EM78F644N 由睡眠状态唤醒时，CMPWE 位必须使能。

2. Bank 1 RF ISR2(中断状态寄存器 2)

Bit 7	Bit 6	Bit 5	Bit 4	Bit 3	Bit 2	Bit 1	Bit 0
CMP2IF	0	TC3IF	TC2IF	TC1IF	UERRIF	RBFF	TBEF

Bit 7(CMP2IF)：比较器 2 中断标志。

当比较器 2 输出变化时置位，由软件复位。

3. Bank 3 R7 CMPCON(比较器 2 和 PWMA/B 控制寄存器)

Bit 7	Bit 6	Bit 5	Bit 4	Bit 3	Bit 2	Bit 1	Bit 0
0	0	0	CPOUT2	COS21	COS20	PWMAE	PWMBE

Bit 4(CPOUT2)：比较器 2 的输出结果。

Bit 3～Bit 2(COS1～COS0)：比较器 2 选择位(参见表 6-3-2)。

表 6-3-2　比较器 2 选择

COS1	COS0	功　能　描　述
0	0	比较器 2 未使用，P80 定义为通用 I/O 引脚
0	1	定义为比较器 2，P80 定义为通用 I/O 引脚
1	0	定义为比较器 2，P80 定义为比较器 2 的输出引脚(CO)
1	1	未使用

4. IOCE：IMR1(中断屏蔽寄存器 1)

Bit 7	Bit 6	Bit 5	Bit 4	Bit 3	Bit 2	Bit 1	Bit 0
CMP2IE	0	TC3IE	TC2IE	TC1IE	UERRIE	URIE	UTIE

Bit 7(CMP2IE)：CMP2IF 中断控制位。

0：禁止 CMP2IF 中断；

1：允许 CMP2IF 中断。

当比较器输出状态改变用于进入中断时，CMPIE 位必须设置为使能状态。

6.3.7　COMP 程序设计步骤

(1) 设置 CIN+、CIN－为输入口，CO 为输出口；

（2）设置 BANK 3 CMPCON 寄存器 的 COS1~COS0 为 01 或 10，作为比较器使用；

（3）根据需要，可使能比较器中断和执行"ENI"指令；

（4）根据需要，也可以使能唤醒功能；

注意：

（1）如果 P80 为一般 IO 端口，比较结果可从"CMPCON"寄存器的"CPOUT"位读出；

（2）比较器输出变化发生中断，即会存在两次中断，但是必须在中断程序中读取寄存器"CMPCON"的"CPOUT"位，才会发生两次中断。

6.3.8　范例

1. 汇编程序

```
;********************************************************************************
;    在 P75/PWMA 管脚上产生一个周期为 50 μs、占空比为 10 μs 的 PWM 信号
;（外部硬件会将这个 PWM 信号连接到 P82/CIN2—管脚上）
; 同时在芯片内配置好一个比较器
;（外部硬件会给比较器的另一输入 P81/CIN2+ 提供一个 +2.5 V 信号）
; 将 P80/CO2 管脚作为比较器的输出
;（我们可通过观察 P80/CO2 管脚上的输出信号波形来判断比较器的工作状态）
;********************************************************************************
;MCU: EM78F664N
;Oscillator: Crystal 4 MHz
;Clock: 2
;WDT: disable
;编译软件: eUIDE Version 1.00.04

INCLUDE "EM78F664N.INC"
; ==============
        ORG    0X00                ; 复位向量地址
        JMP    INITIAL
    ORG        0X50
; ==============
INITIAL:
        DISI                       ; 禁止中断
        WDTC                       ; 将看门狗计时器清零(防止溢出)
        MOV    A,@0X00
        MOV    PORT7,A             ; 设置 P75 的初始输出电平为低电平
        MOV    A,@0XDF
        IOW    IOC7                ; 将 P75 设置为输出管脚
        BANK   3
```

```
        MOV     A,@0B01100000
        MOV     PWMCON,A
        ; PWMA 周期的低 2 位设置为'01',PWMA Duty 的低 2 位设置为'10'
        MOV     A,@0B00001100
        MOV     PRDAH,A
        ; PWMA 的周期设置为 49(0B0000110001)
        ; 所以 PWMA 的周期为 (49 + 1) * 1/4 * 4 MHz = 50 μs
        MOV     A,@0B00000010
        MOV     DTAH,A
        ; PWMA 的占空比设置为 10(0B0000001010)
        ; 所以 PWMA 的占空比为 10 * 1/4 * 4 MHz = 10 μs
        MOV     A,@0B10010000
        MOV     TMRCON,A ;启动 Timer A,Timer A 的时钟源的分频比设置为 1 : 4
        BANK    3
        MOV     A,@0B00001010
        MOV     CMPCON,A
        ; 启动 PWMA, 选择比较器 2 并将 P80 作为比较器的输出管脚
        BANK    0
        JMP     $               ; 死循环
```

外部硬件线路图如图 6-3-1 所示。

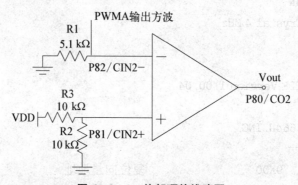

图 6-3-1   外部硬件线路图

2. C 语言

```
// ********************************************************************
//    在 P75/PWMA 管脚上产生一个周期为 50 μs、占空比为 10 μs 的 PWM 信号
//    (外部硬件会将这个 PWM 信号连接到 P82/CIN2-管脚上)
//    同时在芯片内配置好一个比较器
//    (外部硬件会给比较器的另一输入 P81/CIN2+提供一个+2.5 V 信号)
//    将 P80/CO2 管脚作为比较器的输出
// (我们可通过观察 P80/CO2 管脚上的输出信号波形来判断比较器的工作状态)
// ********************************************************************
    //MCU: EM78F664N
```

//Oscillator：IRC 4 MHz

//Clock：2

//WDT：disable

//编译软件：eUIDE Version 1.00.04

```c
#include "EM78F664N.H"
#define NOP()    _asm{nop}
#define ENI()    _asm{ENI}
#define WDTC()   _asm{WDTC}
#define DISI()   _asm{DISI}
```

```c
extern int IntVecIdx; //occupied 0x10：rpage 0
void main()
{
    WDTC();                              // 将看门狗计时器清零(防止溢出)
    DISI();                              // 禁止中断
    PORT7 = 0X00;                        // 设置 P75 的初始输出电平为低电平
    P7CR = 0XDF;                         // 将 P75 设置为输出管脚
    PWMCON = 0X30;                       // PWMA 周期的低 2 位设置为'01'
                                         // PWMA Duty 的低 2 位设置为'10'
    PRDAH = 0X08;        // PWMA 的周期设置为 49(0B0000110001)
                         // 所以 PWMA 的周期为 (49+1) * 1/4 * 4 MHz = 50 μs
    DTAH = 0X02;         // PWMA 的占空比设置为 10(0B0000001010)
                         // 所以 PWMA 的占空比为 10 * 1/4 * 4 MHz = 10 μs
    TMRCON = 0X90; // 启动 Timer A,Timer A 的时钟源的分频比设置为 1:4
    CMPCON = 0X0A;
            // 启动 PWMA,选择比较器 2 并将 P80 作为比较器的输出管脚
    while(1);
}
```

6.4 UART/SPI 控制程序范例

6.4.1 UART 相关寄存器

1. Bank 1 RF ISR2(中断状态寄存器 2)

Bit 7	Bit 6	Bit 5	Bit 4	Bit 3	Bit 2	Bit 1	Bit 0
CMP2IF	—	TC3IF	TC2IF	TC1IF	UERRIF	RBFF	TBEF

Bit 2(UERRIF)：UART 接收错误中断标志位。

Bit 1(RBFF)：UART 接收模式数据缓冲器满中断标志位。

Bit 0(TBEF)：UART 传送模式数据缓冲器空中断标志位。

2. Bank 2 RA URC1(UART 控制寄存器 1)

Bit 7	Bit 6	Bit 5	Bit 4	Bit 3	Bit 2	Bit 1	Bit 0
URTD8	UMODE1	UMODE0	BRATE2	BRATE1	BRATE0	UTBE	TXE

Bit 7(URTD8)：传送第 8 位数据。

Bit 6～Bit 5(UMODE1～UMODE0)：UART 模式选择位(参见表 6 - 4 - 1)。

表 6 - 4 - 1　UART 模式选择

UMDOE1	UMDOE0	UART 模式
0	0	模式 1：7-bit
0	1	模式 1：8-bit
1	0	模式 1：9-bit
1	1	保留

Bit 4～Bit 2(BRATE2～BRATE0)：发送波特率选择位(参见表 6 - 4 - 2)。

表 6 - 4 - 2　波特率选择

BRATE2	BRATE1	BRATE0	波特率	4 MHz	8 MHz
0	0	0	Fc/13	19 200	38 400
0	0	1	Fc/26	9 600	19 200
0	1	0	Fc/52	4 800	9 600
0	1	1	Fc/104	2 400	4 800
1	0	0	Fc/208	1 200	2 400
1	0	1	Fc/416	600	1 200
1	1	0	TC3	—	—
1	1	1	保留		

Bit 1(UTBE)：UART 发送缓冲器空标志位。当发送缓冲器空时置 1；当数据写入 URTD 寄存器时系统自动清零。一旦使能发送数据 UTBE 位由硬件清零。UTBE 位为只读位。因此，用户需要启用 UART 移位发送时，必须写 URTD 寄存器。

Bit 0 (TXE)：使能发送。

0：禁止使能；

1：允许使能。

3. Bank 2 RB URC2(UART 控制寄存器 2)

Bit 7	Bit 6	Bit 5	Bit 4	Bit 3	Bit 2	Bit 1	Bit 0
0	0	SBIM1	SBIM0	UINVEN	0	0	0

Bit 5~Bit 4(SBIM1~SBIM0)：串行总线接口操作模式选择位(参见表 6 - 4 - 3)。

表 6 - 4 - 3 操作模式选择

SBIM1	SBIM0	操 作 模 式
0	0	I/O 模式
0	1	SPI 模式
1	0	UART 模式
1	1	保留

Bit 3(UNIVEN)：使能 UART TXD 和 RXD 端口反向输出。

0：禁止 TXD 和 RXD 端口反向输出；

1：使能 TXD 和 RXD 端口反向输出。

4. Bank 2 RC URS(UART 状态寄存器)

Bit 7	Bit 6	Bit 5	Bit 4	Bit 3	Bit 2	Bit 1	Bit 0
URRD8	EVEN	PRE	PRERR	OVERR	FMERR	URBF	RXE

Bit 7(URRDB)：接受第 8 位数据。

Bit 6(EVEN)：奇偶校验选择位。

0：奇数校验；

1：偶数校验。

Bit 5(PRE)：使能奇偶校验位。

0：禁止；

1：使能。

Bit 4(PRERR)：奇偶校验错误标志位。奇偶校验错误产生时置 1,软件清 0。

Bit 3(OVERR)：溢出错误标志位。当溢出错误产生时置 1,软件清 0。

Bit 2(FMERR)：帧错误标志位。帧错误发生时置 1。

Bit 1(URBF)：UART 读缓存器满标志位。当接收到一个字符后置 1,读 URS 寄存器和 URRD 寄存器时自动清零,一旦使能了 UART 接收数据,则 URBF 将硬件清零。当使能接收数据 URBF 由硬件清零。URBF 为只读位。因此,为了避免溢出错误,有必要读寄存器 URS 的值。

Bit 0(RXE)：使能接收。

0：禁止；

1：使能。

5. Bank 2 RD URRD(UART 接收数据缓存器)

Bit 7	Bit 6	Bit 5	Bit 4	Bit 3	Bit 2	Bit 1	Bit 0
URRD7	URRD6	URRD5	URRD4	URRD3	URRD2	URRD1	URRD0

Bit 7~Bit 0(URRD7~URRD0)：UART 接收数据缓冲器，只读。

6. Bank 2 RE URTD(UART 发送数据缓冲器)

Bit 7	Bit 6	Bit 5	Bit 4	Bit 3	Bit 2	Bit 1	Bit 0
URTD7	URTD6	URTD5	URTD4	URTD3	URTD2	URTD1	URTD0

Bit 7~Bit 0(URTD7~URTD0)：UART 发送数据缓冲器，只写。

6.4.2 UART 程序设计步骤

1. 发送

在发送串行数据模式下，UART 操作如下：

(1) 置 URC1 寄存器 TXE 位来使能 UART 发送功能；

(2) 写数据到 URTD 寄存器，URC1 寄存器的 UTBE 位将硬件置位；

(3) 然后开始发送；

(4) 串行发送数据通过 TX 引脚按以下步骤传输；

(5) 起始位：输出一位 0；

(6) 发送数据：数据的 7,8,9 位按从低位(LSB)到高位(MSB)输出；

(7) 奇偶位：一个奇偶校验位(奇或偶校验位可选择)输出；

(8) 停止位：输出一位 1(停止位)。

作为标记的状态：持续输出 1 直到下一个数据传输起始位的到来，传输完停止位后，UART 产生 TBEF 中断(如果使能)。

2. 接收

在发送串行数据模式下，UART 操作如下：

(1) 置 URS 寄存器 RXE 位来使能 UART 接收功能，当侦测到起始位后，UART 监测 RX 引脚并内部同步。

(2) 接收到的数据按从低位(LSB)到高位(MSB)顺序移入 URRD 寄存器。

(3) 接收奇偶位与停止位。一个字符接收完毕，UART 产生一个 RBFF 中断(如果使能中断)，URS 寄存器的 URBF 位置为 1。

(4) UART 做如下的监测：

① 奇偶校验：接收到的数据的数字"1"须与 URS 寄存器的 EVEN 的奇偶校验的设置相匹配；

② 帧校验：起始位须为 0，停止位须为 1；

③ 溢出校验：在下一接收数据载入 URRD 寄存器前，URS 寄存器的 URBF 必须清零

（也就是说需要读出 URRD 寄存器的值）。

　　如果任一校验失败，UERRIF 中断将产生（如果使能），错误标志便指示在 PRERR、OVERR 或 FMERR 位上。错误标志位需由软件清零，否则在接收下一字节时将发生 UERRIF 中断。

　　(5) 从 URRD 寄存器中读取接收的数据，URBF 位将被硬件清零。

6.4.3　UART 例程

1. 发送（汇编程序）

```
; ***************************************************************
; 利用 UART 接口发送一次数据 0AAH
; ***************************************************************
;MCU: EM78F664N
;Oscillator: Crystal 4 MHz
;Clock: 2
;WDT: disable
;编译软件: eUIDE Version 1.00.04

INCLUDE "EM78F664N.INC"
; =============
        ORG     0X00
        JMP     INITIAL
        ORG     0X50
INITIAL:
        DISI                    ; 禁止中断
        WDTC                    ; 看门狗计时器清零(防止溢出)
        BANK    2
        MOV     A,@0B00100100
        MOV     URC1,A    ; 选择 8 位数据模式、波特率为 Fc/26 (9600@4 MHz)
        MOV     A,@0B00100000
        MOV     URC2,A          ; 串行总线界面工作在 UART 模式
        MOV     A,@0X00
        MOV     URS,A           ; 通信方式设置为'无奇偶校验
TRANSMIT_data:
        BANK    2
        BS      TXE
                        ; 将 URC1(Bank 2 RA)寄存器中的 TXE 置 1,以启动发送过程
        MOV     A,@0XAA
        MOV     URTD,A          ; 将有待发送的数据"0xAA",放入发送数据缓冲器
```

```
        JBS        UTBE
                      ; 根据 URC1(Bank 2 RA)寄存器的 UTBE 位来判断发送是否完成
        JMP        $-1
        BANK       0
        JMP        $              ; 空循环
```

2. 发送(C 程序)

```
// ***************************************************************
// 利用 UART 接口发送一次数据 0AAH
// ***************************************************************
    //MCU: EM78F664N
    //Oscillator: IRC 4 MHz
    //Clock: 2
    //WDT: disable
    //编译软件: eUIDE Version 1.00.04

    #include"EM78F664N.H"
    #define NOP()    _asm{nop}
    #define ENI()    _asm{ENI}
    #define WDTC()  _asm{WDTC}
    #define DISI()  _asm{DISI}

    extern int IntVecIdx; //occupied 0x10: rpage 0
    void main()
    {
        WDTC();            // 看门狗计时器清零(防止溢出)
        DISI();            // 禁止中断
        URC1 = 0X24;       // 选择 8 位数据模式、波特率为 Fc/26 (9 600@4 MHz)
        URC2 = 0X20;       // 串行总线界面工作在 UART 模式
        URS = 0X00;        // 通信方式设置为'无奇偶校验
        TXE = 1;           // 启动发送过程
        URTD = 0XAA;       // 将有待发送的数据"0xAA",放入发送数据缓冲器
        while(UTBE ==0);
                // 根据 URC1(Bank 2 RA)寄存器的 UTBE 位来判断发送是否完成
        while(1);          // 空循环
    }
```

3. 接收(汇编程序)

```
; ***************************************************************
; 利用 UART 接口接收若干个字节的数据
; 然后将接收到的数据放入 RAM 中自定义的接收缓冲区中
```

```
; ************************************************************
;MCU: EM78F664N
;Oscillator: Crystal 4 MHz
;Clock: 2
;WDT: disable
;编译软件: eUIDE Version 1.00.04
                            ; 下面为变量定义
    Reveive_Add_Start  == 0X10 ; RAM 中自定义的接收缓冲区的第一个字节
    Receive_Add_End    == 0X15 ; RAM 中自定义的接收缓冲区的最后一个字节
    reg_acc            == 0X20        ; 用于控制 UART 接收多少个字节的数据

INCLUDE "EM78F664N.INC"
; =============
        ORG     0X00                        ; 复位向量地址
        JMP     INITIAL
; =============
        ORG     0X50
INITIAL:
        DISI                                 ; 禁止中断
        WDTC                                 ; 看门狗计时器清零(防止溢出)
        BANK    2
        MOV     A,@00100100B
        MOV     URC1,A      ; 选择 8 位数据模式、波特率为 Fc/26 (9 600@4 MHz)
        MOV     A,@00100000B
        MOV     URC2,A                       ; 串行总线界面工作在 UART 模式
        MOV     A,@0X00
        MOV     URS,A                        ; 将通信方式设置为'无奇偶校验
RECEIVE:
        BANK    0
        MOV     A,@Reveive_Add_Start
        MOV     R4,A                    ; 将 Reveive_Add_Start 的地址放入 R4 中
        SUB     A,@Receive_Add_End
        MOV     reg_acc,A
        ; 将数值#(Reveive_Add_End-Reveive_Add_Start)放入 reg_acc 中
        INC     reg_acc       ; 实际可用于保存接收数据的 RAM 字节数应是
                              ; #(Reveive_Add_End-Reveive_Add_Start+1)
        CLR     R0
RECEIVE_DATA:
        BANK    2
```

```
        BS        RXE
                       ; 将 URS(Bank 2 RC)寄存器中的 RXE1,以启动接收过程
        JBS       URBF      ; 根据 URS(Bank 2 RC)寄存器的 URBF 位标志是否为 1
                            ; 来判断接收是否已完成
        JMP       $-1
        MOV       A,URRD
                       ; 将接收数据缓冲器 URRD 中接收到的数据放入累加器 A 中
        BANK      0
        MOV       R0,A            ; 将接收到的数据放入 R4 所指向的 RAM 地址单元
        INC       R4
        DJZ       REG_ACC         ; 判断 RAM 中自定义的接收缓冲区是否已满
        JMP       RECEIVE_DATA
        JMP       $               ; 死循环
```

4. 接收(C 程序)

```
//MCU: EM78F664N
//Oscillator: IRC 4 MHz
//Clock: 2
//WDT: disable
//编译软件: eUIDE Version 1.00.04

#include "EM78F664N.H"
#define NOP()   _asm{nop}
#define ENI()   _asm{ENI}
#define WDTC()  _asm{WDTC}
#define DISI()  _asm{DISI}

unsigned int reg[10];

extern int IntVecIdx; //occupied 0x10:rpage 0
void main()
{
    unsigned int i;
    WDTC();                 // 看门狗计时器清零(防止溢出)
    DISI();                 // 禁止中断
    URC1 = 0X24;            // 选择 8 位数据模式、波特率为 Fc/26 (9 600@4 MHz)
    URC2 = 0X20;            // 串行总线界面工作在 UART 模式
    URS = 0;                // 将通信方式设置为'无奇偶校验
    i = 0;
    while(i<10)
```

```
        {
            RXE = 1;                // 启动接收过程
            while(URBF ==0);        // 判断接收是否已完成
            reg[ i ] = URRD;        // 将接收到的数据保存至数组 reg 中
            i + + ;
        }
    }
```

6.4.4　SPI 相关寄存器

1. Bank 0 RA WUCR (唤醒控制寄存器)

Bit 7	Bit 6	Bit 5	Bit 4	Bit 3	Bit 2	Bit 1	Bit 0
CMPWE	ICWE	0	EXWE	SPIWE	0	0	0

Bit 3(SPIWE)：当 SPI 作为从模式时,SPI 唤醒使能位。

0：当 SPI 作为从模式时,禁止 SPI 唤醒;

1：当 SPI 作为从模式时,使能 SPI 唤醒。

2. Bank 0 RF ISR1 (中断状态寄存器 1)

Bit 7	Bit 6	Bit 5	Bit 4	Bit 3	Bit 2	Bit 1	Bit 0
0	0	SPIIF	PWMBIF	PWMAIF	EXIF	ICIF	TCIF

Bit 5(SPIIF)：SPI 模式中断标志。其标志由软件清除。

3. Bank 1 RB SPIS (SPI 状态寄存器)

Bit 7	Bit 6	Bit 5	Bit 4	Bit 3	Bit 2	Bit 1	Bit 0
DORD	TD1	TD0	0	OD3	OD4	0	RBF

Bit 7 (DORD)：Data 发送时序。

0：左移(MSB 高位先发送);

1：右移(LSB 低位先发送)。

Bit 6～Bit 5(TD1～TD0)：SDO 状态输出延迟时间选项(参见表 6-4-4)。

表 6-4-4　延迟选项

TD1	TD0	延 时 时 间
0	0	8 CLK
0	1	16 CLK

TD1	TD0	延 时 时 间
1	0	24 CLK
1	1	32 CLK

Bit 3(OD3)：漏极开路控制位。

1：SDO 漏极开路使能；

0：禁止 SDO 漏极开路使能。

Bit 2(OD4)：漏极开路控制位。

1：SCK 漏极开路使能；

0：禁止 SCK 漏极开路使能。

Bit 0(RBF)：读缓冲器满标志位，为只读位。

1：接收完成,SPIRB 完全转换完；

0：接收未完成,SPIRB 未完全转换完。

4. Bank 1 RC SPIC(SPI 控制寄存器)

Bit 7	Bit 6	Bit 5	Bit 4	Bit 3	Bit 2	Bit 1	Bit 0
CES	SPIE	SRO	SSE	SDOC	SBRS2	SBRS1	SBRS0

Bit 7(CES)：时钟沿选择位。

0：上升沿时数据移出,下降沿时数据移入,低电平时数据保持；

1：下降沿时数据移出,上升沿时数据移入,高电平时数据保持。

Bit 6(SPIE)：SPI 功能使能位。

0：禁止 SPI 模式；

1：使能 SPI 模式。

Bit 5(SRO)：SPI 读溢出位。该位为只读。

0：无溢出；

1：当前一数据仍停留在 SPIRB 寄存器时,如果又接收到新的数据,则 SPIS 寄存器中的数据将丢失；这种情况下,此位将置 1,以表示发生数据溢出。为避免此位被置 1,用户需对 SPIRB 寄存器进行一次读操作；即使只启用了发送功能(未开启接收功能)时,也应如此。注意,只有在从模式下,此位才可能置 1。

Bit 4(SSE)：SPI 移位使能位。

0：移位完成时复位,下一字节准备移位；

1：启动移位过程,并在传送当前字节的过程中保持为"1"。每当一个字节传送完毕时,此位将由硬件复位清零。

Bit 3(SDOC)：SDO 输出状态控制位。

1：一帧数据输出后,SDO 处于低电平；

0：一帧数据输出后,SDO 处于高电平。

Bit 2～Bit 0（SBRS 2～SBRS 0）：SPI 波特率选择位(参见表 6－4－5)。

表 6－4－5 SPI 波特率选择

SBRS2	SBRS1	SBRS0	模 式	波 特 率
0	0	0	主	Fosc/2
0	0	1	主	Fosc/4
0	1	0	主	Fosc/8
0	1	1	主	Fosc/16
1	0	0	主	Fosc/32
1	0	1	主	Fosc/64
1	1	0	从	/SS 使能
1	1	1	从	/SS 禁止

5. Bank 1 RD SPIRB (SPI 读缓冲器)

Bit 7	Bit 6	Bit 5	Bit 4	Bit 3	Bit 2	Bit 1	Bit 0
SRB7	SRB6	SRB5	SRB4	SRB3	SRB2	SRB1	SRB0

Bit 7～Bit 0(SRB7～SRB0)：SPI 读取数据缓冲器。

6. Bank 1 RE SPIWB (SPI 写数据缓冲器)

Bit 7	Bit 6	Bit 5	Bit 4	Bit 3	Bit 2	Bit 1	Bit 0
SWB7	SWB6	SWB5	SWB4	SWB3	SWB2	SWB1	SWB0

Bit 7～Bit 0(SWB7～SWB0)：SPI 写入数据缓冲器。

7. Bank 2 RB URC2(UART 控制寄存器 2)

Bit 7	Bit 6	Bit 5	Bit 4	Bit 3	Bit 2	Bit 1	Bit 0
0	0	SBIM1	SBIM0	UINVEN	0	0	0

Bit 5～Bit 4(SBIM1～SBIM0)：串行总线操作模式选择。

表 6－4－6 操作模式选择

SBIM1	SBIM0	操 作 模 式
0	0	I/O 模式
0	1	SPI 模式
1	0	UART 模式
1	1	保留

8. IOCF IMR1（中断屏蔽寄存器 1）

Bit 7	Bit 6	Bit 5	Bit 4	Bit 3	Bit 2	Bit 1	Bit 0
0	0	SPIIE	PWMBIE	PWMAIE	EXIE	ICIE	TCIE

Bit 5(SPIIE)：SPIIF 中断使能位。

0：禁止 SPIIF 中断；

1：使能 SPIIF 中断。

6.4.5　SPI 程序设计步骤

SPI 的通信模式有发送/接收半双工、全双工两种。与另外的 IC 通信时，主模式和从模式的 SCK 触发沿以及数据的传送方向最好一致。

1. 主模式程序设计步骤

（1）在寄存器 BANK 2 的 URC2(RB)中选择 SPI 模式；

（2）设置寄存器 BANK 1 的 SPIS(RB)的数据传送次序；

（3）设置寄存器 BANK 1 的 SPIC(RC)时钟触发沿选择位 CES,选择 SPI 触发沿；

（4）设置 SPIC 的 SBR2～SBR0,选择通信的 SPI 波特率；

（5）在 SPIC 的 SDOC 中设置 SDO 传送数据后的状态；

（6）设置 SPIC 的 SPIE 为 1,使能 SPI 模块；

（7）根据需要,在 IMR2 寄存器中使能 SPI 中断功能；

（8）写数据到 SPIWB 寄存器；

（9）使能 SSE 移位,开始发送数据；

（10）等待 SSE 为 1 或 SPI 中断发生(如果使能中断),跳到步骤(4),开始下一字节的传输。

2. 从模式设计步骤

（1）在 BANK 2 的 URC2(RB)寄存器中选择 SPI 模式；

（2）设置 BANK 1 的 SPIC 寄存器时钟触发沿选择位 CES,选择 SPI 触发沿；

（3）设置 SPIC 的 SPIE=1,使能 SPI 模块；

（4）根据需要,在 IMR2(IOCF)寄存器中使能 SPI 中断；

（5）如需睡眠唤醒模式,在 BANK 0 的 WUCR(RA)寄存器中使能 SPIIF,然后执行 SLEP 指令；

（6）等待 SPIS 中 RBF 为 1 或 SPI 中断发生(若使能中断),在 SPIRB 寄存器中读取接收到的数据。

6.4.6　SPI 例程

1. 禁止中断的主模式例程(汇编程序)

; **

; SPI 工作于 MASTER 模式,利用 SPICR 中的 SSE 标志来判断数据发送是否完成

```
;  不断地重复发送数据'0X55'
; **************************************************************************
;MCU: EM78F664N
;Oscillator: Crystal 4 MHz
;Clock: 2
;WDT: disable
;编译软件: eUIDE Version 1.00.04
                                ; 下面为变量定义
     COUNTER      ==0X10        ; 定义一个用于实现延迟的变量


INCLUDE      "EM78F664N.INC"


     ORG      0X000            ; 复位向量地址
     JMP      INITIAL
     ORG      0X050
INITIAL:
     DISI                      ; 禁止中断
     WDTC                      ; 看门狗计时器清零(溢出)
     BANK     2
     MOV      A,@0B00010000
     MOV      URC2,A           ; 设置串行总线接口工作在 SPI 模式
     BANK     1
     MOV      A, @0B00000000
     MOV      SPIS,A ;发送数据时以 MSB 为先,SDO 状态输出延时为 8 个时钟周期
                    ; SDO 和 SCK 不工作在漏极开路模式
     MOV      A, @0B01001101
     MOV      SPIC, A          ; 开启 SPI,选择主模式,波特率选择为 Fosc/64
     CLR      SPIRB            ; 清空 SPI 的数据接收缓冲器
TRANSMIT_data:
     BANK     1
     MOV      A, @0X55
     MOV      SPIWB,A          ; 将要发送的数据放入 SPI 的发送缓冲器
     BS       SSE             ; 启动 SPI 的数据发送
     JBC      SSE             ; 检测发送过程是否已完成
     JMP      $-1
     CALL     DELAY           ; 发送一个字节后,延迟一段时间
     JMP      TRANSMIT_data
; ==================       ; 实现延时的子程序
DELAY:
```

```
    MOV     A, @0XFF
    MOV     COUNTER, A
    DJZ     COUNTER
    JMP     $ - 1
    RET
```

2. 禁止中断的主模式例程(C 程序)

```
// ************************************************************************
// SPI 工作于 MASTER 模式,利用 SPICR 中的 SSE 标志来判断数据发送是否完成
// 不断地重复发送数据'0X55'
// ************************************************************************
```

```
//MCU: EM78F664N
//Oscillator: IRC 4 MHz
//Clock: 2
//WDT: disable
//编译软件: eUIDE Version 1.00.04


#include          "EM78F664N.H"
#define NOP()      _asm{nop}
#define ENI()      _asm{ENI}
#define WDTC()     _asm{WDTC}
#define DISI()     _asm{DISI}


void delay(void);

extern int IntVecIdx; //occupied 0x10:rpage 0
void main()
{
  WDTC();              // 看门狗计时器清零(溢出)
  DISI();              // 禁止中断
  URC2 = 0X10;         // 设置串行总线接口工作在 SPI 模式
  SPIS = 0X00;  // 发送数据时以 MSB 为先,SDO 状态输出延时为 8 个时钟周期
                       // SDO 和 SCK 不工作在漏极开路模式
  SPIC = 0X4D;         // 开启 SPI,选择主模式,波特率选择为 Fosc/64
  SPIRB = 0;           // 清空 SPI 的数据接收缓冲器
  do
  {
    SPIWB = 0X55;      // 将要发送的数据放入 SPI 的发送缓冲器
    SSE = 1;           // 启动 SPI 的数据发送
    while(SSE);        // 检测发送过程是否已完成
```

```
        delay();               // 发送一个字节后,延迟一段时间
    }while(1);
}
void delay(void)
{
    unsigned int COUNTER0;        //定义计数器,用来作延时
    for(COUNTER0 = 0;COUNTER0<240;COUNTER0 + + )          //延时 1 ms
    {
        NOP();
    }
}
```

3. 使能中断的主模式例程(汇编程序)

```
; **********************************************************************
; SPI 工作于 MASTER 模式,利用中断来判断数据发送是否完成
; 不断地重复发送数据'0XAA'
; **********************************************************************
;MCU: EM78F664N
;Oscillator: Crystal 4 MHz
;Clock: 2
;WDT: disable
;编译软件: eUIDE Version 1.00.04
                                        ; 下面为变量定义
COUNTER       == 0X10                    ;定义一个用于实现延迟的变量
flag          == 0x11                    ;定义一个位标志变量
f_SPI         == 0x11.0                  ;自定义一个用于 SPI 控制的位标志


INCLUDE       "EM78F664N.INC"

    ORG    0X00                          ;复位向量地址
    JMP    INITIAL
    ORG    0X012                         ; SPI 中断向量地址
SPI_INT:                                 ; SPI 中断子程
    BANK   0
    CLR    ISR1                          ;将 SPIIF 中断请求标志清零
    BS     f_SPI                         ;将自定义的用于 SPI 控制的位标志置 1
    RETI
; =============
INITIAL:
    DISI                                 ;禁止中断
```

```
        WDTC                        ; 看门狗计时器清零(防止溢出)
        BANK    2
        MOV     A, @0B00010000
        MOV     URC2, A             ; 设置串行总线接口工作在 SPI 模式
        BANK    1
        MOV     A, @0B00000000
        MOV     SPIS, A ; 发送数据时以 MSB 为先, SDO 状态输出延时为 8 个时钟周期
                        ; SDO 和 SCK 不工作在漏极开路模式
        MOV     A, @0B01001101
        MOV     SPIC, A             ; 开启 SPI, 选择主模式, 波特率选择为 Fosc/64
        CLR     SPIRB               ; 清空 SPI 的接收缓冲器
        MOV     A, @0X20
        IOW     IMR1                ; 将 SPIIE 位设置为 1, 以使能 SPI 中断
                                    ; 这里的 IMR1 寄存器也即 IOCF 寄存器
        BANK    0
        CLR     ISR1        ; 清除包括 SPIIF 在内的 ISR1 中的所有中断请求标志
                            ; 这里的 ISR1 寄存器也即 RF 寄存器
TRANSMIT_DATA:
        ENI                         ; 使能中断
        BANK    1
        MOV     A, @0XAA
        MOV     SPIWB, A            ; 将要发送的数据写入数据缓冲器中
        BS      SSE                 ; 启动 SPI 的数据发送
        JBS     f_SPI               ; f_SPI 为 1, 说明 SPI 中断已发生, 即 SPI 发送已完成
        JMP     $ - 1
        CALL    DELAY               ; 调用延时子程
        BC      f_SPI
        JMP     TRANSMIT_data
; ==================          ; 实现延时的子程序
DELAY:
        MOV     A, @0XFF
        MOV     COUNTER, A
        DJZ     COUNTER
        JMP     $ - 1
        RET
```

4. 使能中断的主模式例程(C 程序)

```
// *************************************************************
// SPI 工作于 MASTER 模式, 利用中断来判断数据发送是否完成
//  不断地重复发送数据'0XAA'
```

```
// ********************************************************************
    //MCU: EM78F664N
    //Oscillator: IRC 4 MHz
    //Clock: 2
    //WDT: disable
    //编译软件: eUIDE Version 1.00.04

    #include "EM78F664N.H"
    #define NOP()    _asm{nop}
    #define ENI()    _asm{ENI}
    #define WDTC()   _asm{WDTC}
    #define DISI()   _asm{DISI}


    void delay(void);
    unsigned int flag @0X20:bank 0;
    bit f_SPI @0x20@0:bank 0;

    extern int IntVecIdx; //occupied 0x10:rpage 0
    void main()
    {
     WDTC();               // 看门狗计时器清零(防止溢出)
     DISI();               // 禁止中断
     URC2 = 0X10;          // 设置串行总线接口工作在 SPI 模式
     SPIS = 0X0;    // 发送数据时以 MSB 为先,SDO 状态输出延时为 8 个时钟周期
                    // SDO 和 SCK 不工作在漏极开路模式
     SPIC = 0X4D;              // 开启 SPI,选择主模式,波特率选择为 Fosc/64
     SPIRB = 0;               // 清空 SPI 的接收缓冲器
     IMR1 = 0X20;             // 将 SPIIE 位设置为 1,以使能 SPI 中断
                              // 这里的 IMR1 寄存器也即 IOCF 寄存器
     ISR1 = 0X0;         // 清除包括 SPIIF 在内的 ISR1 中的所有中断请求标志
                         // 这里的 ISR1 寄存器也即 RF 寄存器
     ENI();              // 使能中断
     do
     {
         SPIWB = 0XAA;    // 将要发送的数据写入数据缓冲器中
         SSE = 1;         // 启动 SPI 的数据发送
         while(f_SPI ==0);
                 // f_SPI 为 1,说明 SPI 中断已发生,即 SPI 发送已完成
         f_SPI = 0;
```

```
        delay();              // 延迟一段时间
  }while(1);
}
void delay(void)
{
unsigned int COUNTER0;                        // 定义计数器,用来作延时
 for(COUNTER0 = 0;COUNTER0<240;COUNTER0 + + ) // 延时 1 ms
  {
      NOP();
  }
}
void _intcall ALLint(void) @ int
{
  switch(IntVecIdx)
  {
    case 0x13;
      ISR1 = 0X00;                    // 将 SPIIF 中断请求标志清零
      f_SPI = 1;
    break;
  }

}
void _intcall spi_l(void) @ 0x12;low_int 3

 _asm{MOV A,0x2};
}
```

5. 禁止中断的从模式例程(汇编程序)

```
; *********************************************************************
; SPI 工作在从模式
; 通过 SPISR 寄存器中的 RBF 标志来判断当前的数据接收是否完成
; 成功接收一个数据后,将这个数据放入自定义的数据缓存器中保存
; *********************************************************************
;MCU: EM78F664N
;Oscillator: Crystal 4 MHz
;Clock: 2
;WDT: disable
;编译软件: eUIDE Version 1.00.04
                                   ; 下面为变量定义
   DATA_BUF == 0X10                ; 定义一个缓存器用于存放接收的数据
```

```
INCLUDE    "EM78F664N.INC"


   ORG     0X00              ; 复位向量地址
   JMP     INITIAL
   ORG     0X50
; =============
INITIAL:
   WDTC                      ; 看门狗计时器清零(防止溢出)
   DISI                      ; 禁止中断
   BANK    2
   MOV     A,@0B00010000
   MOV     URC2,A            ; 设置串行总线接口工作在 SPI 模式
   BANK    1
   MOV     A,@0B00000000
   MOV     SPIS,A
            ; 发送数据时以高位为先,SDO 状态输出延时为 8 个时钟周期
            ; SDO 和 SCK 不工作在漏极开路模式
   MOV     A,@0B01001111
   MOV     SPIC,A            ; 开启 SPI,选择从模式,不使用 SS 管脚
   CLR     SPIRB             ; 清空 SPI 的接收缓冲器
RECEIVE_DATA:
   BANK    1
   BS      SSE               ; 启动 SPI 的接收操作
   JBS     RBF               ; 根据 SPISR 寄存器中的 RBF 标志位是否为 1
                             ; 来判断数据接收是否完成
   JMP     $-1
   MOV     A,SPIRB
   BANK    0
   MOV     DATA_BUF,A        ; 将接收好的数据存入自定义的 RAM 缓冲器中
   JMP     $                 ; 空循环
```

6. 禁止中断的从模式例程(C 程序)

```
// ********************************************************************
// SPI 工作在从模式
// 通过 SPISR 寄存器中的 RBF 标志来判断当前的数据接收是否完成
// 成功接收一个数据后,将这个数据放入自定义的数据缓存器中保存
// ********************************************************************
   //MCU: EM78F664N
   //Oscillator: IRC 4 MHz
   //Clock: 2
```

```
//WDT: disable
//编译软件: eUIDE Version 1.00.04

#include                "EM78F664N.H"
#define NOP()     _asm{nop}
#define ENI()     _asm{ENI}
#define WDTC()    _asm{WDTC}
#define DISI()    _asm{DISI}


unsigned int DATA_BUF @0x20:bank 0;


extern int IntVecIdx; //occupied 0x10:rpage 0
void main()
{
 WDTC();                    // 看门狗计时器清零(防止溢出)
 DISI();                    // 禁止中断
 URC2 = 0X10;               // 设置串行总线接口工作在 SPI 模式
 SPIS = 0X00;      // 发送数据时以高位为先,SDO 状态输出延时为 8 个时钟周期
                   // SDO 和 SCK 不工作在漏极开路模式
 SPIC = 0X4F;               // 开启 SPI,选择从模式,不使用 SS 管脚
 SPIRB = 0X00;             // 清空 SPI 的接收缓冲器
 SSE = 1;                   // 启动 SPI 的接收操作
 while(RBF == 0);           // 判断数据接收是否完成
 DATA_BUF = SPIRB;          // 将接收好的数据存入自定义的 RAM 缓冲器中
 while(1);
}
```

7. 使能中断的从模式例程(汇编程序)

```
; ********************************************************************
; SPI 工作于 Slave 模式,利用中断来判断数据接收是否完成
; 成功接收一个数据后,将这个数据放入自定义的数据缓存器中保存
; ********************************************************************
;MCU: EM78F664N
;Oscillator: Crystal 4 MHz
;Clock: 2
;WDT: disable
;编译软件: eUIDE Version 1.00.04


DATA_BUF      == 0X10                ; 定义一个缓存器用于存放接收的数据
```

```
        INCLUDE      "EM78F664N.INC"         ; EM78F644N 头文件


        ORG          0X000                   ; 复位向量地址
        JMP          INITIAL
        ORG          0X012                   ; SPI 中断向量地址
SPI_INT:
        BANK         0
        BC           SPIIF                   ; 将 SPIIF 中断请求标志清零
        BANK         1
        MOV          A,SPIRB                 ; 将接收好的数据存入缓冲器中
        BANK         0
        MOV          DATA_BUF, A
        BS           0X11,0                  ; 将 RAM 中的位标志置 1
        RETI

; =============
INITIAL:
        DISI                                 ; 禁止中断
        WDTC                                 ; 看门狗计时器清零(防止溢出)
        BANK         2
        MOV          A,@0B00010000
        MOV          URC2,A                  ; 设置串行总线接口工作在 SPI 模式
        BANK         1
        MOV          A,@0B00000000
        MOV          SPIS,A
                     ; 发送数据时以高位为先,SDO 状态输出延时为 8 个时钟周期
                     ; SDO 和 SCK 不工作在漏极开路模式
        MOV          A,@0B01001111
        MOV          SPIC,A                  ; 开启 SPI,选择从模式,不使用 SS 管脚
        CLR          SPIRB                   ; 清空 SPI 的接收缓冲器
        MOV          A,@0X20
        IOW          IMR1                    ; 将 SPIIE 标志位置 1,使能 SPI 中断
                                             ; 这里的 IMR1 寄存器也即 IOCF 寄存器
        BANK         0
        CLR          ISR1                    ; 清除包括 SPIIF 在内的 ISR1 中的所有中断请求标志
                                             ; 这里的 ISR1 寄存器也即 RF 寄存器
        ENI
RECEIVE_data:
        BANK         1
        BS           SSE                     ;启动 SPI 的接收操作
```

```
        JBS      0X11,0; 接收完成后会触发中断,在中断子程中,'0X11,0'会被置 1
        JMP      $ - 1

        CLR      0X11              ; 清零 0X11
        JMP      $                 ; 空循环
```

8. 使能中断的从模式例程(C 程序)

```
// ************************************************************************
// SPI 工作于 Slave 模式,利用中断来判断数据接收是否完成
// 成功接收一个数据后,将这个数据放入自定义的数据缓存器中保存
// ************************************************************************
    //MCU: EM78F664N
    //Oscillator: IRC 4 MHz
    //Clock: 2
    //WDT: disable
    //编译软件: eUIDE Version 1.00.04


    #include               "EM78F664N.H"
    #define NOP()    _asm{nop}
    #define ENI()    _asm{ENI}
    #define WDTC()   _asm{WDTC}
    #define DISI()   _asm{DISI}


    unsigned int DATA_BUF @0x20: bank 0;


    extern int IntVecIdx; //occupied 0x10: rpage 0
    void main()
    {
    WDTC();                    // 看门狗计时器清零(防止溢出)
    DISI();                    // 禁止中断
    URC2 = 0X10;               // 设置串行总线接口工作在 SPI 模式
    SPIS = 0X0;    // 发送数据时以高位为先,SDO 状态输出延时为 8 个时钟周期
                               // SDO 和 SCK 不工作在漏极开路模式
    SPIC = 0X4F;               // 开启 SPI,选择从模式,不使用 SS 管脚
    SPIRB = 0X0;               // 清空 SPI 的接收缓冲器
    IMR1 = 0X20;               // 将 SPIIE 标志位置 1,使能 SPI 中断
                               // 这里的 IMR1 寄存器也即 IOCF 寄存器
    ISR1 = 0X0;                // 清除中断请求标志
    ENI();
    SSE = 1;                   // 启动 SPI 的接收操作
```

```
      while(1);
      }


      void _intcall ALLint(void) @ int
      {
        switch(IntVecIdx)
        {
          case 0x13:
              ISR1& = 0xDF        // 清除 SPIIF 中断请求标志
              DATA_BUF = SPIRB;
          break;
        }


      }
      void _intcall spi_l(void) @ 0x12:low_int 3
      {
        _asm{MOV A,0x2};
      }
```

6.5　EEPROM 使用程序范例

6.5.1　EEPROM 的功能

（1）在工作电压范围内的正常模式期间,Data EEPROM 可以读写;

（2）基于单字节操作;

（3）写操作是指自动擦除该地址内容并写入新的值;

（4）快速擦写周期。

6.5.2　相关寄存器

1. Bank 0 RB EPPC(EEPROM 控制寄存器)

Bit 7	Bit 6	Bit 5	Bit 4	Bit 3	Bit 2	Bit 1	Bit 0
RD	WR	EEWE	EEDF	EEPC	0	0	0

Bit 7（RD）:读控制寄存器。

0:不执行读 EEPROM;

1:读取 EEPROM 内容(RD 可由软件置"1",在读指令执行完成后被硬件清零)。

Bit 6（WR）：写控制寄存器。

0：写 EEPROM 周期完成；

1：初始化写周期（WR 可软件置"1"，写周期完成后 WR 被硬件清零）。

Bit 5（EEWE）：EEPROM 写使能位。

0：禁止写 EEPROM；

1：允许写 EEPROM 周期。

Bit 4（EEDF）：EEPROM 侦测标志位。

0：读/写周期完成；

1：读/写周期未完成。

Bit 3（EEPC）：EEPROM 掉电控制位。

0：关闭 EEPROM；

1：打开 EEPROM。

Bit 2 ～ 0：未使用，一直为"0"。

2. Bank 0 RC EEPA（EEPROM 地址寄存器）

Bit 7	Bit 6	Bit 5	Bit 4	Bit 3	Bit 2	Bit 1	Bit 0
EE_A7	EE_A6	EE_A5	EE_A4	EE_A3	EE_A2	EE_A1	EE_A0

3. Bank 0 RD EEPD（EEPROM 数据寄存器）

Bit 7	Bit 6	Bit 5	Bit 4	Bit 3	Bit 2	Bit 1	Bit 0
EE_D7	EE_D6	EE_D5	EE_D4	EE_D3	EE_D2	EE_D1	EE_D0

6.5.3 程序设计步骤

1. 写入 EEPROM 数据的步骤

（1）设置寄存器 Bank 0 RB(EPCR)的 EEPC 位为"1"，使 EEPROM 运行；

（2）在寄存器 Bank 0 RC(256 字节 EEPROM 地址)中设置 EEPROM 地址；

（3）设置寄存器 Bank 0 RB 的 EEWE 为"1"，以使能写入功能；

（4）在寄存器 Bank 0 RD 中赋予 EEPROM 数据；

（5）将寄存器 Bank 0 RB 的 WR 位置"1"，以写入数据；

（6）待寄存器 Bank 0 RB 的 EEDF 位为"1"或 WR 位为"0"，确保数据已写入 EEPROM 中；

（7）如需循环在 EEPROM 中写入数据，调至步骤(2)开始循环；

（8）设置寄存器 Bank 0 RB(EPCR)的 EEPC 位为"0"，使 EEPROM 停止运行。

2. 读取 EEPROM 数据的步骤

（1）设置 Bank 0 的 RB(EPCR)寄存器的 EEPC 位为"1"，使 EEPROM 运行；

（2）在 Bank 0 的 RC(256 字节 EEPROM 地址)寄存器中设置 EEPROM 地址；

（3）设置 Bank 0 的 RB 寄存器的 RD 位为"1"，以使能读取功能；

（4）待 Bank 0 的 RB 寄存器 EEDF 位为"1"，数据读取完成；

（5）将数据保存到 ACC 寄存器中；

（6）设置寄存器 Bank 0 RB（EPCR）的 EEPC 位为"0"，使 EEPROM 停止运行。

注意：为确保 EEPROM 写入正确，读完或者写完数据后将 EEPROM 模块断电，即设置 Bank 0 RB（EPCR）的 EEPC 位为"0"，或者可以直接将 RB 寄存器清零。在 IC 断电之前对 EEPROM 写完数据后，也需要将 EEPC 位清"0"，否则可能使数据写入失败。

6.5.4　例程

1. 汇编例程

```
;*************************************************************
;对于地址为 00H~1FH 的 32 个 EEPROM 数据存储器单元，
;分别将数据 00H~1FH 依次烧写进去，然后再依次循环读出
;*************************************************************
;MCU: EM78F664N
;Oscillator: IRC 4 MHz
;Clock: 2
;WDT: disable
;编译软件: eUIDE Version 1.00.04
                              ; RAM 自变量定义
EEPROM_ADDR    == 0X10        ; 这里使用双等号来进行等效定义
EEPROM_DATA    == 0X11   ; 这里的 10 h、11 h 是自定义 RAM 区的最开始的两个地址

INCLUDE "EM78F664N. INC"
    ORG    0X00               ; 这是复位向量地址
    JMP    INITIAL
    ORG    0X50
INITIAL:                      ; 源程序开始之处
    DISI                      ; 禁止中断
    WDTC                      ; 看门狗计时器清零（防止溢出）
    BANK   0                  ; 选择 Bank 0
    CLR    EEPROM_ADDR
    CLR    EEPROM_DATA        ; EEPROM 的写入地址及写入数据先复位清零
EEPROM_Write_Loop:
    CALL   Write_EEPROM       ; 调用写 EEPROM 子程
    INC    EEPROM_ADDR
    INC    EEPROM_DATA
    MOV    A, EEPROM_ADDR     ; 将当前的 EEPROM 写入地址复制到累加器 A 中
    XOR    A, @0X20           ; 将累加器 A 与常数 20 h 比较
```

```
                                    ; 注意,这里的"@"用于表示常数
    JBS     Z                       ; 如果零标志为 1,则退出 EEPROM 写入循环
    JMP     EEPROM_Write_Loop
EEPROM_Read_Init:
    CLR     EEPROM_ADDR
    MOV     A, @0X20
    MOV     R4, A           ; 设置间接寻址的对应地址为 20 h,这是软件自定义的
                            ; 存放从 EEPROM 所读取的数据的缓冲器的起始地址
EEPROM_Read_Loop:
    CALL    Read_EEPROM ; 调用读 EEPROM 子程,读出的数据放入累加器 A 中
    MOV     R0, A               ; 将原本存放在累加器中的 EEPROM 读出值转存到
                                ; R4 所指定的 RAM 缓冲区(20 h 为起始地址)中
    INC     EEPROM_ADDR
    INC     R4
    JBS     R4, 6               ; 因为 R4 的初值是 20 h,当累加 20 h 后,
                                ; R4 的第 6 位就将为 1,代表已读取了 20 个值
    JMP     EEPROM_Read_Loop
MAIN:
    NOP
    NOP
    JMP     $           ; 这里的"$"代表当前程序指针,这是一条死循环语句
; ===================
Write_EEPROM:
    BS      EEPC                ; 开启 EEPROM
    MOV     A, EEPROM_ADDR
    MOV     EEPA, A             ; 设置 EEPROM 读写操作地址寄存器
    BS      EEWE            ; 使能 EEPROM 写功能
    MOV     A, EEPROM_DATA
    MOV     EEPD, A             ; 这里的 EPD 是 EEPROM 写入数据寄存器
    BS      WR          ; 开始往 EEPROM 中写入数据
    JBC     EEDF            ; EEDF 为 0 时,表示 EEPROM 的写入周期已结束
    JMP     $-1             ; 跳转到上一句
    RET
; ===================
Read_EEPROM:
    BS      EEPC            ; 开启 EEPROM
    MOV     A, EEPROM_ADDR
    MOV     EEPA, A             ; 设置 EEPROM 读写操作地址寄存器
    BS      RDB             ; 启动 EEPROM 读操作
```

```
    JBC     EEDF            ; 通过 EEDF 标志来判断 EEPROM 读操作是否已完成
    JMP     $-1
    MOV     A, EEPD         ; 将从 EEPROM 读出的数据放入累加器 A 中
    RET

    END
```

2. C 语言例程

```
// ************************************************************
// 对于地址为 00H～1FH 的 32 个 EEPROM 数据存储器单元,
// 分别将数据 00H～1FH 依次烧写进去,然后再依次循环读出
// ************************************************************
//MCU: EM78F664N
//Oscillator: IRC 4 MHz
//Clock: 2
//WDT: disable
//编译软件: eUIDE Version 1.00.04


#include          "EM78F664N.H"
#define NOP()     _asm{nop}
#define ENI()     _asm{ENI}
#define WDTC()    _asm{WDTC}
#define DISI()    _asm{DISI}


unsigned int EEPROM_ADDR   @0X1E:rpage 0;
unsigned int EEPROM_DATA   @0X1F:rpage 0;

extern int IntVecIdx; //occupied 0x10:rpage 0
void main()
{
    WDTC();
    DISI();
    for(EEPROM_ADDR = 0, EEPROM_DATA = 0; EEPROM_ADDR<0X20; EEPROM_ADDR+ +
                 , EEPROM_DATA+ + )
    {
        EEPC = 1;
        EEPA = EEPROM_ADDR;
        EEWE = 1;
        EEPD = EEPROM_DATA;
        WR = 1;
```

```
        while(EEDF);
    }
    for(EEPROM_ADDR = 0,RSR = 0X20;RSR<0X40;EEPROM_ADDR + + ,RSR + + )
    {
        EEPC = 1;
        EEPA = EEPROM_ADDR;
        RDB = 1;
        while(EEDF);
        R0 = EEPD;
    }
    do
    {
        NOP();
    }while(1);

}
```

6.6 PWM 控制范例

6.6.1 相关寄存器

1. IOCF IMR1(中断使能寄存器 1)

Bit 7	Bit 6	Bit 5	Bit 4	Bit 3	Bit 2	Bit 1	Bit 0
0	0	SPIIE	PWMBIE	PWMAIE	EXIE	ICIE	TCIE

Bit 4(PWMBIE)：PWMBIF 中断使能位。

0：禁止 PWMB 中断；

1：使能 PWMB 中断。

Bit 3(PWMAIE)：PWMAIF 中断使能位。

0：禁止 PWMA 中断；

1：使能 PWMA 中断。

2. Bank 0 RF ISR1(中断标志寄存器 1)

Bit 7	Bit 6	Bit 5	Bit 4	Bit 3	Bit 2	Bit 1	Bit 0
0	0	SPIIF	PWMBIF	PWMAIF	EXIF	ICIF	TCIF

Bit 4(PWMBIF)：PWMB 中断标志位,由软件清零。

Bit 3(PWMAIF)：PWMA 中断标志位，由软件清零。

3. Bank 3 R5 TMRCON(定时器 A 和定时器 B 控制寄存器)

Bit 7	Bit 6	Bit 5	Bit 4	Bit 3	Bit 2	Bit 1	Bit 0
TAEN	TAP2	TAP1	TAP0	TBEN	TBP2	TBP1	TBP0

Bit 7(TAEN)：定时器 A 使能位。

0：定时器 A 禁止(默认)；

1：定时器 A 使能。

Bit 6～Bit 4(TAP2～TAP0)：定时器 A 预分频比选择位。

Bit 3 (TBEN)：定时器 B 使能位。

0：定时器 B 禁止(默认)；

1：定时器 B 使能。

Bit 2～Bit 0(TBP2～TBP0)：定时器 B 预分频比选择位。其预分频选择如表 6 - 6 - 1 所示。

表 6 - 6 - 1 定时器 B 预分频比选择

TAP2/TBP2	TAP1/TBP1	TAP0/TBP0	预 分 频 比
0	0	0	1 : 2
0	0	1	1 : 4
0	1	0	1 : 8
0	1	1	1 : 16
1	0	0	1 : 32
1	0	1	1 : 64
1	1	0	1 : 128
1	1	1	1 : 256

4. Bank 3 R7 CMPCON(比较器控制寄存器)

Bit 7	Bit 6	Bit 5	Bit 4	Bit 3	Bit 2	Bit 1	Bit 0
0	0	0	CPOUT2	COS21	COS20	PWMAE	PWMBE

Bit 1(PWMAE)：PWMA 使能位。

0：PWMA 关闭(默认值)，相关引脚作为 P75 使用；

1：PWMA 打开，相关引脚将自动被设置为 PWM 输出。

Bit 0(PWMBE)：PWMB 使能位。

0：PWMB 关闭(默认值)，相关引脚作为 P76 使用；

1：PWMB 打开,相关引脚将自动被设置为 PWM 输出。

5. Bank 3 R8 PWMCON(PWMA/B 周期和占空比的低 2 位控制寄存器)

Bit 7	Bit 6	Bit 5	Bit 4	Bit 3	Bit 2	Bit 1	Bit 0
PRDA[1]	PRDA[0]	DTA[1]	DTA[0]	PRDB[1]	PRDB[0]	DTB[1]	DTB[0]

Bit 7,Bit 6(PRDA[1],PRDA[0])：PWMA 周期的最低 2 位。

Bit 5,Bit 4(TDA[1],TDA[0])：PWMA 占空比的最低 2 位。

Bit 3,Bit 2(PRDB[1],PRDB[0])：PWMB 周期的最低 2 位。

Bit 1,Bit 0(TDB[1],TDB[0])：PWMB 占空比的最低 2 位。

6. Bank 3 R9 PRDAH(PWMA 周期的高位(Bit 9~Bit 2))

Bit 7	Bit 6	Bit 5	Bit 4	Bit 3	Bit 2	Bit 1	Bit 0
PRDA[9]	PRDA[8]	PRDA[7]	PRDA[6]	PRDA[5]	PRDA[4]	PRDA[3]	PRDA[2]

7. Bank 3 RA DTAH(PWMA 占空比的高位(Bit 9~Bit 2))

Bit 7	Bit 6	Bit 5	Bit 4	Bit 3	Bit 2	Bit 1	Bit 0
DTA[9]	DTA[8]	DTA[7]	DTA[6]	DTA[5]	DTA[4]	DTA[3]	DTA[2]

8. Bank 3 RB PRDBH(PWMB 周期的高位(Bit 9~Bit 2))

Bit 7	Bit 6	Bit 5	Bit 4	Bit 3	Bit 2	Bit 1	Bit 0
PRDB[9]	PRDB[8]	PRDB[7]	PRDB[6]	PRDB[5]	PRDB[4]	PRDB[3]	PRDB[2]

9. Bank 3 RC DTBH(PWMB 占空比的高位(Bit 9~Bit 2))

Bit 7	Bit 6	Bit 5	Bit 4	Bit 3	Bit 2	Bit 1	Bit 0
DTB[9]	DTB[8]	DTB[7]	DTB[6]	DTB[5]	DTB[4]	DTB[3]	DTB[2]

6.6.2　PWM 功能设置步骤

(1) 给 PRDA/PRDB 赋值,设置 PWM 周期;

(2) 给 DTA/DTB 赋值,设置 PWM 占空比;

(3) 如果需要使用中断,则需设置 IOCF 寄存器,使能中断;

(4) 给 TMRCON 寄存器赋值,设置 TMRA/TMRB 的预分频比,并使能相关定时器;

(5) 给 CMPCON 寄存器赋值,设置 P75、P76 为 PWM 输出管脚。

6.6.3 计算公式

1. PWM 周期

PWM 周期计算公式：

$$周期 = (PRDX + 1) \times (1/Fosc) \times (TMRX \ 预分频比值)$$

例如：若 PRDX=49，Fosc=4 MHz，TMRX(0,0,0)=1∶2，则

$$PWM \ 周期 = (49 + 1) \times (1/4 \ MHz) \times 2 = 25 \ \mu s$$

2. PWM 占空比

PWM 占空比计算公式：

$$占空比 = (DTX) \times (1/Fosc) \times (TMRX \ 预分频比值)$$

例如：若 DT=10，Fosc=4 MHz，TMRX(0,0,0)=1∶2，则

$$PWM \ 占空比 = 10 \times (1/4 \ MHz) \times 2 = 5 \ \mu s$$

6.6.4 例程

1. 汇编例程

```
;********************************************************************
;      PWMA 管脚(即 P75)输出周期为 50 μs、占空比为 10 μs 的 PWM 波形
;      PWMB 管脚(即 P76)输出周期为 49 μs、占空比为 8 μs 的 PWM 波形
;********************************************************************
;MCU: EM78F664N
;Oscillator: IRC 4 MHz
;Clock: 2
;WDT: disable
;编译软件: eUIDE Version 1.00.04

INCLUDE    "EM78F664N.INC"
    ORG    0X00                ; 复位向量地址
    JMP    INITIAL
    ORG    0X50
INITIAL:
    DISI                       ;禁止中断
    WDTC                       ;看门狗计时器清零(防止溢出)
    BANK   3
    MOV    A,@0B01100000       ;PWMA 周期的最低 2 位是'01'
```

```
                                    ; PWMA 占空比的最低 2 位是'10'
        MOV     PWMCON,A            ; PWMB 周期的最低 2 位是'00'
                                    ; PWMB 占空比的最低 2 位是'00'
        MOV     A,@0B00001100
        MOV     PRDAH,A             ; PWMA 周期的高 8 位设置为'00001100b'
                                    ; 因此 PWMA 周期为'0000110001',也即 49
                                    ; 实际周期 = (49 + 1) * 1/4 * 4 = 50 μs
        MOV     A,@0B00000010
        MOV     DTAH,A              ; PWMA 占空比的高 8 位设置为'00000010b'
                                    ; 因此 PWMA 占空比为'0000001010',也即 10
                                    ; 实际占空比 = 10 * 1/4 * 4 = 10 μs
        MOV     A,@0B00001100
        MOV     PRDBH,A             ; PWMB 周期的高 8 位设置为'00001100b'
                                    ; 因此 PWMB 周期为'0000110000',也即 48
                                    ; 实际周期 = (48 + 1) * 1/4 * 4 = 49 μs
        MOV     A,@0B00000010
        MOV     DTBH,A              ; PWMB 占空比的高 8 位设置为'00000010b'
                                    ; 因此 PWMB 占空比为'0000001000',也即 8
                                    ; 实际占空比 = 8 * 1/4 * 4 = 8 μs
        MOV     A,@0B10011001
        MOV     TMRCON,A            ; TMERA 与 TIMERB 的预分频比均设置为 1∶4
        MOV     A,@0B00000011
        MOV     CMPCON,A            ; 使能 PWMA、PWMB 功能
                                    ; P75、P76 管脚自动设置为 PWM 波形的输出管脚
        BANK    0
        JMP     $                   ; 空循环
```

2. C 语言例程

```
// ********************************************************************
//      PWMA 管脚(即 P75)输出周期为 50 μs、Duty 为 10 μs 的 PWM 波形
//      PWMB 管脚(即 P76)输出周期为 49 μs、Duty 为 8 μs 的 PWM 波形
// ********************************************************************
//MCU: EM78F664N
//Oscillator: IRC 4 MHz
//Clock: 2
//WDT: disable
//编译软件: eUIDE Version 1.00.04

#include "EM78F664N.H"
#define NOP()    _asm{nop}
```

```
#define ENI()    _asm{ENI}
#define WDTC()   _asm{WDTC}
#define DISI()   _asm{DISI}
```

```
extern int IntVecIdx; //occupied 0x10:rpage 0
void main()
{
    DISI();                  // 禁止中断
    WDTC();                  // 看门狗计时器清零(防止溢出)
    PWMCON = 0X60;
            // PWMA 周期最低两位设置为'01',PWMA 占空比最低 2 位设置为'10'
            // PWMB 周期最低两位设置为'00',PWMB 占空比最低 2 位设置为'00'
    PRDAH = 0X0C;            // PWMA 周期的高 8 位设置为'00001100b'
    DTAH = 0X02;             // PWMA 占空比的高 8 位设置为'00000010b'
    PRDBH = 0B0C;            // PWMB 周期的高 8 位设置为'00001100b'
    DTBH = 0B02;             // PWMB 占空比的高 8 位设置为'00000010b'
    TMRCON = 0X99;           // TMERA 与 TIMERB 的预分频比均设置为 1:4
      // PWMA 周期为'0000110001',也即 49,实际周期 = (49+1)*1/4*4 = 50 μs
      // PWMA 占空比为'0000001010',也即 10,实际占空比 = 10*1/4*4 = 10 μs
      // PWMB 周期为'0000110000',也即 48,实际周期 = (48+1)*1/4*4 = 49 μs
      // PWMB 占空比为'0000001000',也即 8,实际占空比 = 8*1/4*4 = 8 μs
    CMPCON = 0X03;           // 使能 PWMA、PWMB 功能
    while(1);
}
```

第7章
实际应用范例

7.1 应用范例之微波炉控制器

7.1.1 功能说明

1. 微波炉整机功能说明

微波炉是一种常见的家用电器,是使用微波加热食品的现代化烹调灶具。微波炉较之传统烹饪器具的突出优点是,使用方便且清洁,没有油烟污染。

2. 按键功能说明

(1) 共有 9 个控制按键。

(2) 1 个时间设置键(设置分钟秒键)。

① 最大可设置时间为 59 分 59 秒;如果秒设置时间超过 60,则分钟设置时间递增 1;

② 如果已经开始烹调,则不能设置运行时间,也即此时按秒键、分钟键无效。

(3) 1 个火力设置键。

① 共有 5 档烹调火力可以设置,分别对应火力占空比 4/22、8/22、12/22、16/22、22/22(这里的 n/m,表示在 m 秒的周期内,前 n 秒开启磁控管);

② 如果已经开始烹调,则不能设置烹调火力,也即此时按火力设置键无效。

(4) 4 个菜单键。

① 可根据烹调食物选择对应的菜单。按下菜单键之后,就已设置好默认的烹调火力及时间,可直接按"开始/运行"按键,进行烹调;

② 如果已经开始烹调,则按菜单键无效;

③ 四个菜单所对应的火力设置及烹调时间如表 7-1-1 所示。

表 7-1-1 微波炉火力档次说明

菜 单 选 项	火 力 设 置	烹调时间(min)
1	8/22	2
2	10/22	4

续　表

菜 单 选 项	火 力 设 置	烹调时间（min）
3	12/22	6
4	14/22	8

（5）1 个开始/暂停键。

① 在设置好火力和时间时，或者已按过菜单键时，可通过按"开始/暂停"键进入运行状态；

② 如果已经开始烹调，此时按"开始/暂停"键可暂停烹调运行；再次按动按"开始/暂停"键，则恢复正常运行。如此循环往复；

③ 如果炉门打开，则此按键无效。

（6）每次按键按下时，蜂鸣器鸣叫一声。

3. 数码管显示功能说明

（1）共有 4 个七段数码管用于显示。

（2）数码管共有 4 种可能的显示状态。

① 待机时，最右边的数码管显示"0"，其他数码管无显示；

② 设置火力时，中间两个数码管显示形如"P1"的火力级别；

③ 设置菜单时，中间两个数码管显示形如"C1"的菜单选项；

④ 设置烹调时间时，左边两个数码管显示所设置的分钟数，右边两个数码管显示所设置的秒数；

⑤ 烹调进行时，左边两个数码管显示剩余的分钟数，右边两个数码管显示剩余的秒数。

（3）系统根据当前的操作状态自动确定当前的显示内容。

4. 负载控制方式

（1）主要有两个负载，即磁控管和转盘电机（控制放置有食物的转盘在微波炉里不断转动，以实现均匀加热）。

（2）当使用者设置好烹调火力及烹调时间之后，就可按"开始/暂停"键开始烹调。在烹调进行过程中，磁控管根据所设定的火力档次周期性地开关，比如当前火力设置为第一档，则对应的开关控制占空比为 4/22，磁控管以 22 s 为周期工作，在一个周期内的前 4 s 内开启，在一个周期的后 18 s 关闭。

（3）在烹调进行期间，转盘电机保持开启；当烹调未开启（包括烹调过程中的暂停阶段），转盘电机保持关闭。

（4）在非运行状态下，如果炉门（通过门检测电路进行检测）打开，则无法通过按"开始/暂停"键来启动烹调。在运行状态下，如果炉门打开，则烹调过程自动暂停，磁控管和转盘电机关闭；关上炉门，再按"开始/暂停"键，则烹调过程继续进行。

7.1.2　硬件电路框图

微波炉控制器硬件电路框图如图 7-1-1 所示。

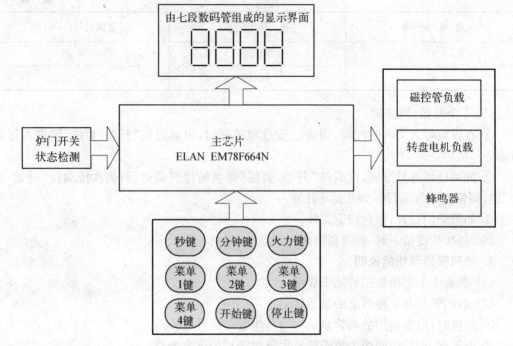

图 7-1-1 微波炉控制器硬件电路框图

7.1.3 芯片管脚分配

表 7-1-2 微波炉芯片管脚功能分配说明

采用 EM78F664N 的微波炉控制器			
序号	名 称	输入输出设置	功 能 分 配
1	P72	—	未使用(设置为输入管脚)
2	P56/TC2	输出	控制 74LS138 的第 2 脚
3	P67/AD7	输出	控制 74LS47 的第 6 脚
4	P66/AD6	输出	控制 74LS47 的第 2 脚
5	P65/AD5	输出	控制 74LS47 的第 1 脚
6	P52/RX/SI	—	未使用(设置为输入管脚)
7	P53/SCK	输出	控制 74LS138 的第 1 脚
8	P77/TCC	输出	控制 74LS138 的第 3 脚(初始电平设置为高,以关闭数码管显示)
9	nRESET	—	控制芯片复位
10	VSS	—	芯片接地脚
11	P60/AD0/INT	输入	按键扫描第 1 列

序号	名　称	输入输出设置	功　能　分　配
			采用 EM78F664N 的微波炉控制器
12	P61/AD1	输入	门状态检测管脚
13	P62/AD2	输入	按键扫描第 2 列
14	P63/AD3	输入	按键扫描第 3 列
15	P64/AD4	输出	按键扫描第 1 行(初始电平为高)
16	P82/CIN2−	输出	按键扫描第 2 行(初始电平为高)
17	P81/CIN2+(CLK)	输出	按键扫描第 3 行(初始电平为高)
18	P80/CO2(DATA)	输出	控制 74LS47 的第 7 脚
19	VDD	—	芯片电源脚
20	P54/OSCO/RCOUT	—	外接晶振
21	P55/OSCI/ERCin	—	外接晶振
22	P50/VREF/SS	输出	控制实现转盘转动的电机
23	P51/TX/SO	—	未使用(设置为输入管脚)
24	P57/TC3/PDO	输出	控制磁控管
25	P76/PWMB	输出	控制蜂鸣器
26	P75/PWMA	—	未使用(设置为输入管脚)
27	P74/TC1	—	未使用(设置为输入管脚)
28	P73	—	未使用(设置为输入管脚)

　　使用 74LS138 和 74LS47 两个逻辑芯片来搭建 LED 数码管显示电路。其中,P53、P56、P77 等三个管脚用作 3－8 线译码器逻辑芯片 74LS138 的输入数据管脚,用于控制四个数码管共阳端的切换显示。P65、P66、P67、P80 等四个管脚用作 BCD－7 段译码器逻辑芯片 74LS47 的输入数据管脚,用于实现数码管 7 个段位的显示控制。要注意,四个数码管的 7 段显示控制是共用的,我们通过对数码管共阳端的控制来决定在某一时刻由哪一个数码管进行显示。

　　电路中共用到 9 个按键,它们采用 3×3 行列扫描方式进行构建。其中,P64、P81、P82 等三个管脚为行扫描输出管脚,P60、P62、P63 等三个管脚为列扫描输入管脚。因为这里按键行扫描时是输出低电平,所以上电初始化时按键行扫描管脚应输出高电平。

　　输入信号除了按键之外,还有门状态检测信号。当微波炉的炉门打开时,管脚 P61 得到高电平,当微波炉的炉门关闭时,P61 管脚得到低电平。

　　输出负载主要有三个,即磁控管、转盘电机和蜂鸣器。磁控管和转盘电机均是得到低电平时开启,得到高电平时关闭。蜂鸣器则需使用特定频率的 PWM 信号来控制发声。

注意：这里所有未使用的芯片管脚均设置为输入管脚。一般来说，芯片未使用的管脚推荐采用两种处理方式：一是不外接任何器件，直接设置为输出；二是外部上拉或下拉，然后设置为输入。

7.1.4 程序变量功能说明

微波炉程序变量功能说明如表 7-1-3 所示。

表 7-1-3 微波炉程序变量功能说明

变量名称	变量类型	初始化值	功 能 描 述
buzzer_f	bit	0	表示蜂鸣器应鸣叫一声
key_busy_f	bit	0	表示前一次按下的按键还未释放的标志
keyf	bit	0	表示已扫描到一个有效键值，键值存放在 key_id 中
power_set_f	bit	0	表示火力已设置
start_f	bit	0	表示微波炉开始运行的标志
tim_4ms_f	bit	0	定时器每隔 4 ms 中断一次。每回执行定时中断子程时，此标志置 1
tim_40ms_f1	bit	0	用在 powercon_sub 子程中，作为火力时间控制的计时基准
tim_40ms_f2	bit	0	用在 keyscan_sub 子程中，作为进行按键扫描的时间间隔
time_set_f	bit	0	表示运行时间已设置
buz_count	byte	con_buz_time	
cycle_cnt	byte	0	与 pwm_duty 配合，用于实现磁控管开关占空比的控制
debounce_cnt	byte	0	用于控制按键扫描时的消抖次数
disp_con	byte	0	决定数码管的显示内容
disp_switch	byte	0	控制四个数码管的扫描切换
disp_temp_1	byte	con_disp_nothing	数码管 1 的显示内容
disp_temp_2	byte	con_disp_nothing	数码管 2 的显示内容
disp_temp_3	byte	con_disp_nothing	数码管 3 的显示内容
disp_temp_4	byte	0	数码管 4 的显示内容
doorcount	byte	con_door_times/2	用于门状态检测的消抖处理
key_id	byte	0	确认有效的扫描按键值

续 表

变量名称	变量类型	初始化值	功 能 描 述
menu_num	byte	0	选择的菜单编号
minute_run	byte	0	运行时间的分钟数
minute_set	byte	0	设置时间的分钟数
power_duty	byte	0	磁控管一个控制周期内的开启时间,以秒为计时单位
power_level	byte	4	烹调火力级别;共有五档火力设置,对应 power_level 的值在 0~4 之间变化;初值设置为 4,确保第一次按火力键时对应火力第一档
pre_key_id	byte	0	上一次扫描到的按键键值
second_cnt	byte	25	利用 4 ms 的时间基准来产生 1 s 的时间间隔
second_run	byte	0	运行时间的秒数
second_set	byte	0	设置时间的秒数
temp1	byte	0	用在非中断程序中的暂存器。用在 disp_sub 子程中,用于暂存控制数码管 7 段显示的 BCD 编码
temp2	byte	0	用在非中断程序中的暂存器。(1) 用在 keyscan_sub 子程中,用于控制按键逐行扫描的实现;(2) 用在 disp_sub 子程中,用于暂存数码管共模控制信号
temp3	byte	0	用在非中断程序中的暂存器。用在 disp_sub 子程中,用于控制四个数码管的切换显示
tim_cnt2	byte	10	用于产生 40 ms 的定时时间间隔;当其为 0 时,将 tim_40ms_f1、tim_40ms_f2 两个位标志置 1

注意:应确保软件正确初始化所有自定义的 RAM 变量,以免程序运行出错。初始化时,先将所有 RAM 区域清零,是一个良好的编程习惯。

7.1.5 程序模块功能说明

disp_sub:数码管显示驱动子程。每 4 ms 执行一次,对四个数码管进行扫描显示,切换一次所需的总时间为 16 ms。

division_sub:实现操作数除以 10 的子程。输入变量为累加器 a,输出变量为 a 的十位数字和个位数字,分别存放在 d_quotient 和 d_residual 中。

keyproc_sub:按键处理。对 keyscan_sub 子程扫描得到的按键进行处理。

keyscan_sub:按键扫描子程。每 40 ms 进行一次按键扫描,扫描到的有效按键键值存放在 key_id 中。在这个子程中也进行门开关状态检测。

powercon_sub:烹调过程控制子程。每 40 ms 执行一次。计时并控制磁控管、转盘电机的开关,完成烹调过程。

注意:当通过扫描方式来同时显示多个数码管时,应确保扫描切换所需的总时间间隔不超过 20 ms,否则人眼将可观察到明显的显示闪烁抖动现象。

7.1.6 堆栈深度检查

EM78F664N 堆栈为 8 层。

程序中只有一个中断服务子程序,这个中断服务子程序是利用 Timer1 来产生 4 ms 的基准时间间隔。在不考虑这个中断子程序的情况下,主程序可能出现的最大堆栈深度为 2 层,这个最大堆栈深度出现在 disp_sub 子程调用 division_sub 子程之时;当 keyproc_sub 通过"call"指令进行读表操作时,也会导致这个最大堆栈深度出现。将中断子程的影响考虑在内,整个程序最大可能的堆栈深度应为 3 层,未超过芯片所允许的 8 层的极限,所以整个程序的堆栈操作是安全的。

7.1.7 程序总体流程图及对应的主程序代码

微波炉程序总体流程图如图 7-1-2 所示,其对应的主程序代码如下:

```
// **************************************************
//        MCU: EM78F664N
//        功能: 微波炉智能电子控制器
//        编程语言: C 语言
// **************************************************


// Oscillator: Crystal 4 MHz
// Clock: 2
// WDT: enable                    // 使能看门狗定时器


#include    "EM78F664N.H"


#define    DISI()            _asm{ disi }
#define    ENI()            _asm{ eni    }
#define    WDTC()            _asm{ wdtc }
#define    TurnOnLoad()        pin_load_con = 0
#define    TurnOffLoad()        pin_load_con = 1
#define    TurnOnMotor()        pin_motor_con = 0
#define    TurnOffMotor()        pin_motor_con = 1
#define    TurnOnBuz()        pin_buz = 0
#define    TurnOffBuz()        pin_buz = 1


#define    pin_74_47_a        P80
#define    pin_74_47_b        P65
```

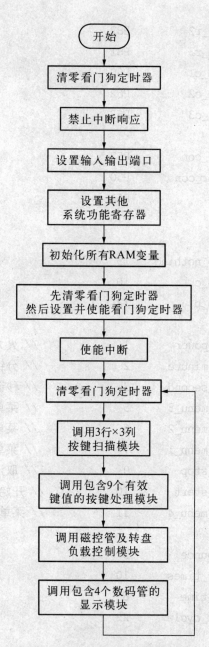

图 7 - 1 - 2 微波炉程序总体流程图

```
#define    pin_74_47_c          P66
#define    pin_74_47_d          P67

#define    pin_74_138_a         P53
#define    pin_74_138_b         P56
#define    pin_74_138_c         P77

#define    pin_scan_r1          P64
```

```
#define        pin_scan_r2            P82
#define        pin_scan_r3            P81
#define        pin_scan_c1            P60
#define        pin_scan_c2            P62
#define        pin_scan_c3            P63

#define        pin_load_con           P57
#define        pin_motor_con          P50
#define        pin_door               P61
#define        pin_buz                P76

#define        con_disp_nothing       15
#define        con_disp_c             10
#define        con_disp_p             12

#define        con_key_power          1          // 火力键
#define        con_key_minute         2          // 分钟键
#define        con_key_second         3          // 秒键
#define        con_key_menu_3         5          // 菜单 3 键
#define        con_key_menu_2         6          // 菜单 2 键
#define        con_key_menu_1         7          // 菜单 1 键
#define        con_key_stop           9          // 取消键
#define        con_key_start          10         // 开始键
#define        con_key_menu_4         11         // 菜单 4 键

#define        con_debounce           3
#define        con_door_times         10
#define        con_buz_time           6
#define        con_cook_cycle         22

bit            key_f;
bit            key_busy_f;
bit            start_f;
bit            pause_f;
bit            power_set_f;
bit            time_set_f;
bit            menu_set_f;
bit            door_open_f;
```

```
bit         tim_4ms_f;
bit         tim_40ms_f1;
bit         tim_40ms_f2;
bit         buzzer_f;

unsigned int        key_id;
unsigned int        minute_set;
unsigned int        second_set;
unsigned int        power_level;
unsigned int        power_duty;
unsigned int        menu_num;
unsigned int        tim_cnt2;
unsigned int        second_cnt;
unsigned int        cycle_cnt;
unsigned int        disp_con;
unsigned int        disp_temp_1;
unsigned int        disp_temp_2;
unsigned int        disp_temp_3;
unsigned int        disp_temp_4;
unsigned int        minute_run;
unsigned int        second_run;
unsigned int        disp_switch;
unsigned int        tim_cnt2;
unsigned int        debounce_cnt;
unsigned int        pre_key_id;
unsigned int        doorcount;
unsigned int        buz_count;

const unsigned int      powerlevel[] = {4,8,12,16,22};
const unsigned int      menupower[] = {8,10,12,14};
const unsigned int      menutime[]  = {2,4,6,8};


extern    int    IntVecIdx;            // occupied 0x10:rpage 0


void    disp_sub(void);            // 函数原型声明
void    keyscan_sub(void);         // 函数原型声明
void    keyproc_sub(void);         // 函数原型声明
void    powercon_sub(void);        // 函数原型声明
```

```
void main()
{
    WDTC();
    DISI();
// ===============                 // 端口初始化
    PORT5 = 0b10000001;
    P5CR = 0b00110110;              // 设置 P5 端口的输入输出方式
    PORT6 = 0b00010000;
    P6CR = 0b00001111;              // 设置 P6 端口的输入输出方式
    PORT7 = 0b11000000;
    P7CR = 0b00111111;              // 设置 P7 端口的输入输出方式
    PORT8 = 0b00000110;
    P8CR = 0b11111000;              // 设置 P7 端口的输入输出方式
// ===============                 // 定时器 timer1 设置
    MSR = 0b01100000;
    TC1CR = 0x20;
    TCR1DA = 125;
    TC1S = 1;
    ISR2 = 0;
    IMR2 = 0x08;
// ===============                 // 对芯片的其他 SFR 进行适当的初始化设置
    _asm{
          bank    0
          clra
          contw
         }
    WUCR = 0;
    EEPCR = 0;
    EEPA = 0;
    EEPD = 0;
    ISR1 = 0;
    TC2CR = 0;
    SPIS = 0;
    SPIC = 0;
    AISR = 0;
    ADCON = 0;
    ADOC = 0;
    URC1 = 0;
    URC2 = 0;
```

```
    URS = 0;
    PHCR1 = 0b11111111;
    TC3CR = 0;
    PDCR1 = 0b11111111;
// ==============                        // 设置用于驱动蜂鸣器的 PWMB
    PWMCON = 0;
    PRDBH = 62;
    DTBH = 31;
    TMRCON = 0b00001001;
    CMPCON = 0;
// ==============                        // RAM 变量初始化
    for(RSR = 0x10; RSR<0x40; RSR + + )
// 只用到 bank 0 中的 RAM 空间,只对这部分 RAM 空间清零
        R0 = 0;                          // 这里的 RSR 就是 R4

    disp_temp_1 = con_disp_nothing;
    disp_temp_2 = con_disp_nothing;
    disp_temp_3 = con_disp_nothing;
    disp_temp_4 = 0;
    disp_con = 0;                        //数码管显示待机状态

    second_cnt = 25;
    tim_cnt2 = 10;
    doorcount = con_door_times/2;
    buz_count = con_buz_time;
    power_level = 4;

    buzzer_f = 1;
    WDTC();
    WDTCR = 0b10000000;          // 使能看门狗定时器,溢出间隔大概为 18 ms

    ENI()
// ==============                        // 主控循环
    while(1)
    {
      WDTC();
      keyscan_sub();                     // 调用按键扫描子程
      keyproc_sub();                     // 调用按键处理子程
      powercon_sub();                    // 调用烹调火力控制子程
```

```
        disp_sub();                        // 调用数码管显示驱动子程
    }
}


void _intcall ALLint(void) @ int
{
    switch(IntVecIdx)
    {
        case 0x4:
        break;

        case 0x7:
        break;

        case 0xA:
        break;

        case 0x13:
        break;

        case 0x16:
        break;

        case 0x19:
        break;

        case 0x1C:
        break;

        case 0x1F:
        break;

        case 0x22:
        break;

        case 0x25:
        break;

        case 0x28:
```

```
        break;

        case 0x2B:
        break;

        case 0x2E:
        break;

        case 0x31:
        break;
    }
}

void _intcall TC1_l(void) @ 0x18:low_int 5      // 定时中断子程
{
    _asm{MOV A,0x2};

    ISR2 &= 0xf7;                        // 清除 TC1 所对应的中断请求标志位 TC1IF

    tim_4ms_f = 1;
    tim_cnt2 - - ;
    if( tim_cnt2 == 0 )
    {
        tim_40ms_f1 = 1;
        tim_40ms_f2 = 1;
        tim_cnt2 = 10;
    }
}
```

7.1.8 按键扫描模块流程图及对应的程序代码

微波炉程序按键扫描模块流程图如图 7-1-3 所示,其对应的程序代码如下:
```
// =============================
//        按键扫描子程
// =============================
void keyscan_sub(void)
{
    unsigned int temp1, temp2;
    if(tim_40ms_f2)                         // 每隔 40 ms 执行一次
```

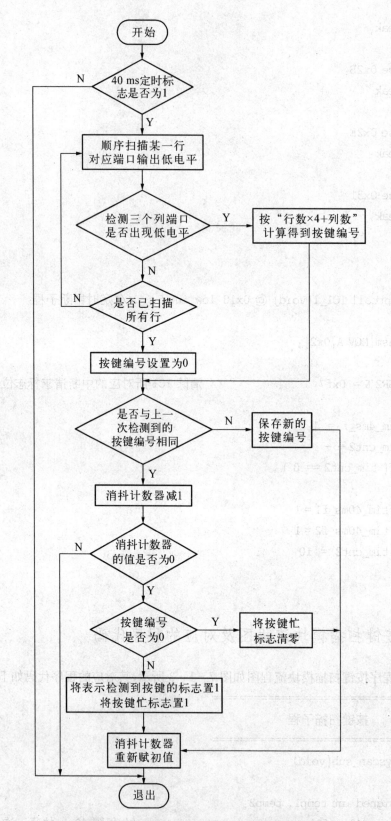

图 7 - 1 - 3　微波炉程序按键扫描模块流程图

```
{  tim_40ms_f2 = 0;
  for( temp2 = 0;temp2<3;temp2 + + )              // 对 3 行按键进行扫描
  {
    switch(temp2)              // 根据 temp2 的值决定对哪一行按键进行扫描
    {
      case 0:                  // 扫描第一行按键,对应管脚输出低电平
        pin_scan_r1 = 0;
        pin_scan_r2 = 1;
        pin_scan_r3 = 1;
        break;
      case 1:
        pin_scan_r1 = 1;        // 扫描第二行按键,对应管脚输出低电平
        pin_scan_r2 = 0;
        pin_scan_r3 = 1;
        break;
      case 2:
        pin_scan_r1 = 1;        // 扫描第三行按键,对应管脚输出低电平
        pin_scan_r2 = 1;
        pin_scan_r3 = 0;
        break;
    }
    temp1 = temp2 * 4;        //  temp1 中保存对按键的编号
    if(! pin_scan_c1)
      {
        temp1 = temp1 + 1;
        break;              // 如果扫描到按键就结束扫描
      }
    else if(! pin_scan_c2)
      {
        temp1 = temp1 + 2;
        break;              // 如果扫描到按键就结束扫描
      }
    else if(! pin_scan_c3)
      {
        temp1 = temp1 + 3;
        break;              // 如果扫描到按键就结束扫描
      }
    else
      temp1 = 0;          // 如果 temp1 等于 0,就表示没有扫描到按键
```

```
            }
        pin_scan_r1 = 1;              // 停止输出行扫描信号
        pin_scan_r2 = 1;
        pin_scan_r3 = 1;
        if( temp1 ==pre_key_id )
        {
            if( ( - -debounce_cnt) ==0 )
            {
                key_id = temp1;
                if(key_id ==0)
                    key_busy_f = 0;
                else
                {
                    if(! key_busy_f)
                    {   key_f = 1;
                        key_busy_f = 1;
                    }
                }
                debounce_cnt = con_debounce;
            }
        }
        else
        {   pre_key_id = temp1;              // 保存新扫描得到的键值
            debounce_cnt = con_debounce;
        }
        if(pin_door)
        {
            if( ( + +doorcount)>con_door_times )
            {
                doorcount = con_door_times;
                door_open_f = 1;
                if(start_f)
                    pause_f = 1;
            }
        }
        else
        {
            if( ( - -doorcount)>128 )          // 也即最高位为1,说明为负数
            {
```

```
                doorcount = 0;
                door_open_f = 0;
            }
        }
    }
}
```

7.1.9　按键处理模块流程图及对应的程序代码

微波炉程序按键处理模块流程图如图 7-1-4 所示,其对应的程序代码如下:

```
// =============================
//          按键处理子程
// =============================
void keyproc_sub(void)
{
    unsigned temp1;

    if(key_f)
    {
        if(key_id ==con_key_second)
        {
            if( (! start_f)&&(! menu_set_f) )
            {
                if(second_set ==59)
                {
                    if(minute_set<59)
                    {
                        second_set = 0;
                        minute_set + + ;
                    }
                    else
                    {
                        second_set = 0;
                        minute_set = 59;        // 最大可设置时间为 59 分 59 秒
                    }
                }
                else
                    second_set + + ;
```

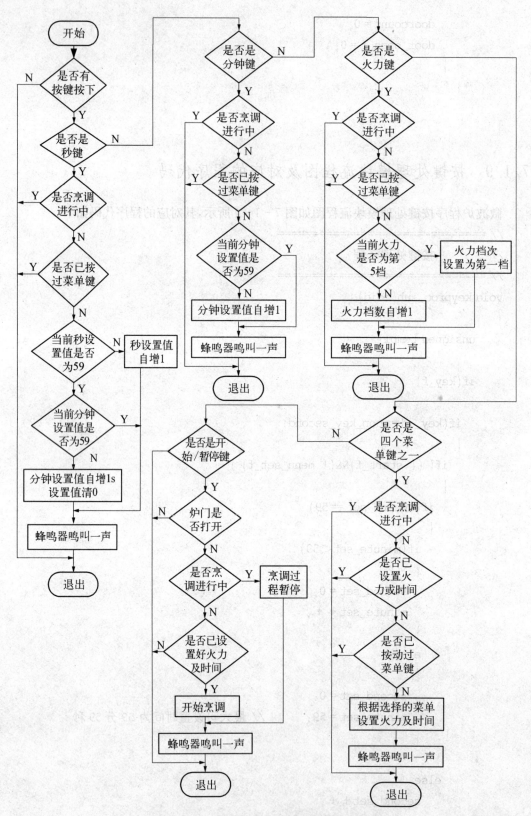

图 7-1-4 微波炉程序按键处理模块流程图

```
        disp_con = 3;                  // 数码管显示设置时间
        time_set_f = 1;
        buzzer_f = 1;                  // 蜂鸣器鸣叫一声

}
}
    else if(key_id ==con_key_minute)
    {
      if( (! start_f)&&(! menu_set_f) )
      {
        if(minute_set<59)
            minute_set + + ;
        else
            minute_set = 59;

        disp_con = 3;                  // 数码管显示设置时间
        time_set_f = 1;
        buzzer_f = 1;                  // 蜂鸣器鸣叫一声
      }
    }
    else if(key_id ==con_key_power)
    {
      if( (! start_f)&&(! menu_set_f) )
      {
                                // 火力档次共有 5 档可设置
                                // 对应 power_level 的值在 0～4 之间变化
        if(power_level> = 4)
            power_level = 0;
        else
            power_level + + ;

        power_set_f = 1;
        power_duty = powerlevel[power_level];
        disp_con = 1;               // 指定数码管显示火力设置
        buzzer_f = 1;               // 蜂鸣器鸣叫一声
      }
    }
    else if(key_id ==con_key_start)
    {
```

```
      if(! door_open_f)              // 如果炉门是打开的,则此按键不响应
      {
        if(! start_f)
        {
                                     // 如果已设置好火力及时间,则开始烹调
          if( (power_set_f ==1)&&(time_set_f ==1) )
          {
            second_cnt = 25;
            cycle_cnt = 0;
            second_run = second_set;
            minute_run = minute_set;
            pause_f = 0;
            start_f = 1;
            disp_con = 4;          // 让数码管显示剩余的烹调时间
            buzzer_f = 1;
          }
          else
          {
            pause_f = ! pause_f;
            disp_con = 4;          // 让数码管显示剩余的烹调时间
            buzzer_f = 1;
          }
        }
      }
    else if(key_id ==con_key_stop)     // 是否是取消按键
    {
      start_f = 0;
      pause_f = 0;
      power_set_f = 0;
      time_set_f = 0;
      menu_set_f = 0;
      second_set = 0;
      minute_set = 0;
      second_run = 0;
      minute_run = 0;
      power_level = 4;
      buzzer_f = 1;
      disp_con = 0;
```

```
                        // 让数码管显示待机状态(也即第四个数码管显示一个 0)
}
else                            // 是否是菜单按键
{
  temp1 = 4;                    // 这里的 4 是随便选取的,表示不是菜单键

  switch(key_id)
  {
    case con_key_menu_1:
        temp1 = 0;
        break;
    case con_key_menu_2:
        temp1 = 1;
        break;
    case con_key_menu_3:
        temp1 = 2;
        break;
    case con_key_menu_4:
        temp1 = 3;
        break;
  }
  if( (! start_f)&&(! power_set_f)&&(! time_set_f) )
  {
    if(temp1<4)              // 如果是按动了四个菜单键
    {
      menu_set_f = 1;
      menu_num = temp1;
      power_duty = menupower[menu_num];
      power_set_f = 1;
      minute_set = menutime[menu_num];
      second_set = 0;
      time_set_f = 1;
      disp_con = 2;            // 控制数码管显示菜单设置
      buzzer_f = 1;           // 蜂鸣器鸣叫一声
    }
  }
}
key_f = 0;
key_id = 0;
```

```
        }
    }
```

7.1.10　负载控制模块流程图及对应的程序代码

微波炉程序负载控制模块流程图如图 7-1-5 所示,其对应的程序代码如下:

```
// ===============================
//          负载控制子程序
// ===============================
void powercon_sub(void)
{
    if(tim_40ms_f1)                              // 每 40 ms 执行一次
    {  tim_40ms_f1 = 0;
      if( (start_f == 1)&&(pause_f == 0) )        // 如果烹调已开始且未被暂停
      {
        if( ( - - second_cnt) == 0 )              // 每秒执行一次
        {  second_cnt = 25;                       // 25 * 40 ms = 1 s
          if( ( - - second_run) == 0 )            // 烹调时间由秒数和分钟数两部分组成
                                                  // 如果烹调时间的秒数部分为 0
          {
            if(minute_run == 0)                   // 如果烹调时间的分钟数部分为 0
            {  // 烹调时间为 0,说明当前这次的烹调过程结束
              // 下面的多条指令用于将烹调过程中使用的各种控制标志清零
              start_f = 0;
              pause_f = 0;
              power_set_f = 0;
              time_set_f = 0;
              menu_set_f = 0;
              second_set = 0;
              minute_set = 0;
              second_run = 0;
              minute_run = 0;
              power_level = 4;
              disp_con = 0;          // 数码管显示待机状态
              buzzer_f = 1;          // 控制蜂鸣器鸣叫一声
            }
          }
          else
          {
```

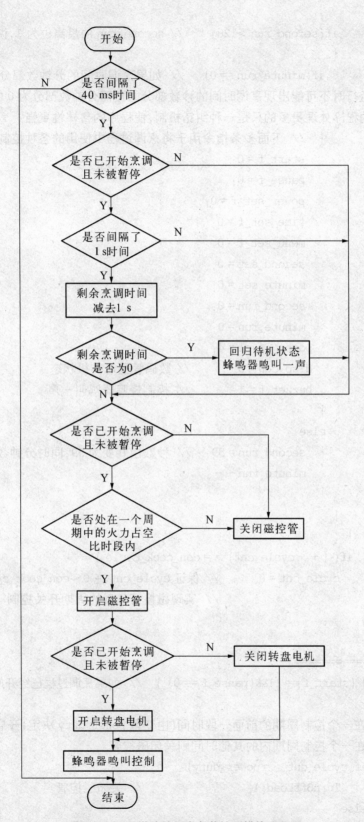

图 7-1-5 微波炉程序负载控制模块流程图

```
            if(second_run>128)      // second_run 的最高位为 1,说明为负数
            {
                if(minute_run == 0)    // 如果烹调时间的分钟数部分为 0
// 正常运行时不可能出现烹调时间的秒数部分为负而分钟数部分为 0 的情况
// 这里的程序处理更多的只是一种纠错机制,使程序的鲁棒性更强
                {   // 下面多条指令用于将烹调过程中使用的各种控制标志清零
                    start_f = 0;
                    pause_f = 0;
                    power_set_f = 0;
                    time_set_f = 0;
                    menu_set_f = 0;
                    second_set = 0;
                    minute_set = 0;
                    second_run = 0;
                    minute_run = 0;
                    power_level = 4;
                    disp_con = 0;        // 数码管显示待机状态
                    buzzer_f = 1;        // 控制蜂鸣器鸣叫一声
                }
                else
                {   second_run = 59;    // 秒数由 0 变为 59,同时分钟数递减 1
                    minute_run - - ;
                }
            }
        }
        if( ( + + cycle_cnt)> = con_cook_cycle )
            cycle_cnt = 0;          // 保证 cycle_cnt 在 0~con_cook_cycle 之间循环
                                    // 实现磁控管负载的周期开关控制
        }
    }
// ================
    if( (start_f == 1)&&(pause_f == 0) )    // 如果烹调过程已经开始且未被暂停
    {
// 在一个控制周期的前面一段时间(由变量 power_duty 决定)开启磁控管
// 在一个控制周期内的其他时间则关闭磁控管
        if(cycle_cnt> = power_duty)
            TurnOffLoad();                  // 关闭磁控管
        else
            TurnOnLoad();                   // 开启磁控管
```

```
        }
        else                                      // 如果烹调过程未开始或者已被暂停
            TurnOffLoad();                         // 关闭磁控管
// ================
        if( (start_f == 1)&&(pause_f == 0) )       // 如果烹调过程已经开始且未被暂停
            TurnOnMotor();                         // 开启转盘电机
        else
            TurnOffMotor();                        // 关闭转盘电机
// ===============                                 // 蜂鸣器控制部分
                   // buzzer_f 控制鸣蜂器是否鸣叫,buz_count 控制鸣叫时间
        if(buzzer_f)                               // 如果 buzzer_f 为 1,则蜂鸣器鸣叫
        {
          if( ( − −buz_count) == 0 )               // 如果鸣叫持续时间已到,则停止鸣叫
          {  buzzer_f = 0;
             TurnOffBuz();                         // 让蜂鸣器停止鸣叫
             buz_count = con_buz_time;             // 设置鸣叫时间,为下次鸣叫做准备
          }
          else
            TurnOnBuz();          // 让蜂鸣器鸣叫
        }
        else
        {  TurnOffBuz();          // 让蜂鸣器停止鸣叫
           buz_count = con_buz_time;
                                  // 设置好蜂鸣器鸣叫时间,为下一次鸣叫做准备
        }
      }
    }
```

7.1.11　显示控制模块流程图及对应的程序代码

微波炉程序显示控制模块流程图如图 7-1-6 所示,其对应的程序代码如下:

```
// ===============================
//      数码管显示驱动子程序
// ===============================
void disp_sub(void)
{
    unsigned int temp1, temp2, temp3;

    if(tim_4ms_f)                    // 每隔 4 ms 执行一次
```

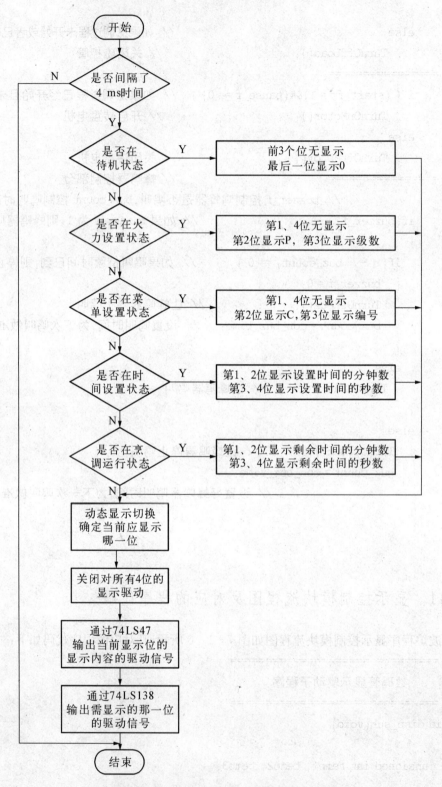

图 7 - 1 - 6 微波炉程序显示控制模块流程图

```
{
    tim_4ms_f = 0;

    switch(disp_con)                    // 变量 disp_con 决定数码管的显示内容
    {
        case 0:                         // 状态 0
            disp_temp_1 = con_disp_nothing;    // 第 1 个数码管无显示
            disp_temp_2 = con_disp_nothing;    // 第 2 个数码管无显示
            disp_temp_3 = con_disp_nothing;    // 第 3 个数码管无显示
            disp_temp_4 = 0;                   // 第 4 个数码管显示一个"0"
            break;
        case 1:                         // 状态 1
            disp_temp_1 = con_disp_nothing;    // 第 1 个数码管无显示
            disp_temp_2 = con_disp_p;// 第 2 个数码管显示"P",表示火力 power
            disp_temp_3 = power_level + 1;     // 第 3 个数码管显示火力档次
            disp_temp_4 = con_disp_nothing;    // 第 4 个数码管无显示
            break;
        case 2:
            disp_temp_1 = con_disp_nothing;    // 第 1 个数码管无显示
            disp_temp_2 = con_disp_c;          // 第 2 个数码管显示"C"
            disp_temp_3 = menu_num + 1;        // 第 3 个数码管显示菜单编号
            disp_temp_4 = con_disp_nothing;    // 第 4 个数码管无显示
            break;
        case 3:
            disp_temp_1 = minute_set/10;
                            // 第 1 个数码管显示设置时间的分钟数的十位
            disp_temp_2 = minute_set % 10;
                            // 第 2 个数码管显示设置时间的分钟数的个位
            disp_temp_3 = second_set/10;
                            // 第 3 个数码管显示设置时间的秒数的十位
            disp_temp_4 = second_set % 10;
                            // 第 4 个数码管显示设置时间的秒数的个位
            break;
        case 4:
            disp_temp_1 = minute_run/10;
                            // 第 1 个数码管显示运行时间的分钟数的十位
            disp_temp_2 = minute_run % 10;
                            // 第 2 个数码管显示运行时间的分钟数的个位
            disp_temp_3 = second_run/10;
```

```
                                      // 第 3 个数码管显示运行时间的秒数的十位
              disp_temp_4 = second_run % 10;
                                      // 第 4 个数码管显示运行时间的分钟数的个位
          break;
        default:
          disp_con = 0;      // 纠错处理,如果 disp_con 的值异常,则清零
      }

      if(disp_switch >= 3)      // disp_switch 控制数码管的动态扫描显示
                                // 在 0~2 之间取值
          disp_switch = 0;
      else
          disp_switch + +;
// 只要 pin_74_138_c 这一管脚输出高电平,则译码器 Y0~Y3 均不会输出低电平
// 可保证数码管均无显示
      pin_74_138_c = 1;


      switch(disp_switch)      // 变量 temp1 存放数码管的显示内容
      {                        // 变量 temp2 存放数码管共阳端的输出控制信号
        case 0:                // 如果 disp_switch == 0,显示数码管 1
          temp1 = disp_temp_1;
          temp2 = 0;
          break;
        case 1:                // 如果 disp_switch == 1,显示数码管 2
          temp1 = disp_temp_2;
          temp2 = 0x08;
          break;
        case 2:                // 如果 disp_switch == 2,显示数码管 3
          temp1 = disp_temp_3;
          temp2 = 0x40;
          break;
        case 3:                // 如果 disp_switch == 3,显示数码管 4
          temp1 = disp_temp_4;
          temp2 = 0x48;
          break;
        default:               // 纠错处理,如果 disp_switch 超出范围则归零
          disp_switch = 0;
      }
      // 根据要显示的内容,来对应设置数码管显示电路的管脚输出信号
```

```
    if( (temp1&0b00000001) == 0b00000001 )
        pin_74_47_a = 1;
    else
        pin_74_47_a = 0;
    if( (temp1&0b00000010) == 0b00000010 )
        pin_74_47_b = 1;
    else
        pin_74_47_b = 0;
    if( (temp1&0b00000100) == 0b00000100 )
        pin_74_47_c = 1;
    else
        pin_74_47_c = 0;
    if( (temp1&0b00001000) == 0b00001000 )
        pin_74_47_d = 1;
    else
        pin_74_47_d = 0;

    // 设置 138 芯片的输出信号,也即数码管共阳端的输出信号
    PORT5 = (PORT5&0b10110111)|temp2;
    pin_74_138_c = 0;
    }
}
```

7.2 应用范例之饮水机控制器

7.2.1 功能说明

1. 饮水机整机功能说明

饮水机是现代办公场所必备的电器产品之一,它能为人们提供温度适宜的洁净饮用水,使用轻松便捷。

2. 按键功能说明

(1) 一共有 6 个控制按键。

(2) 制热模式键。

① 按动此键,则进入制热模式,视设置温度与实际温度的关系,制热负载可能开启;

② 初次上电时,默认制热设定温度为 95℃。

(3) 制冷模式键。

① 按动此键,则进入制冷模式,视设置温度与实际温度的关系,制冷负载可能开启;

② 初次上电时,默认制冷设定温度为 5℃。

(4) 常温模式键。

按动此键,则进入常温模式,制热负载和制冷负载均关闭。

(5) 温度上调键。

① 按动此键可将设定温度上调 1℃;

② 制热模式下的温度设置范围为 60~95℃;制冷模式下的温度设置范围为 5~20℃。如果设定温度已达到上限,则再次按动温度上调键,设定温度将保持不变。

(6) 温度下调键。

① 按动此键可将设定温度下调 1℃;

② 制热模式下的温度设置范围为 60~95℃;制冷模式下的温度设置范围为 5~20℃。如果设定温度已达到下限,则再次按动温度下调键,设定温度将保持不变。

(7) 校正按键。

① 在上电之后未按动其他按键的情况下,可通过按动此键进行 ADC 采样校正,校正之前应保证采样端口的输入电压为零;

② 如果上电之后按动过其他按键,则校正按键将失效,按动此按键不会执行任何操作。

(8) 每次按键按下且按键功能有效时,蜂鸣器鸣叫一声。

3. 数码管显示功能说明

(1) 共有 3 个七段数码管用于显示。我们按从左至右的顺序,将这 3 个数码管依次称为第一个、第二个、第三个数码管。

(2) 第一个数码管用于显示当前的工作状态。

① 当处于制热模式时,显示"1";

② 当处于制冷模式时,显示"2";

③ 当处于常温模式时,显示"3";

④ 当出现故障时,显示"4"。

(3) 第二、第三个数码管用于显示温度或故障代码。

① 在非温度设定状态下,这两个数码管显示实际水温。

② 在温度设定状态下显示温度的设定值。当按动温度上调键或温度下调键时,这两个数码管显示设定温度。当未按动温度上调键或温度下调键超过 5 s 时间后,数码管转为显示当前的实际水温。

③ 在故障模式下,第二个数码管不显示任何内容,第三个数码管则显示具体的故障代码。

出现传感器短路或断路故障时,显示"1";

出现超温保护时,显示"2";

出现干烧保护时,显示"3"。

注意:考虑到传感器出现开短路故障时可能导致其他故障或保护出现,因此当多个故障或保护同时并存时,将优先显示传感器开短路故障的故障代码。

4. 负载控制方式

(1) 主要有两个负载,即用于实现制热的负载和用于实现制冷的负载。均为输出低电平时开启,输出高电平时关闭。

(2) 在制热模式下(记设定温度为 T_s,实际水温为 T_a)。

① 制冷负载保持关闭;

② 当 $T_a < T_s - 1$ 时,开启制热负载;当 $T_a \geqslant T_s + 1$ 时,关闭制热负载。

(3) 在制冷模式下(记设定温度为 T_s,实际水温为 T_a)。

① 制热负载保持关闭;

② 当 $T_a < T_s - 1$ 时,关闭制冷负载;当 $T_a \geqslant T_s + 1$ 时,开启制冷负载。

(4) 在常温模式下,制冷、制热负载均关闭。

(5) 在故障模式,制热、制冷负载均关闭。

注意:这里制热负载和制冷负载的控制均引入了回差控制方式,以避免负载在特定温度点附近出现频繁开关的现象。

5. 故障检测功能

(1) 传感器开路短路故障。当检测到传感器开路或短路(即 AD 值小于 10 或大于 245)时,判为传感器开短路故障,进入故障模式。

(2) 超温故障。无论何种模式下,当检测到的温度低于 1℃或等于大于 98℃时,将认为超过正常水温范围,判为超温故障,进入故障模式。

(3) 干烧故障。无论何种模式下,如果检测到水温在 10 s 内上升超过 3℃,则判为干烧故障,进入故障模式。

(4) 进入故障模式后,制热及制冷负载均关闭,数码管显示故障代码。

(5) 出现各种故障之后,必须断电后重新上电,才有可能退出故障模式,恢复正常工作。

7.2.2 硬件电路框图

饮水机控制器硬件电路框图如图 7-2-1 所示。

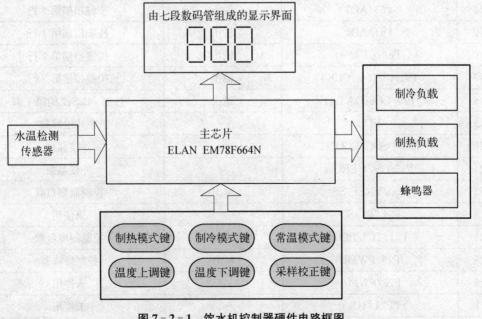

图 7-2-1 饮水机控制器硬件电路框图

7.2.3 芯片管脚分配

芯片管脚功能分配说明如表 7-2-1 所示。

表 7-2-1 芯片管脚功能分配说明

采用 EM78F664N 的饮水机控制器			
序号	名　　称	输入输出设置	功　能　分　配
1	P72	—	未使用
2	P56/TC2	输出	控制 74LS138 的第 2 脚
3	P67/AD7	输出	控制 74LS47 的第 6 脚
4	P66/AD6	输出	控制 74LS47 的第 2 脚
5	P65/AD5	输出	控制 74LS47 的第 1 脚
6	P52/RX/SI	—	未使用
7	P53/SCK	输出	控制 74LS138 的第 1 脚
8	P77/TCC	输出	控制 74LS138 的第 3 脚
9	nRESET	—	控制芯片复位
10	VSS	—	芯片接地脚
11	P60/AD0/INT	输入	按键扫描第 1 列
12	P61/AD1	输入	水温检测管脚
13	P62/AD2	输入	按键扫描第 2 列
14	P63/AD3	输入	按键扫描第 3 列
15	P64/AD4	输出	按键扫描第 1 行
16	P82/CIN2−	输出	按键扫描第 2 行
17	P81/CIN2+(CLK)	输出	按键扫描第 3 行
18	P80/CO2(DATA)	输出	控制 74LS47 的第 7 脚
19	VDD	—	芯片电源脚
20	P54/OSCO/RCOUT	—	外接晶振
21	P55/OSCI/ERCin	—	外接晶振
22	P50/VREF/SS	输出	控制制热负载
23	P51/TX/SO	—	未使用
24	P57/TC3/PDO	输出	控制制冷负载
25	P76/PWMB	输出	控制蜂鸣器
26	P75/PWMA	—	未使用
27	P74/TC1	—	未使用
28	P73	—	未使用

使用两个 74LS138 和 74LS47 两个逻辑芯片来搭建 LED 数码管显示电路。其中,P53、P56、P77 等三个管脚用作 3-8 线译码器逻辑芯片 74LS138 的输入数据管脚,用于控制四个数码管共阳端的切换显示。P65、P66、P67、P80 等四个管脚用作 BCD-7 段译码器逻辑芯片 74LS47 的输入数据管脚,用于实现数码管 7 个段位的显示控制;要注意,四个数码管的 7 段显示控制是共用的,我们通过对数码管共阳端的控制来决定在某一时刻由哪一个数码管进行显示。

电路中共用到 5 个按键,它们采用 2×3 行列扫描方式进行构建。其中,P64、P81 这两个管脚为行扫描输出管脚,P60、P62、P63 等三个管脚为列扫描输入管脚。因为这里按键行扫描时是输出低电平,所以上电初始化时按键行扫描管脚应输出高电平。

这里的主要输入信号是水温采样信号,它是进行负载控制及数码管显示的主要依据。

输出负载主要有三个,即制热负载、制冷负载和蜂鸣器。制热负载和制冷负载均是得到低电平时开启,得到高电平时关闭。蜂鸣器则需使用特定频率的 PWM 信号来控制发声。

注意:

(1) 这里所有未使用的芯片管脚均设置为输入管脚。一般来说,芯片未使用的管脚推荐采用两种处理方式:一是不外接任何器件,直接设置为输出;二是外部上拉或下拉,然后设置为输入。

(2) 一般的冷热式饮水机应有两个温度传感器,分别用于检测热罐和冷罐中的水温,制热模式下以热罐中温度传感器所检测到的水温为准进行控制,制冷模式下则以冷罐中温度传感器所检测到的水温为准进行控制。我们这里的设计则以说明芯片软件编程方法为主,假定只有一个水温检测传感器。

7.2.4 程序变量功能说明

饮水机程序变量说明如表 7-2-2 所示。

表 7-2-2 饮水机程序变量说明

变 量 名 称	变量类型	初 始 化 值	功 能 描 述
adc_first_f	bit	0	表示上电之后是否已检测得到第一个可用于控制的实际水温;在这个标志置一之前,不进行显示或超温故障检测
adc_tim_f	bit	0	用于控制 AD 采样的时机。每隔 40 ms 置一次 1
buzzer_f	bit	0	表示蜂鸣器应鸣叫一声
cali_fail_f	bit	0	表示当前次 ADC 校正失败的标志
cool_mode_f	bit	0	表示当前工作在制冷模式
disp_update_f	bit	1	用于控制实际水温显示的更新频率
err_sensor_f	bit	0	传感器开短路故障标志
err_limit_f	bit	0	超温故障标志
err_dry_f	bit	0	干烧故障标志

变 量 名 称	变量类型	初 始 化 值	功 能 描 述
heat_mode_f	bit	0	表示当前工作在制热模式
key_busy_f	bit	0	表示前一次按下的按键还未释放的标志
key_f	bit	0	表示已扫描到一个有效键值，键值存放在 key_id 中
key_press_f	bit	0	置 1 时表示上电之后已有除校正键之外的其他按键按下。这个标志用于控制校正按键是否有效
temp_set_f	bit	0	温度设置状态标志。按动温度上调及温度下调键时此标志置 1，未按动这两个按键 5 s 之后，此标志清 0
tim_4ms_f	bit	0	定时器每隔 4 ms 中断一次。每回执行定时中断子程时，此标志置 1
tim_40ms_f	bit	0	用在 keyscan_sub 子程中，作为进行按键扫描的时间间隔
act_temp	byte	con_temp_initiate	实际水温。上电之后赋以室温(25℃)的初值
adc_low	byte	0	当前一次采样值的低字节
adc_high	byte	0	当前一次采样值的高字节
adc_sum_low	byte	0	采样值之和的低字节
adc_sum_high	byte	0	采样值之和的高字节
adc_times	byte	8	用于计算一个有效温度值的采样次数
buz_count	byte	con_buz_time	控制蜂鸣器鸣叫的持续时间
debounce_cnt	byte	0	用于控制按键扫描时的消抖次数
disp_switch	byte	0	控制四个数码管的扫描切换
disp_temp_1	byte	con_disp_nothing	数码管 1 的显示内容
disp_temp_2	byte	con_disp_nothing	数码管 2 的显示内容
disp_temp_3	byte	con_disp_nothing	数码管 3 的显示内容
disp_temp_4	byte	con_disp_nothing	数码管 4 的显示内容
disp_update_cnt	byte	con_disp_update	控制实际水温显示更新的时间间隔
d_quotient	byte	0	用于保存除法子程计算所得的商
d_residual	byte	0	用于保存除法子程计算所得的余数
key_id	byte	0	确认有效的扫描按键值
pre_act_temp	byte	0	用于保存 10 s 前的实际水温；在判断是否发生干烧保护时使用
pre_key_id	byte	0	上一次扫描到的按键键值

续　表

变 量 名 称	变量类型	初 始 化 值	功 能 描 述
second_cnt	byte	25	利用 4 ms 的时间基准来产生 1 s 的时间间隔
temp1	byte	0	用在非中断程序中的暂存器
temp2	byte	0	用在非中断程序中的暂存器
temp3	byte	0	用在非中断程序中的暂存器
temp_set_heat	byte	con_temp_heat	制热模式下的设定温度
temp_set_cool	byte	con_temp_cool	制冷模式下的设定温度
temp_set_count	byte	0	控制显示设定温度的时间间隔，以秒为计时单位
ten_sec_cnt	byte	10	用于产生 10 s 的时间间隔；在干烧故障检测中用到这个时间间隔
tim_cnt2	byte	10	用于产生 40 ms 的定时时间间隔；当其为 0 时，将 tim_40ms_f1、tim_40ms_f2 两个位标志置 1

注意：应确保软件正确初始化所有自定义的 RAM 变量，以免程序运行出错。初始化时，先将所有 RAM 区域清零，是一个良好的编程习惯。

7.2.5　程序模块功能说明

adc_init：用于初始化 ADC 模块的子程。这个子程选择 P61 为 AD 采样通道，并开启 ADC 模块。

adc_sub：用于温度采样的子程序。每 40 ms 采样一次，通过均值滤波来得到一个用于控制的温度采样值。传感器的断路及短路检测、超温检测也在这个子程中进行。

adc_cali：对 ADC 进行校正的子程。通过对寄存器 ADOC 进行适当赋值来实现校正。外部采样电压为 0 时，才能通过执行这个子程来进行校正。如果校正失败，则 cali_fail_f 标志将被置 1。

keyproc_sub：按键处理。对 keyscan_sub 子程扫描得到的按键进行处理。

keyscan_sub：按键扫描子程。每 40 ms 进行一次按键扫描，扫描到的有效按键键值存放在 key_id 中。

loadcon_sub：负载控制子程。控制制热负载和制冷负载的开关。在这个子程中也进行干烧故障检测。

disp_sub：数码管显示驱动子程。每 4 ms 执行一次，对四个数码管进行扫描显示，切换一次所需的总时间为 16 ms。

division_sub：实现操作数除以 10 的子程。输入变量为累加器 a，输出变量为 a 的十位数字和个位数字，分别存放在 d_quotient 和 d_residual 中。

注意：

① 当通过扫描方式来同时显示多个数码管时，应确保扫描切换所需的总时间间隔不超过 20 ms，否则人眼将可观察到明显的显示闪烁抖动现象。

② 显示实际水温时,为避免出现显示值频繁跳动的现象,显示值每隔 1 s 左右更新一次。

7.2.6 堆栈深度检查

EM78F664N 所允许的最大堆栈深度为 8 层。

程序中只有一个中断服务子程序,这个中断服务子程序是利用 Timer 1 来产生 4 ms 的基准时间间隔。在不考虑这个中断子程的情况下,主程序可能出现的最大堆栈深度为 2 层,这个最大堆栈深度出现在 disp_sub 子程调用 division_sub 子程之时,当 keyproc_sub 子程调用 adc_cali 子程、adc_sub 子程用 call 指令执行查表操作时,也会导致这个最大堆栈深度出现。将中断子程的影响考虑在内,整个程序最大可能的堆栈深度应为 3 层,未超过芯片所允许的 8 层的极限,所以整个程序的堆栈操作是安全的。

7.2.7 程序总体流程图及对应的程序代码

饮水机程序总体流程图如图 7-2-2 所示,其对应的程序代码如下:

```
**************************************************
;  芯片型号: EM78F664N
;  程序功能: 饮水机智能电子控制器
;  编程语言: 汇编语言
; **************************************************


;Oscillator: Crystal 4 MHz
;Clock: 2
;WDT: enable                        ; 使能看门狗定时器


include      "EM78F664N.inc"
; ============================     ; 宏定义
noop      macro
          nop
          nop
          nop
          endm


turn_on_heat      macro      ; 采用宏定义,以增强程序可读性,同时方便修改
          bc      pin_heat_con
          endm
turn_off_heat      macro
          bs      pin_heat_con
```

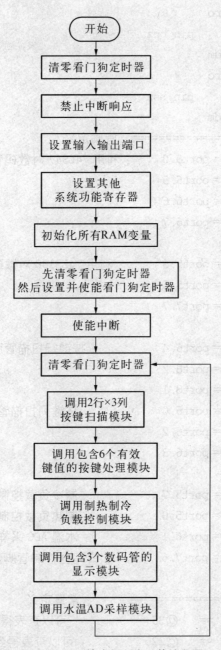

图7-2-2 饮水机程序总体流程图

```
                endm
turn_on_cool    macro
                bc      pin_cool_con
                endm
turn_off_cool   macro
                bs      pin_cool_con
                endm
```

```
turn_on_buz       macro
                  bc      pin_buz
                  endm
turn_off_buz      macro
                  bs      pin_buz
                  endm
```

```
; ============================ ; 管脚定义
pin_74_47_a       == port8.0        ; 利用 74LS47 对数码管的 7 个段位进行控制
pin_74_47_b       == port6.5
pin_74_47_c       == port6.6
pin_74_47_d       == port6.7

pin_74_138_a      == port5.3        ; 利用 74LS138 对数码管的公共端进行控制
pin_74_138_b      == port5.6
pin_74_138_c      == port7.7

pin_scan_r1       == port6.4              ; 按键行扫描管脚,扫描时输出低电平
pin_scan_r2       == port8.2
;                 == port8.1
pin_scan_c1       == port6.0              ; 按键列扫描管脚,外接上拉电阻
pin_scan_c2       == port6.2
pin_scan_c3       == port6.3

pin_heat_con      == port5.7              ; 制冷负载控制端口,低电平有效
pin_cool_con      == port5.0              ; 制热负载控制端口,低电平有效
pin_temp          == port6.1         ; 水温 ADC 采样管脚
pin_buz           == port7.6         ; 蜂鸣器控制管脚,输出低电平时鸣叫

; ============================        ; 常量定义
con_table_min     ==      @35         ; 可以查表得到温度值的 AD 值的下限
con_table_max     ==      @225        ; 可以查表得到温度值的 AD 值的上限
con_error_min     ==      @10    ; AD 值小于这个值,则判为传感器开短路故障
con_error_max     ==      @245   ; AD 值大于这个值,则判为传感器开短路故障

con_temp_heat     ==      @95          ; 制热模式下的默认设置温度
con_temp_cool     ==      @5           ; 制冷模式下的默认设置温度
con_temp_h_up     ==      @95          ; 制热模式下设置温度的上限
con_temp_h_down   ==      @60          ; 制热模式下设置温度的下限
con_temp_c_up     ==      @20          ; 制冷模式下设置温度的上限
```

```
con_temp_c_down         ==     @5                    ; 制冷模式下设置温度的下限
con_temp_limit_h        ==     @98          ;    如果高于或等于此温度,则判为超温故障
con_temp_limit_l        ==     @1           ;      如果低于此温度,判为超温故障
con_temp_initiate   ==     @25                   ; 初上电时给实际水温所赋的初值
con_temp_dry            ==     @3 ; 如果 10 s 内的温升大于这个值,则判为干烧故障


con_key_heat            ==     @3                    ; 制热模式键
con_key_cool            ==     @2                    ; 制冷模式键
con_key_warm            ==     @1                    ; 常温模式键
con_key_up              ==     @7                    ; 温度上调键
con_key_down            ==     @6                    ; 温度下调键
con_key_cali            ==     @5                    ; 校正键


con_disp_nothing    ==     @15                   ; 对应数码管无显示内容的 BCD 输入码
con_disp_c              ==     @10                   ; 设置菜单时显示
con_disp_p              ==     @11                   ; 设置火力时显示
con_mode_heat           ==     @1                    ; 制热模式的模式代码
con_mode_cool           ==     @2                    ; 制冷模式的模式代码
con_mode_warm           ==     @3                    ; 常温模式的模式代码
con_mode_error          ==     @4                    ; 故障模式的模式代码


con_debounce            ==     @3                    ; 按键扫描消抖次数定为 4 次
con_disp_settemp    ==     @6     ; 按动温度调整键后,设置温度显示的持续时间
con_buz_time            ==     @6                    ; 蜂鸣器鸣叫时间;以 40 ms 为计时单位
con_disp_update     ==     @25 ; 实际水温显示的更新时间;以 40 ms 为计时单位


; ===============================       ; RAM 变量定义
flag0                   == 0x10
key_f                   == flag0.0        ; 为 1 时表示已扫描到一个有效键
key_busy_f              == flag0.1        ; 为 1 时表示前一次按下的按键还未释放
cali_fail_f             == flag0.2        ; 为 1 时表示当前次 ADC 校正失败
adc_tim_f               == flag0.3        ; 用于控制 AD 采样的时机
heat_mode_f             == flag0.4        ; 为 1 时表示当前工作在制热模式
temp_set_f              == flag0.5        ; 为 1 时温度设置状态标志
adc_first_f             == flag0.6        ; 用于表示上电后是否已检测得到第一个实际水温
cool_mode_f             == flag0.7        ; 为 1 时表示当前工作在制冷模式

flag1                   == 0x11
tim_4ms_f               == flag1.0        ; 4 ms 时间间隔标志
```

```
disp_update_f      == flag1.1            ; 用于控制实际水温显示的更新
tim_40ms_f1        == flag1.2            ; 40 ms 时间间隔标志
buzzer_f           == flag1.3            ; 控制蜂鸣器是否鸣叫
tim_40ms_f2        == flag1.4            ; 40 ms 时间间隔标志
;                  == flag1.5
;                  == flag1.6
key_press_f        == flag1.7   ; 为 1 时表示上电之后已有除校正键之外的其他按
                                         键按下


flag2              == 0x12
;                  == flag2.0
;                  == flag2.1
;                  == flag2.2
;                  == flag2.3
err_sensor_f       == flag2.4            ; 传感器开短路故障标志
err_limit_f        ==flag2.5             ; 超温故障标志
err_dry_f          == flag2.6            ; 干烧故障标志
;                  == flag2.7


key_id             == 0x13               ; 扫描得到的按键值
temp_set_heat      == 0x14               ; 制热模式下的设定温度
temp_set_cool      ==0x15                ; 制冷模式下的设定温度
temp_set_count     == 0x16               ; 控制显示设定温度的时间间隔,以秒为计时单位
ten_sec_cnt        == 0x17               ; 用于产生 10 s 的时间间隔
pre_act_temp       == 0x18               ; 用于保存 10 s 前的实际水温
temp2              == 0x19               ; 用在非中断程序中的暂存器
second_cnt         ==0x1a                ; 利用 4 ms 的时间基准来产生 1 s 的时间间隔
disp_update_cnt    ==0x1b                ; 控制实际水温显示更新的时间间隔
temp3              == 0x1c               ; 用在非中断程序中的暂存器
temp1              == 0x1d               ; 用在非中断程序中的暂存器
disp_temp_1        ==0x1e                ; 对应数码管 1 的显示内容
disp_temp_2        == 0x1f               ; 对应数码管 2 的显示内容
disp_temp_3        == 0x20               ; 对应数码管 3 的显示内容
disp_temp_4        == 0x21               ; 对应数码管 4 的显示内容
;                  == 0x22
d_quotient         == 0x23               ; 用于保存除法子程计算所得的商
d_residual         == 0x24               ; 用于保存除法子程计算所得的余数
;                  == 0x25
;                  == 0x26
```

```
disp_switch        == 0x27              ; 控制 4 个数码管的扫描切换
tim_cnt2           == 0x28              ; 用于产生 40 ms 的定时时间间隔
debounce_cnt       == 0x29              ; 用于控制按键扫描时的消抖次数
pre_key_id         ==0x2a               ; 上一次扫描到的按键键值
;                  == 0x2b
buz_count          == 0x2c              ; 控制蜂鸣器鸣叫的持续时间
act_temp           == 0x2d              ; 实际水温
adc_low            ==0x2e               ; 当前一次采样值的低字节
adc_high           == 0x2f              ; 当前一次采样值的高字节
adc_sum_low        == 0x30              ; 采样值之和的低字节
adc_sum_high       == 0x31              ; 采样值之和的高字节
adc_times          == 0x32              ; 用于计算一个有效温度值的采样次数
; ============================
     org    0x0000
     jmp    resetstart                  ; 复位向量地址
     org    0x0018
     jmp    timer1_isub                 ; 定时器中断向量地址
; ============================
;        主程序开始
; ============================
     org    0x0050
resetstart:                             ; 主程序开始
     wdtc                                ; 看门狗计时器清零(防止溢出)
     disi                                ; 禁止中断
; ==============                         ; 芯片初始化
     bank   0                            ; 芯片端口设置

     mov    a,@0b10000001
     mov    port5,a
     mov    a,@0b00110110
     iow    ioc5                         ; 设置 P5 端口的输入输出方式

     mov    a,@0b00010000
     mov    port6,a
     mov    a,@0b00001111
     iow    ioc6                         ; 设置 P6 端口的输入输出方式

     mov    a,@0b11000000
     mov    port7,a
```

```
        mov    a,@0b00111111         ; 此款芯片没有 P71、P70 管脚
        iow    ioc7                  ; 设置 P7 端口的输入输出方式

        mov    a,@0b00000110
        mov    port8,a
        mov    a,@0b11111000
                        ; 此款芯片 P8 端口仅有 P80、P81、P82 管脚,均设置为输出
        iow    ioc8                  ; 设置 P7 端口的输入输出方式
; =====                              ; 定时器 timer1 设置
        bank 0

        mov    a,@0b01100000         ; 选择 main-oscillator 作为 CPU 时钟源
        mov    msr,a                 ; 设置 mode select register

        bank 1

        mov    a,@0x20
        mov    tc1cr,a ; 选择 timer/counter 模式,时钟为 Fc/2^7(32 μs@4 MHz)
        mov    a,@125
        mov    tcr1da,a
            ; TC1 的中断触发计数值设置为 125,中断间隔时间为 (125 * 2^7/4 MHz) = 4 ms
        bs     tc1s                  ; 定时器开始计数
        clr    isr2                  ; 清除包括 TC1IF 在内的 ISR2 中的所有中断标志位
        mov    a,@0x08
        iow    imr2                  ; 将 TC1IE 标志置 1,以使能 TC1 的定时中断
; =====                              ; 对芯片的其他 SFR 进行适当的初始化设置
        bank   0

        clra
        contw

        clr    wucr                  ; 唤醒控制寄存器清零
        clr    eepcr                 ; EEPROM 控制寄存器清零
        clr    eepa                  ; EEPROM 地址寄存器清零
        clr    eepd                  ; EEPROM 数据寄存器清零
        clr    isr1                  ; 中断状态寄存器 1 清零

        bank   1
        clr    tc2cr                 ; 定时器 2 控制寄存器清零
```

```
        clr    spis                      ; SPI 状态寄存器清零
        clr    spic                      ; SPI 控制寄存器清零
        bank 2
        mov    a,@0b00000010
        mov    aisr, a                   ; 将 P61/ADC1 管脚设置为 AD 采样输入通道
        mov    a,@0b01001001
        mov    adcon, a ;开启 ADC 模块,时钟设置为 Fosc/16,P61 为采样通道
        clr    adoc                      ; ADC 偏移校正寄存器清零
        clr    urc1                      ; UART 控制寄存器 1 清零
        clr    urc2                      ; UART 控制寄存器 2 清零
        clr    urs                       ; UART 状态寄存器清零
        mov    a,@0b11111111
        mov    phcr1,a                   ; 不使用芯片内置的上拉电阻

        bank 3
        clr    tmrcon                    ; 定时器控制器寄存器清零
        clr    cmpcon
        clr    pwmcon
        clr    prdah                     ; PWMA 周期寄存器清零
        clr    dtah                      ; PWMA 占空比寄存器清零
        clr    prdbh                     ; PWMB 周期寄存器清零
        clr    dtbh                      ; PWMB 占空比寄存器清零
        clr    tc3cr                     ; 定时器 3 控制寄存器清零
        clr    tc3d                      ; 定时器 3 数据缓冲器清零
        mov    a,@0b11111111
        mov    pdcr1,a                   ; 不使用芯片内置的下拉电阻
        bank 0
; ===============                        ; 设置用于驱动蜂鸣器的 PWMB
        wdtc        ; 看门狗计时器清零(防止溢出)
                    ; 使能看门狗定时器,不进行分频,溢出间隔大概为 18 ms
        mov    a,@0b10000000
        iow    wdtcr
; ===============  ; RAM 变量初始化
                    ; 只用到 bank 0 中的 RAM 空间,只对这部分 RAM 空间清零
        mov    a,@0x10
        mov    r4,a
rlab01:
        clr    r0
        inc    r4
```

```
        mov    a,@0x3f
        sub    a,r4
        jbs    c
        jmp    rlab01

        bs     disp_update_f
        bs     buzzer_f
        mov    a,@8
        mov    adc_times,a              ; 获取一个有效采样值的采样次数定为 8 次
        mov    a,@con_disp_nothing     ; 所有数码管无显示
        mov    disp_temp_1,a
        mov    disp_temp_2,a
        mov    disp_temp_3,a
        mov    disp_temp_4,a
        mov    a,@250
        mov    second_cnt,a
        mov    a,@10
        mov    tim_cnt2,a
        mov    a,@con_buz_time
        mov    buz_count,a
        mov    a,@con_temp_heat
        mov    temp_set_heat,a          ; 设置制热模式下的默认设定温度
        mov    a,@con_temp_cool
        mov    temp_set_cool,a          ; 设置制冷模式下的默认设定温度
        mov    a,@con_temp_initiate
        mov    act_temp,a
        mov    a,@10
        mov    ten_sec_cnt,a
        mov    a,@con_disp_update
        mov    disp_update_cnt,a
        bs     buzzer_f                 ; 蜂鸣器鸣叫一声
        eni                            ; 允许中断
; ===============                       ; 主控循环
mainloop:
        bank   0
        wdtc                           ; 看门狗计时器清零,防止溢出
        call   keyscan_sub             ; 调用按键扫描子程
        nop
        call   keyproc_sub             ; 调用按键处理子程
```

```
        nop
        call   loadcon_sub                ; 调用负载控制子程
        nop
        call   disp_sub                   ; 调用数码管显示模块
        nop
        call   adc_sub                    ; 调用 AD 采样子程
        nop
        nop
        jmp    mainloop


; ============================
;     Timer1 所对应的中断子程
; ============================
timer1_isub:
                                   ; 清除 TC1 所对应的中断请求标志位 TC1IF

        bank   1
        mov    a,@0xf7
        and    isr2,a
        bank   0

        bs     tim_4ms_f              ; 4 ms 时间间隔标志

        djz    tim_cnt2               ; 产生 40 ms 的时间间隔
        jmp    islab02
        mov    a,@10
        mov    tim_cnt2,a
        bs     adc_tim_f
        bs     tim_40ms_f1
        bs     tim_40ms_f2
islab02:
        nop
        reti
```

7.2.8 按键扫描模块流程图及对应的程序代码

饮水机按键扫描模块流程图如图 7-2-3 所示,其对应的程序代码如下:

```
; ============================
;     按键扫描模块子程
; ============================
```

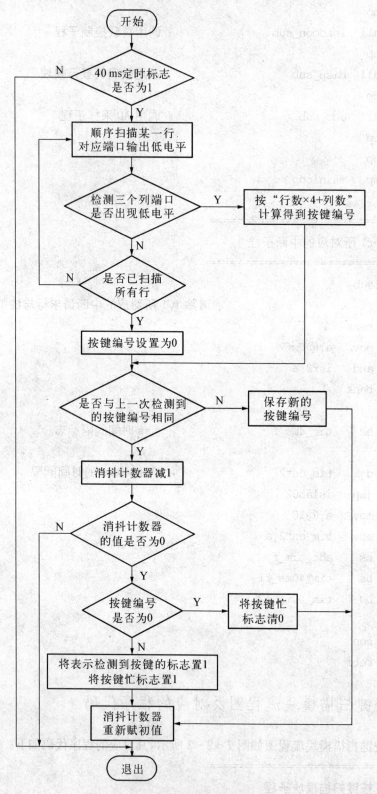

图 7 - 2 - 3　饮水机按键扫描模块流程图

```
keyscan_sub:
        jbs     tim_40ms_f1
        jmp     kslabend
        bc      tim_40ms_f1

        djz     disp_update_cnt
        jmp     kslab01
        mov     a,@con_disp_update
        mov     disp_update_cnt,a
        bs      disp_update_f                   ; 实际水温的显示应更新一次
kslab01:
; =============
        clr     temp2
                ; 利用 temp2 来控制逐行扫描的实现,temp2 的取值范围为 0~2
kslab02:
        mov     a,@0
        sub     a,temp2                 ; temp2 是否等于 0
        jbs     z
        jmp     kslab02a
        bs      pin_scan_r2             ; 扫描第一行
        bc      pin_scan_r1
        mov     a,@0
        jmp     kslab02b
kslab02a:
        mov     a,@1
        sub     a,temp2
        jbs     z
        jmp     kslab02c
        bs      pin_scan_r1             ; 扫描第二行
        bc      pin_scan_r2
        mov     a,@4
kslab02b:
        noop                            ; 调用宏定义,进行短暂延时
        add     a,@1
        jbs     pin_scan_c1
        jmp     kslab04                 ; 检测到第一列的按键被按下
        add     a,@1
        jbs     pin_scan_c2
        jmp     kslab04                 ; 检测到第二列的按键被按下
```

```
        add    a,@1
        jbs    pin_scan_c3
        jmp    kslab04                      ; 检测到第三列的按键被按下

        inc    temp2
        mov    a,@2
        sub    a,temp2
        jbs    c
      ; 如果 temp2>=2,说明已完成按键的 2 行扫描,没有扫描到任何按键
        jmp    kslab02
kslab02c:
        bs     pin_scan_r1                  ; 停止所有行的扫描信号输出
        bs     pin_scan_r2
        clra                                ; 如果没有扫描到任何按键按下,则赋无效键值 0
kslab04:
; ========
        sub    a,pre_key_id
        jbs    z
        jmp    kslab07
; 如果新扫描到的键值与之前扫描得到的键值不等,则更新 pre_key_id 的值
        djz    debounce_cnt                 ; 进行按键扫描消抖处理
        jmp    kslab06
        mov    a,pre_key_id
        mov    key_id,a                      ; 确认新扫描到的按键键值
        jbc    z                             ; 看按键键值是否为 0(对应无按键按下)
        jmp    kslab09
        jbc    key_busy_f
        jmp    kslab08
                          ; 如果按键没有释放,则对当前扫描到的按键不做处理
        bs     key_f
        bs     key_busy_f                    ; 将按键忙标志置 1
        jmp    kslab10
kslab09:
        bc     key_busy_f
      ; 如果得到的键值为 0,说明按键已释放,于是将按键忙标志清零
kslab10:
        nop
        jmp    kslab08
kslab07:
```

```
        sub    pre_key_id,a   ; 还原新扫描得到的键值, 存入 pre_key_id 中
kslab08:
        mov    a,@con_debounce
        mov    debounce_cnt,a
kslab06:
; ============
kslabend:
        nop
        ret
```

7.2.9 按键处理模块流程图及对应的程序代码

饮水机按键处理模块流程图如图7-2-4所示, 其对应的程序代码如下:

```
; ==============================
;       按键处理模块子程
; ==============================
keyproc_sub:
        jbs    key_f                     ; 是否扫描到按键按下
        jmp    kplabend2


        bc     key_f
; ========
        mov    a,@con_key_heat           ; 是否是制热模式键
        sub    a,key_id
        jbs    z
        jmp    kplab10


        bc     cool_mode_f
        bs     heat_mode_f
        bs     key_press_f
        bs     buzzer_f                  ; 蜂鸣器鸣叫一声
        nop
        jmp    kplabend1                 ; 按键处理完毕, 退出按键扫描子程
kplab10:
; ========
        mov    a,@con_key_cool           ; 是否是制冷模式键
        sub    a,key_id
        jbs    z
        jmp    kplab20
```

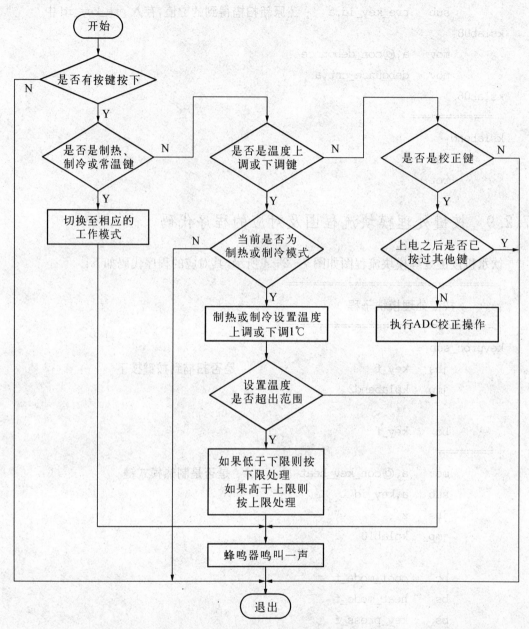

图 7 - 2 - 4 饮水机按键处理模块流程图

```
        bc      heat_mode_f
        bs      cool_mode_f
        bs      key_press_f
        bs      buzzer_f                    ; 蜂鸣器鸣叫一声
        nop
        jmp     kplabend1                   ; 按键处理完毕,退出按键扫描子程
kplab20:
  ; ========
```

```
        mov    a,@con_key_warm           ; 是否是常温模式键
        sub    a,key_id
        jbs    z
        jmp    kplab30
        bc     heat_mode_f
        bc     cool_mode_f
        bs     key_press_f
        bs     buzzer_f                   ; 蜂鸣器鸣叫一声
        jmp    kplabend1
kplab30:
; ========
        mov    a,@con_key_up             ; 是否是温度上调键
        sub    a,key_id
        jbs    z
        jmp    kplab40

        mov    a,@1
        jmp    klab51
kplab40:
; ========
        mov    a,@con_key_down           ; 是否是温度下调键
        sub    a,key_id
        jbs    z
        jmp    klab58

        mov    a,@0xff
klab51:
        jbs    heat_mode_f               ; 制热模式下的温度设置处理
        jmp    klab54
        add    a,temp_set_heat
        mov    temp1,a
        mov    a,@con_temp_h_up
        sub    a,temp1
        jbs    c
        jmp    klab52
        mov    a,@con_temp_h_up
        mov    temp1,a                    ; 不允许设定温度高于上限
        jmp    klab53
klab52:
```

```
        mov     a,@con_temp_h_down
        sub     a,temp1
        jbc     c
        jmp     klab53
        mov     a,@con_temp_h_down
        mov     temp1,a                      ; 不允许设定温度低于下限
klab53:
        mov     a,temp1
        mov     temp_set_heat,a
        jmp     klab57
klab54:
        jbs     cool_mode_f                  ; 制冷模式下的温度设置处理
        jmp     klab58
                                    ; 如果当前选择的是常温模式,则温度设置键无效
        add     a,temp_set_cool
        mov     temp1,a
        mov     a,@con_temp_c_up
        sub     a,temp1
        jbs     c
        jmp     klab55
        mov     a,@con_temp_c_up
        mov     temp1,a                      ; 不允许设定温度高于上限
        jmp     klab56
klab55:
        mov     a,@con_temp_c_down
        sub     a,temp1
        jbc     c
        jmp     klab56
        mov     a,@con_temp_c_down
        mov     temp1,a                      ; 不允许设定温度低于下限
klab56: mov     a,temp1
        mov     temp_set_cool,a
klab57:
        mov     a,@con_disp_settemp
        mov     temp_set_count,a
        bs      temp_set_f
                                    ; 控制数码管显示一段时间的设定温度
        bs      key_press_f
        bs      buzzer_f                     ; 蜂鸣器鸣叫一声
```

```
klab58:
; ========
        mov    a,@con_key_cali        ; 是否是校正键
        sub    a,key_id
        jbs    z
        jmp    klab60

        jbc    key_press_f
                ; 只有上电之后没有其他按键按下的情况下,校正按键才有效
        jmp    kplabend1
        call   adc_cali               ; 调用 ADC 校正子程序
        bs     buzzer_f               ; 蜂鸣器鸣叫一声
        jmp    kplabend1
klab60:
; ========
kplabend1:
        clr    key_id
kplabend2:
        nop
        ret
```

7.2.10 负载控制模块流程图及对应的程序代码

饮水机负载控制模块流程图如图 7-2-5 所示,其对应的程序代码如下:

```
; ==============================
;       负载控制模块子程
; ==============================
loadcon_sub:
        jbc    err_sensor_f           ; 如果存在故障,则所有负载保持关闭
        jmp    lclab31
        jbc    err_limit_f
        jmp    lclab31
        jbc    err_dry_f
        jmp    lclab31
        jbs    adc_first_f    ; 如果还没有检测到水温,则所有负载保持关闭
        jmp    lclab31
        jbs    heat_mode_f
        jmp    lclab10
        turn_off_cool                  ; 关闭制冷负载
```

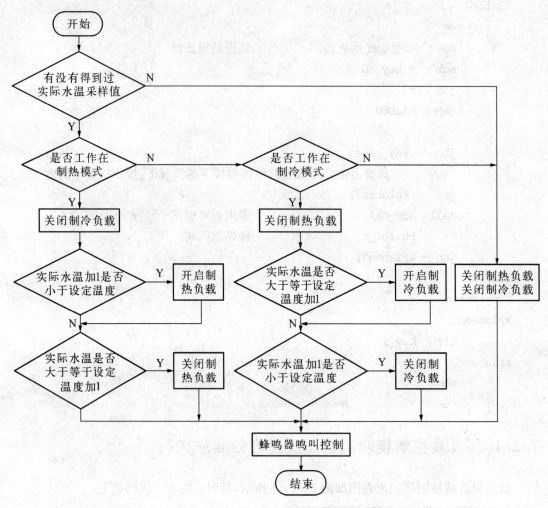

图 7 - 2 - 5　饮水机负载控制模块流程图

```
        inca    temp_set_heat
        sub     a,act_temp
        jbc     c
        turn_off_heat                       ; 关闭制热负载
        deca    temp_set_heat
        sub     a,act_temp
        jbs     c
        turn_on_heat                        ; 开启制热负载
        jmp     lclab30
lclab10:
        jbs     cool_mode_f
        jmp     lclab31
        turn_off_heat                       ; 关闭制热负载
```

```
        inca    temp_set_cool
        sub     a,act_temp
        jbc     c
        turn_on_cool                    ; 开启制冷负载
        deca    temp_set_cool
        sub     a,act_temp
        jbs     c
        turn_off_cool                   ; 关闭制冷负载
        jmp     lclab30
lclab31: turn_off_heat                  ; 关闭制热负载
        turn_off_cool                   ; 关闭制冷负载
lclab30:
; ================
        jbs     tim_40ms_f2
        jmp     lclab42
        bc      tim_40ms_f2
        jbs     buzzer_f
        jmp     lclab41
        djz     buz_count
        jmp     lclab40
        bc      buzzer_f                ; 如果鸣叫持续时间已到,则禁止 PWMB
        jmp     lclab41
lclab40: turn_on_buz                    ; 开启蜂鸣器
        jmp     lclab42
lclab41: turn_off_buz                   ; 关闭蜂鸣器
        mov     a,@con_buz_time         ; 设定蜂鸣器鸣叫时间
        mov     buz_count,a
lclab42:
; ================
lclabend:
        ret
```

7.2.11 显示控制模块流程图及对应的程序代码

饮水机显示控制模块流程图如图 7-2-6 所示,其对应的程序代码如下:

```
; ==============================
;       数码管显示驱动子程
; ==============================
disp_sub:
```

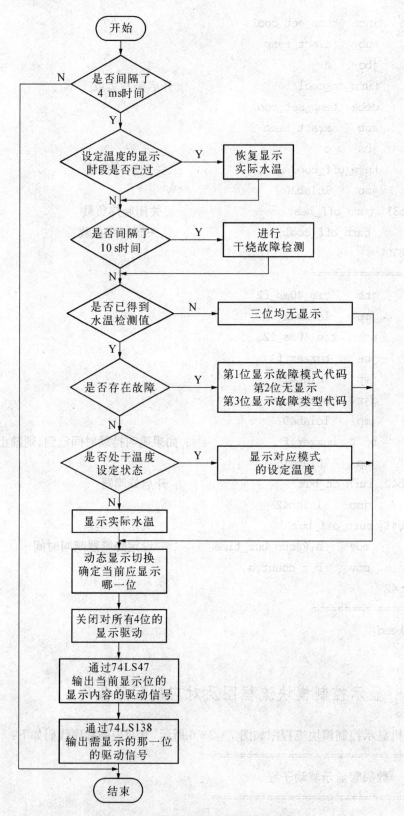

图 7 - 2 - 6 饮水机显示控制模块流程图

```
        jbs    tim_4ms_f
        jmp    dlabend
        bc     tim_4ms_f
; ================
        djz    second_cnt              ; 产生 1 s 的时间间隔
        jmp    dlab41
        mov    a,@250
        mov    second_cnt,a

        djz    temp_set_count
        jmp    dlab40
        bc     temp_set_f      ; 显示设定温度一定时间后,恢复显示实际水温
        bs     disp_update_f
dlab40:
        jbs    adc_first_f
                        ; 如果尚未检测到实际水温,则不进行干烧故障检测
        jmp    dlab41
        djz    ten_sec_cnt
        jmp    dlab41
        mov    a,@10
        mov    ten_sec_cnt,a
        mov    a,pre_act_temp
        sub    a,act_temp
        jbs    c
        jmp    dlab42
            ; 如果当前水温低于 10 s 前的水温,则肯定未发生干烧故障
        sub    a,@con_temp_dry
        jbs    c
        bs     err_dry_f               ; 将干烧故障标志置 1
dlab42:
        mov    a,act_temp
        mov    pre_act_temp,a
dlab41:
; ================
        jbs    adc_first_f
                        ; 如果尚未检测到实际水温,则所有数码管保持无显示
        jmp    dlab71

        mov    a,@con_disp_nothing
```

```
        mov    disp_temp_2,a          ; 数码管 2 在任何时候均不显示任何内容
; =========                          ; 决定故障模式下的显示内容
        mov    a,@1                   ; 传感器开短路故障的故障代码
        jbc    err_sensor_f           ; 是否发生传感器开短路故障
        jmp    dlab50
        mov    a,@2                   ; 超温故障的故障代码
        jbc    err_limit_f            ; 是否发生超温故障
        jmp    dlab50
        mov    a,@3                   ; 干烧故障的故障代码
        jbs    err_dry_f              ; 是否发生干烧故障
        jmp    dlab52
dlab50:
        mov    disp_temp_4,a
        mov    a,@con_mode_error
        mov    disp_temp_1,a          ; 数码管 1 显示模式代码(故障模式)
        mov    a,@con_disp_nothing
        mov    disp_temp_3,a          ; 数码管 3 不显示任何内容
        jmp    dlab10
dlab52:
; =========                          ; 决定非故障模式下数码管 1 的显示内容
        mov    a,@con_mode_heat
        jbc    heat_mode_f            ; 是否处于制热模式
        jmp    dlab60
        mov    a,@con_mode_cool
        jbc    cool_mode_f            ; 是否处于制冷模式
        jmp    dlab60
        mov    a,@con_mode_warm
dlab60:
        mov    disp_temp_1,a          ; 数码管 1 显示模式代码
; =========                          ; 决定非故障模式下数码管 3、4 的显示内容
        jbc    temp_set_f
        jmp    dlab72
        jbs    disp_update_f
        jmp    dlab71
                                      ; 如果实际温度显示更新的时机未到,则显示内容保持不变
        mov    a,act_temp
        jmp    dlab70                 ; 如果不是温度设置状态,则显示实际温度
dlab72:
        mov    a,temp_set_heat
```

```
        jbc     heat_mode_f
        jmp     dlab70                  ; 制热模式下显示设定的制热温度
        mov     a,temp_set_cool
        jbc     cool_mode_f
        jmp     dlab70                  ; 制冷模式下显示设定的制冷温度
        bc      temp_set_f
        mov     a,act_temp              ; 冗余纠错处理
dlab70:
        call    division_sub
        mov     a,d_quotient
        mov     disp_temp_3,a           ; 数码管 3 显示温度的十位数
        mov     a,d_residual
        mov     disp_temp_4,a           ; 数码管 4 显示温度的个位数
dlab71:
; ================
dlab10:
        mov     a,@3
        sub     a,disp_switch           ; disp_switch 的取值范围为 0～3
        jbs     c
        jmp     dlab11
        clr     disp_switch             ; 如果 disp_switch>=3,则令 disp_switch=0
        jmp     dlab12
dlab11:
        inc     disp_switch             ; 如果 disp_switch<3,则令其自增 1
dlab12:
; ========
        bs      pin_74_138_c
                                        ; 只要这一位为高电平,则译码器的 Y0～Y3 均不会输出低电平
                                        ; 可保证 4 个数码管均无显示
; ========
        mov     a,disp_switch
        mov     temp3,a

        jbs     z                       ; 是否 disp_switch==0
        jmp     dlab20
        mov     a,disp_temp_1
        mov     temp1,a
        mov     a,@0b00000000           ; 对应 74LS138 的 Y0 输出低电平
        mov     temp2;a
```

```
            jmp     dlab24
dlab20:
            djz     temp3                           ; 是否 disp_switch == 1
            jmp     dlab21
            mov     a,disp_temp_2
            mov     temp1,a
            mov     a,@0b00001000                   ; 对应 74LS138 的 Y1 输出低电平
            mov     temp2,a
            jmp     dlab24
dlab21:
            djz     temp3                           ; 是否 disp_switch == 2
            jmp     dlab22
            mov     a,disp_temp_3
            mov     temp1,a
            mov     a,@0b01000000                   ; 对应 74LS138 的 Y2 输出低电平
            mov     temp2,a
            jmp     dlab24
dlab22:
            djz     temp3                           ; 是否 disp_switch == 3
            jmp     dlab23
            mov     a,disp_temp_4
            mov     temp1,a
            mov     a,@0b01001000                   ; 对应 74LS138 的 Y3 输出低电平
            mov     temp2,a
            jmp     dlab24
dlab23:
            clr     disp_switch
                                    ; 纠错处理,如果 disp_switch 大于 3,则将其归零
dlab24:
; ========
            jbs     temp1,0
                        ; 逐位输出 4 位的 BCD 码,通过 74LS47 控制数码管的 7 段信号
            jmp     dlab30
            bs      pin_74_47_a
            jmp     dlab31
dlab30:
            bc      pin_74_47_a
dlab31:
            jbs     temp1,1
```

```
            jmp     dlab32
            bs      pin_74_47_b
            jmp     dlab33
dlab32:
            bc      pin_74_47_b
dlab33:
            jbs     temp1,2
            jmp     dlab34
            bs      pin_74_47_c
            jmp     dlab35
dlab34:
            bc      pin_74_47_c
dlab35:
            jbs     temp1,3
            jmp     dlab36
            bs      pin_74_47_d
            jmp     dlab37
dlab36:
            bc      pin_74_47_d
dlab37:
            mov     a,port5              ; 通过 74LS138 控制四个数码管共阳端
            and     a,@0b10110111        ; 只对 P53、P56 进行操作
            or      a,temp2
            mov     port5,a

            bc      pin_74_138_c         ; 使能四个数码管的显示
; ==================
dlabend:
            nop
            ret
; ==============================
;     除数为 10 的除法子程
; ==============================
division_sub:
            clr     d_quotient
            mov     d_residual,a
dilab01:
            mov     a,@10
            sub     a,d_residual
```

```
        jbs     c
        jmp     dilab02
        inc     d_quotient
        mov     d_residual,a
        jmp     dilab01
dilab02:
        nop
        ret
```

7.2.12 ADC 采样模块流程图及对应的程序代码

饮水机 ADC 采样模块流程图如图 7 - 2 - 7 所示,其对应的程序代码如下:

```
; ==============================
;      ADC 采样模块子程
; ==============================
adc_sub:
        jbs     adc_tim_f                       ; 每 40 ms 采样一次
        jmp     alabend

        bc      adc_tim_f
; =============
        bank    2
        bs      adrun           ; 将 adcon 寄存器的 adrun 位置 1,以启动 AD 转换
        jbc     adrun                           ; 等待 AD 转换完成
        jmp     $-1                             ; 循环等待,直至 AD 转换完成
        mov     a,addl
        and     a,@0b00000011
                ; addl 中仅有最低 2 位的数据有效,所以先将高 6 位清零
        bank    0
        mov     adc_low,a           ; 将 AD 转换结果的最低 2 位存放在 adc_low 中
        bank    2
        mov     a,addh
        bank    0
        mov     adc_high,a
        ; 将 AD 转换结果的高 8 位存放在自定义的 RAM 变量 adc_high 中
        clr     temp1                   ; 这里是对 10 位的 AD 转换结果进行求和
        bc      c
        rlc     adc_high
        rlc     temp1
```

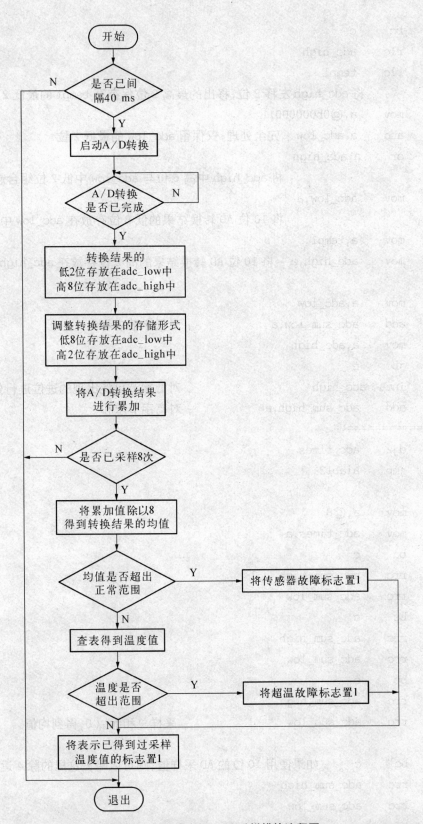

图 7 - 2 - 7 饮水机 ADC 采样模块流程图

```
    bc      c
    rlc     adc_high
    rlc     temp1
        ; 将 adc_high 左移 2 位, 移出的最高 2 位保存至 temp1 的最低 2 位
    mov     a,@0b00000011
    and     a,adc_low ; 冗余处理, 仅保留 adc_low 的最低 2 位
    or      a,adc_high
                    ; 将 adc_high 中高 6 位与 adc_low 中低 2 位组合起来
    mov     adc_low,a
                    ; 将 10 位 AD 转换结果的低 8 位存放在 adc_low 中
    mov     a,temp1
    mov     adc_high,a ; 将 10 位 AD 转换结果的高 2 位存放在 adc_high 中

    mov     a,adc_low
    add     adc_sum_low,a           ; 对低字节求和
    mov     a,adc_high
    jbc     c
    inca    adc_high                ; 对低字节可能出现的进位进行处理
    add     adc_sum_high,a          ; 对高字节求和
; =============
    djz     adc_times
    jmp     alab12

    mov     a,@8
    mov     adc_times,a
    bc      c
    rrc     adc_sum_high
    rrc     adc_sum_low
    bc      c
    rrc     adc_sum_high
    rrc     adc_sum_low
    bc      c
    rrc     adc_sum_high
    rrc     adc_sum_low             ; 采样总和除以 8, 得到均值

    bc      c   ; 如果使用 10 位的 AD 采样值, 则可以略去这里的除 4 运算
    rrc     adc_sum_high
    rrc     adc_sum_low
    bc      c
```

```
        rrc     adc_sum_high
        rrca    adc_sum_low
                    ; 因为目前仅使用采样值的高 8 位,所以采样总和再除以 4
        mov     adc_high,a
                    ; 将经过均值滤波处理的 8 位 AD 转换值保存到 adc_high 中
        clr     adc_sum_low
        clr     adc_sum_high
; ========                                ; 传感器开路短路故障检测
        mov     a,@con_error_min
        sub     a,adc_high
        jbs     c
        jmp     alab03
alab01:
        mov     a,adc_high
        sub     a,@con_error_max
        jbc     c
        jmp     alab02
alab03:
        bs      err_sensor_f              ; 将传感器故障标志置 1
        jmp     alab13
alab02:
; ========                                ; 根据 AD 采样值查表,确定温度
        mov     a,adc_high
        mov     temp1,a
        mov     a,@con_table_min
        sub     a,adc_high
        mov     a,@con_table_min
; 如果 AD 值小于可查表的下限,则按下限处理
        jbs     c
        mov     temp1,a
        mov     a,@con_table_max
        sub     a,adc_high
        mov     a,@con_table_max
; 如果 AD 值大于可查表的上限,则按上限处理
        jbc     c
        mov     temp1,a
        mov     a,@con_table_min
        sub     a,temp1                   ; 获取正确的查表偏移量
        call    adctable                  ; 根据 AD 值查表确定对应的温度
```

```
        mov     act_temp,a                      ; 得到实际水温
; ========                                      ; 超温故障检测
        mov     a,@con_temp_limit_h
        sub     a,act_temp
        jbc     c
        jmp     alab10
        mov     a,@con_temp_limit_l
        sub     a,act_temp
        jbc     c
        jmp     alab11
alab10:
        bs      err_limit_f                     ; 将超温故障标志置 1
alab11:
; ========                                      ; 处理 adc_first_f 标志
alab13:
        jbc     adc_first_f
        jmp     alab12
        mov     a,act_temp
        mov     pre_act_temp,a                  ; 避免初次采样导致干烧保护
        bs      adc_first_f                     ; 将表示已检测到实际水温的标志置 1
alab12:
; =============
alabend:
        nop
        ret
```

7.2.13 ADC 校正模块流程图及对应的程序代码

饮水机 ADC 校正模块流程图如图 7−2−8 所示，其对应的程序代码如下：

```
; ===========================
;       ADC 校正模块子程
; ===========================
adc_cali:
        bc      cali_fail_f
        bank    0
        mov     a, @0x07
        mov     temp1, a            ; 正向校正次数设置为 7 次
        bank    2
        mov     a, @0b11111000
```

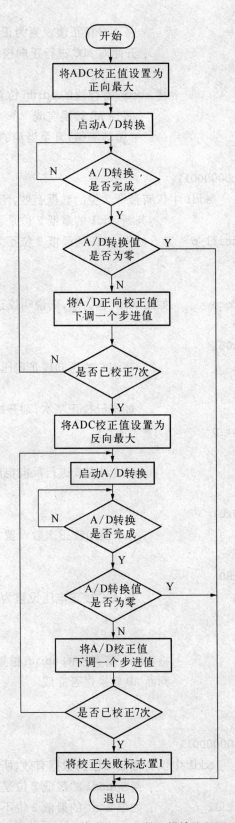

图 7-2-8 饮水机 ADC 校正模块流程图

```
        mov    adoc, a              ; 将 ADC 校正值设置为正向最大
ad_cali_p:                          ; 开始对 ADC 进行正向校正
        bank   2
        bs     adrun                ; 将 adcon 寄存器的 adrun 位置 1,以启动 AD 转换
        jbc    adrun                ; 等待 AD 转换完成
        jmp    $-1                  ; 循环等待,直至当前的 AD 转换完成
        mov    a,addl
        and    a,@0b00000011
                                    ; addl 中仅有最低 2 位的数据有效,所以将高 6 位清零
        jbs    z                    ; 判断 addl 的最低 2 位是否为零
        jmp    cali_still_p         ; 如果 addl 的最低 2 位不为零,则继续校正
        mov    a,addh
        jbc    z
        jmp    cali_done            ; 如果 addh 也为零,则说明校正成功,退出子程序
cali_still_p:
        mov    a,@0x08
        sub    adoc,a               ; 将 ADC 的正向校正电压下调 1 个步进
        bank   0
        djz    temp1                ; 如果已校正 7 次,则开始反向校正
        jmp    ad_cali_p
; =========
ad_cali_n:                          ; 开始对 ADC 进行反向电压校正
        bank   0
        mov    a,@0x07
        mov    temp1,a              ; ADC 反向校正次数设置为 7 次
        bank   2
        mov    a,@0x80
        mov    adoc,a               ; 将 ADC 校正电压设置为最小反向电压
cali_loop_n:
        bank   2
        bs     adrun                ; 将 adcon 寄存器的 adrun 位置 1,以启动 AD 转换
        jbc    adrun                ; 判断 AD 转换是否完成
        jmp    $-1
        mov    a,addl
        and    a,@0b00000011
                                    ; addl 中仅有最低 2 位的数据有效,所以先将高 6 位清零
        jbs    z                    ; 判断 addl 的最低 2 位是否为零
        jmp    cali_still_n         ; 如果 addl 的最低 2 位不为零,则继续校正
        mov    a,addh
```

```
        jbc    z
        jmp    cali_done       ; 如果 addh 也为零,则说明校正成功,退出子程序
cali_still_n:
        bank   2
        mov    a,@0x08
        add    adoc,a                  ; 将 ADC 的反向校正电压上调 1 个步进
        bank   0
        djz    temp1                   ; 如果已校正 7 次,则放弃校正
        jmp    cali_loop_n
        bs     cali_fail_f             ; 校正失败,将校正失败标志置 1
cali_done:
        bank   2
        bc     cali            ; 将 ADOC 寄存器的 CALI 标志清零,以禁止校正功能
        bank   0
        ret
```

第 *8* 章
UWTR 烧录器的介绍与使用

8.1 简　介

8.1.1　概述

本章详细介绍了义隆 UWTR 烧录器系统在义隆 EM78 系列闪存芯片和工业/商用级别的 OTP 芯片上的编程。该系统包括一个 UWTR 烧录器(硬件部分)和 UWTR 烧录器的硬件驱动程序(软件部分),义隆烧录器支持在线和离线的编程操作。UWriter 的软件和硬件驱动程序会更新和升级,最新版本的 UWriter 的软件以及 UWriter 的硬件驱动程序可以从义隆电子公司的官网下载(网址:http://www.emc.com.tw)。

在开始编程之前,我们需要做以下准备工作,然后连接各设备。

1. 前期准备

如图 8 - 1 - 1 所示为 UWTR 硬件组成,我们需要准备图示的各硬件,分别是:一个 UWTR 烧录器、一块相对应的适配板、一根 USB 连接线、ISP 线和电源适配器。

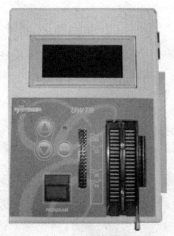

(a) UWTR烧录器

(b) USB线和ISP线

(c) 适配板

图 8 - 1 - 1　UWTR 硬件组成

2. 联机

准备好以上设备之后就可以开始联机,联机操作步骤如下:

(1) 安装相应的 UWTR 烧录软件(如图 8-1-2 所示)。

(2) 插入相对应的适配板(如图 8-1-3 所示)。

 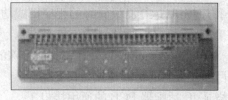

图 8-1-2　UWTR 烧录软件　　　　　　　图 8-1-3　适配板

(3) 用数据软排线将烧录器和目标板正确连接(如图 8-1-4 所示)。

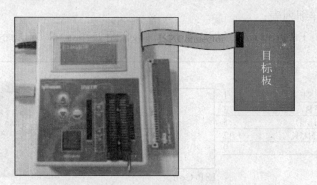

图 8-1-4　烧录器和目标板连接

8.1.2　UWTR 烧录器硬件特性

如图 8-1-5 所示为 UWTR 烧录器外观及主要组成部分的图片,其上标注 A~K 和 1,2 的介绍分别如下:

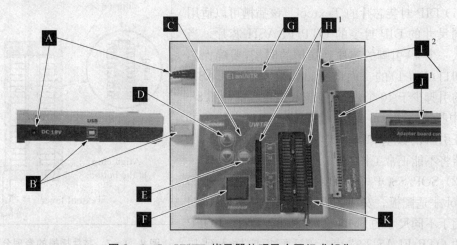

图 8-1-5　UWTR 烧录器外观及主要组成部分

A—直流插座;

B—USB B 类型接口(连接 PC 机);

C—LED(显示结果状态:成功:绿色,失败:琥珀色);

D—上 & 下按钮(扫描/选择,模式/信息);

E—模式按钮(设置已选程序的模式功能);

F—程序按钮(运行已设置好的程序模式功能);

G—LCD 面板(显示程序数据/状态);

H—SOP/SSOP/QFP/LQFP 和其他特殊的 IC 适配板的连接接口 1;

I—目标板 ISP 的扩展连接接口 2;

J—烧录 IC 适配器 PCB 的通用接口 1;

K—双排直插式 IC Textool。

1—参考 AN-UWTR 0001 应用说明中关于可用的 SMD 插槽/Textool 和 PCB 适配器所支持的芯片的详细列表;

2—In-System-Programming(ISP)扩展引脚,介绍如图 8-1-6 所示。

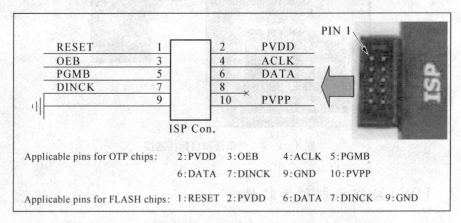

图 8-1-6　In-System-Programming(ISP) 连接器引脚分配图

1. Textool(插槽)

(1) DIP 封装芯片的 Textool。该插槽可以适用于不同尺寸的 DIP 封装的 OTP/FLASH 芯片。当要插入一个 40 引脚的芯片到插槽的时候,要确保芯片有凹口(Pin 1)的一面向上。如果 OTP/FLASH 芯片的引脚少于 40 个,芯片应该安装在底部与图 8-1-7 中所示的 Textool 成一条直线。在这个位置可以保证引脚的数量和插槽是相配的。否则,UWTR 烧录器将不能正常工作。

(2) SOP/SSOP/QFP/LQFP 封装芯片的 SMD Textool ＋适配板。安装在适配板上的 SMDTextool 可适用于不同尺寸的 SMD SOP/SSOP/QFP /LQFP 封装的 OTP/FLASH 芯片。该适配板应插入到与

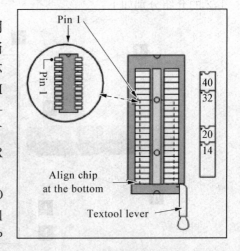

图 8-1-7　芯片插槽的合理分布图

DIP Textool 相邻的两个连接器上（即为图 8-1-5 中的"H"）。

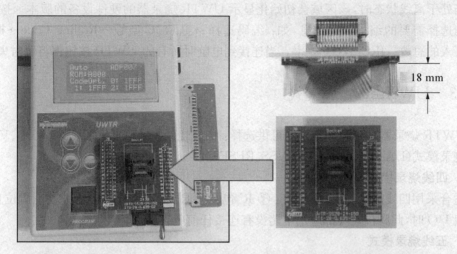

18 mm

图 8-1-8　UWTR 烧录器上的 SMD Textool 装备十适配板（引脚高 18mm）

2. 编程/模式/上 & 下按钮功能和 LCD 面板显示

当 UWTR 的电源打开时，该 LCD 面板也自动打开。该面板会显示操作指示和设置编程/模式/上 & 下按钮等离线操作的相应信息，同时，面板上还会显示按下红色编程按钮后的操作指示。如图 8-1-9 所示 LCD 常规功能显示分配为 A、B、C 三个区域。各区域介绍如下：

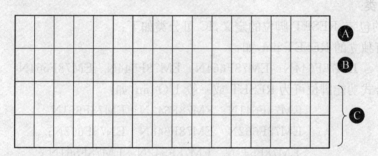

A

B

C

图 8-1-9　LCD 面板显示分配图

A 区域：显示模式设置和编程结果状态。

当处于离线状态时，该区域会初始显示目前可用的适配板的编号 ADPXXX。

按下模式按钮以激活区域 A 的编程功能选择模式。然后按下上/下按钮来浏览选择需要的功能，如擦除（只有 FLASH 芯片有此功能）→B/检查→写入→核实→自动。然后，按下模式功能按钮来执行（如果在区域 B 和 C 显示的信息正常的话）。

如果功能顺利被执行，在该区域的右下角会显示"PASS"，同时 LED 会亮起绿灯。如功能未被正确执行，将会显示"FAIL"，同时 LED 会亮起琥珀色。

B 区域：显示 OTP/FLASH 校验和或者错误信息。

在正常情况下，该区域初始显示源码的校验和。当适配板和已下载的源码不匹配时，该区域会显示适配板错误。如果目标没有安装或是没有正确安装，该区域会显示"检查插槽"。当选择的芯片型号和适配板不匹配或是芯片没有正确安装在插槽上，该区域会显示"检查插槽"或是"芯片不匹配"。

C 区域：显示编程信息。

当处于离线状态时，该区域会初始化显示 UWTR 烧录器的硬件设备的版本。按下上/下按钮选择需要的编程状态信息，如：编码选择→显示 IC 型号→Rolling Code→概要总数→写入的总数→IRC/WDT 频率。当连接到电脑时所有的 UWTR 按钮都将暂时失效。

8.1.3　UWriter 烧录模式

UWTR 烧录器有两种烧录模式可供选择：四线烧录模式（DATA、CLK、VDD、VSS）和五线烧录模式（DATA、CLK、VDD、VSS、RESET）。

1. 四线烧录模式

适合采用四线烧录的 IC 情形有：① IC 包装无 RESET pin；② 复合式功能脚位且设定为一般 I/O 时，此脚位在外部应用电路没有连接任何电容到地。

2. 五线烧录模式

在 ISP 烧录时，由于外部应用电路中的 RESET 及 VDD 都有可能外接电容到地，因此必须采用五线烧录模式，方能正常烧录。

适合采用五线烧录的情形有：① 具有独立的 RESET pin 时；② 复合式功能脚位且设定为 RESET 时；③ 复合式功能脚位且设定为一般 I/O 时，该脚位在外部应用电路有连接电容到地。

3. IC 分类

依不同的包装、RESET 脚位的定义，IC 可分类如下：

（1）具有独立的 RESET pin，如：

　　　　EM78F644N　EM78F664N　EM78F544N　EM78F564N

（2）复合式功能脚位可为 RESET 或一般 I/O pin，如：

　　　　　EM78F641N　EM78F642N　EM78F661N

　　　　　EM78F662N　EM78F648N　EN78F668N；

　　　　　EM78F541N　EM78F542N　EM78F561N

　　　　　EM78F562N　EM78F548N　EN78F568N

（3）无 RESET pin，如：

　　　　　EM78F641NMS10　EM78F661NMS10

　　　　　EM78F541NMS10　EM78F561NMS10

EM78F5xxN 系列和 EM78F6xxN 系列 IC 的烧录脚位定义介绍分别见表 8-1-1 和表 8-1-2。

表 8-1-1　**EM78F5xxN 系列 IC 的烧录脚位定义**

IC body	CLK	DATA	RST	烧录模式
	PIN define	PIN define	PIN define	
EM78F641N	P82/CIN2−	P81/CIN2＋	P83	四线
			RESET	五线

IC body	CLK	DATA	RST	烧录模式
	PIN define	PIN define	PIN define	
EM78F642N	P66	P67	P83	四线
			RESET	五线
EM78F644N	P66	P67	RESET	五线
EM78F661N	P82/CIN2−	P81/CIN2＋	P83	四线
			RESET	五线
EM78F662N	P71/OP＋	P70/OPOUT	P83	四线
			RESET	五线
EM78F664N	P81/CIN2＋	P80/CO2	RESET	五线
EM78F648N	P81/CIN2＋	P80/CO2	P83	四线
			RESET	五线
EM78F668N	P81/CIN2＋	P80/CO2	P83	四线
			RESET	五线

表 8 - 1 - 2　EM78F6xxN 系列 IC 的烧录脚位定义

IC body	CLK	DATA	RST	烧录模式
	PIN define	PIN define	PIN define	
EM78F541N	P82/CIN2−	P82/CIN2＋	P83	四线
			RESET	五线
EM78F542N	P66	P67	P83	四线
			RESET	五线
EM78F544N	P66	P67	RESET	五线
EM78F561N	P82/CIN2−	P82/CIN2＋	P83	四线
			RESET	五线
EM78F562N	P71/OP＋	P70/OPOUT	P83	四线
			RESET	五线
EM78F564N	P81/CIN2＋	P80/CO2	RESET	五线
EM78F548N	P81/CIN2＋	P80/CO2	P83	四线
			RESET	五线
EM78F568N	P81/CIN2＋	P80/CO2	P83	四线
			RESET	五线

8.1.4 系统应用中硬件的注意事项

烧录时需将目标板上的供电电源切除,同时应该注意以下事项:

(1) 烧录器和目标板连接的数据软排线,应须 10 cm 以内尽可能短,以免影响烧录。

(2) 数据软排线到 IC 烧录脚位之间勿并接电容及串接任何电子组件(如:电阻、电容)。

(3) 烧录时,烧录脚 VDD 与 VSS 间可接最大电容 470 μF,以免影响烧录。

(4) 正常烧录,烧录脚 VDD 与 VSS 间电压范围为:5.5 V±1%。

(5) 烧录脚 VDD 可提供最大电流 60 mA。

(6) 烧录脚 DATA、CLK 最大驱动电流 6 mA。

(7) 确保可正常烧录,烧录脚 DATA、CLK 外接等效负载 RL 上拉至 VDD 需大于 200 Ω(如图 8-1-10 所示)。

(8) 确保可正常烧录,烧录脚 DATA、CLK 外接等效负载 RL 下拉至 VSS 需大于 500 Ω(如图 8-1-11 所示)。

图 8-1-10 脚位(DATA、CLK)电阻 RL 大于 200 Ω   图 8-1-11 脚位(DATA、CLK)电阻 RL 大于 500 Ω

注:上述电阻资料均是在常温、软排线长 10 cm 的条件下测得的。

8.1.5 编程操作的流程图

在编程时可以打印编程操作的流程图(图 8-1-12)作为编程的参考资料。

8.2 系 统 安 装

8.2.1 系统要求

系统的各配件要求如下:

(1) 本地主机:UWTR 烧录器系统要求本地主机满足以下配置:IBM PC 或是相当配置的电脑;操作系统为 Windows 2000,NT,XP 或是 Vista;至少 6 MB 以上的硬盘空余空间;鼠标。

(2) 外部电源:外部电源要求 18.0 V 直流、800 mA(电源适配器)来给 UWTR 烧录器主板供电,这里推荐使用义隆提供的交流电适配器。

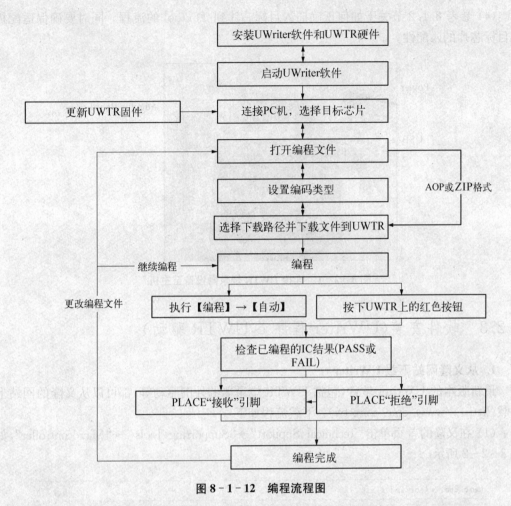

图 8 - 1 - 12 编程流程图

(3) USB 电缆：使用标准的 USB 电缆线有 A&B 凸形的连接器。该电缆线长度不应超过 2 m(6.6 英尺)。这里也推荐使用义隆提供的 USB 电缆线。

8.2.2 硬件安装和设置

做好上述准备工作之后可以开始安装硬件,开始连接 UWTR 到主机和电源,安装过程中首先需要注意：确保在给 UWTR 供电之前 Textool 是空的,否则可能会毁坏 OTP 芯片。然后开始安装步骤：

(1) 为目标芯片选择合适的适配板并将其小心地插入到 64 引脚的 UWTR 烧录器右边的适配器插槽中。确保所有的引脚都对齐,没有左右插反。

(2) 将 18 V 直流电源适配器插座插入到 UWTR 烧录器的电源连接器上并将电源适配器插上外部电源。之后,LCD 应会显示 ElanUWTR。

(3) 当用户想用 PC 机连接控制 UWriter 程序时需在 UWTR 烧录器和 PC 机之间连接 USB 线(参见图 8 - 2 - 1)。如果 UWriter 程序是在用户自己的 PC 机种运行的,它会自动检测连接 UWTR 烧录器。要注意所有的 UWTR 烧录器连接到 PC 机上时,其按钮将会失效。

（4）参考 8.1.2 节关于如何正确插入目标芯片到 Textool 的流程。同时要确保适配板与目标芯片的匹配性。

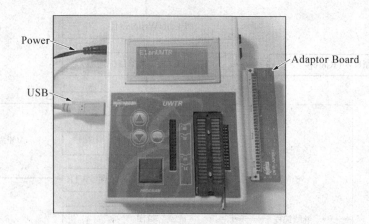

图 8-2-1 连接 UWTR 烧录器设备至主机

8.2.3 软件安装（UWriter 程序 & UWTR 驱动）

1. 从义隆网站下载 UWriter

最新版本的 UWriter 软件（包括 UWTR 烧录器的外围驱动等）都可以从义隆的网站上下载（http://www.emc.com.tw）。下载流程如下：

（1）在义隆的首页单击"Technical Support"→"Supporting Tools"→"Microcontroller"，如图 8-2-2 所示。

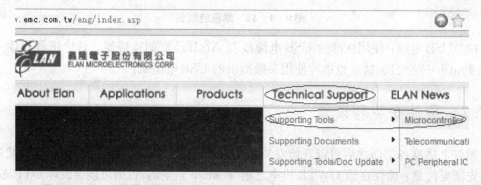

图 8-2-2 义隆首页选择 Technical Support→Supporting Tools→Microcontroller

（2）在 Microcontroller 中的"IC Part No."在靠近表底部的位置找到"EM78F651N/EM78F651N"。点击"Download"中的"File"，如图 8-2-3 所示。

IC Part No.	Tools	Item	Version	Description	Download
		eUIDE User manual	V1.1	eUIDE&Assembly for EM78 Series Microcontrallers USER'S GUIDE	File

图 8-2-3 获得 UWriter 软件点击"File"

（3）点击"File"后会出现相应的对话框,要求用户选择"Open"还是"Save"UWriter 安装软件。如果用户选择直接打开,网页会将该文件保存到临时文件夹并执行它;如果用户选择保存该文件,用户会在下载后再从电脑里进行安装。

2. UWriter 编程/UWTR 驱动安装

在 UWriter 编程/UWTR 驱动安装过程中首先必须注意:如果这是用户第一次安装 UWriter 软件,建议用户事先将 UWTR 烧录器硬件设备连接到自己的电脑主机,并将烧录器的外接电源打开。否则,UWTR 烧录器的驱动部分的软件可能不能正确安装。UWriter 编程/UWTR 驱动安装步骤如下:

（1）在线安装该软件时,会出现如图 8-2-4 所示画面,如果在本地机器上安装该软件也会出现同样的画面。

（2）如图 8-2-5 所示的 UWriter Setup 对话框会跳出来,点击"Next"按钮继续安装。

（3）下一步需要选择 UWriter 在安装时所需要包含的配件,通过选择如图 8-2-6 所示的选项来选择。选择完毕之后,单击"Next"按钮进入下一步。

图 8-2-4　UWriter 安装界面

图 8-2-5　UWriter 安装的欢迎界面/Setup 对话框

（4）定义一个文件夹用来放置安装和储存 UWriter 程序。默认的文件路径是"C：\ProgramFiles\ELAN\Uwriter\"。如图 8-2-7 所示,单击"Install"按钮开始安装。

（5）如果是第一次安装,UWTR Driver Installer 对话框会提示用户安装 UWTR 烧录器的驱动。确保 UWTR 烧录器设备连接到用户的电脑且电源已打开之后,点击"Install"按钮继续安装（注意：除非 UWTR 驱动已经从电脑上删除，否则该对话框不会出现在随后的 Uwriter 程序的安装过程中）。

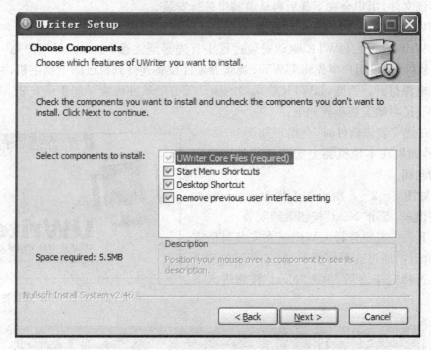

图 8 - 2 - 6　UWrite 安装配件选择

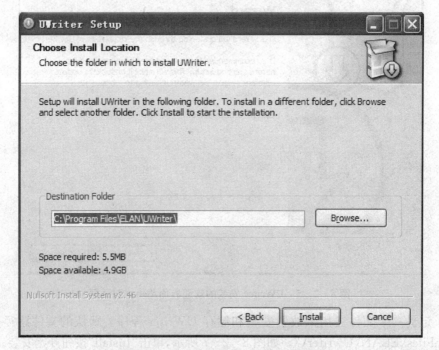

图 8 - 2 - 7　定义 Uwriter 安装文件路径

（6）如图 8 - 2 - 8 所示，安装完成后，点击"Finish"按钮，将自动运行 Uwriter。

图 8 - 2 - 8　安装完毕

3. UWriter 程序/UWTR 驱动重装

如果因为某些原因用户想重装 UWriter 软件,则需要先移除电脑中已存在的 UWriter 程序(参考下一部分,如何正确卸除已装软件)。否则,将会出现如图 8 - 2 - 9 所示的提示信息。

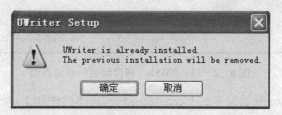

图 8 - 2 - 9　"UWriter Already Installed"的提示信息

如果用户点击"确定"按钮,将会跳出 UWriter Uninstall 对话框(见图 8 - 2 - 11)帮助用户卸除已安装的软件。当软件卸除完以后,会跳出一个安装窗口(如前文描述)。

但 UWriter Uninstall 只适应于 UWriter 程序。对于 UWTR 烧录器的硬件驱动是不会受到该卸载程序的影响的。如果用户想尝试重新安装 UWTR 的驱动,将会出现如图 8 - 2 - 10 所示的警告信息。如何正确卸载 UWTR 硬件驱动,详细信息请参考 8.2.4 节。

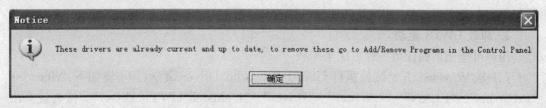

图 8 - 2 - 10　未卸载硬件驱动尝试直接安装时的警告信息

8.2.4 卸载软件(UWriter 程序 & UWTR 驱动)

1. 卸载 UWriter 程序

卸载 UWriter 程序可按照以下步骤实现:

(1) 不卸载 UWriter,直接执行 UWriter 安装程序;之后 UWriter Uninstall 对话框会自动跳出,如图 8 - 2 - 11 所示。

图 8 - 2 - 11　UWriter 程序卸载的欢迎界面

(2) 执行 Windows 开始菜单的 Uninstall 命令,具体操作如下:"Start"→"Programs"→"ELAN"→"UWriter"→"Uninstall",同样会出现如图 8 - 2 - 11 所示的对话框。

(3) 从控制面板中执行"Add/Remove Programs"。从程序列表中找到并单击 UWriter,单击 Change/Remove 选项,就会出现 UWriter Uninstall 对话框,如图 8 - 2 - 11 所示。

(4) 出现上面的页面后,点击"Next"选项继续卸载。之后 UWriter Uninstall 对话框会显示 UWriter 所在路径,点击"Uninstall"按钮,如图 8 - 2 - 12 所示。

(5) 卸载完成后,点击"Finish"按钮,完成卸载,如图 8 - 2 - 13 所示。

UWriter Uninstall 不会卸载 UWTR 烧录器的驱动,因为一般不建议卸载硬件驱动。但如果实在有必要卸载 UWTR 的驱动,可按照下面章节的步骤来卸载。

2. 卸载 UWTR 驱动

用户可按照下面任何一种方法来卸载:

(1) 从 Windows 开始按钮执行 Uninstall UWTR Driver 命令,其步骤如下:"Start"→"Programs"→"ELAN"→"UWriter"→"Driver"→"Uninstall UWTR Driver"。接着就会出现如图 8 - 2 - 14 所示的对话框,单击"Uninstall"按钮执行卸载。

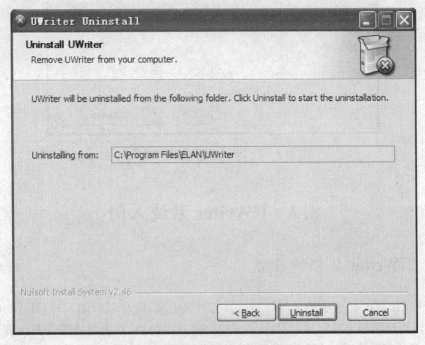

图 8 - 2 - 12　UWriter 卸载对话框

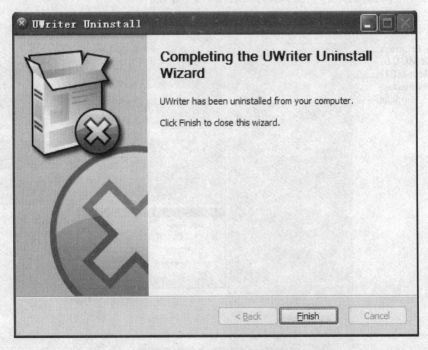

图 8 - 2 - 13　卸载完成对话框

（2）从控制面板中执行"Add/Remove Programs"，从程序列表中找到并单击 UWTR（Driver Removal），单击"Change/Remove"按钮，就会跳出如图 8 - 2 - 14 所示的对话框，单击"Uninstall"按钮执行卸载。

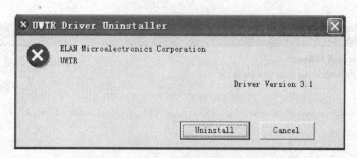

图 8-2-14　UWTR 卸载对话框

8.3　UWriter 系统入门

8.3.1　UWriter 软件的启动

　　将 UWTR Writer 正确地连接计算机并打开其电源，就可以启动 UWTR Writer 软件。本软件可以通过两种方式启动：① 从桌面的快捷方式启动，双击桌面软件图标即可；② 从 Windows 开始菜单启动，然后依次选择"Start"→"Programs"→"ELAN"→"UWriter"→"UWriter"。启动后软件的主窗口显示如图 8-3-1 所示。

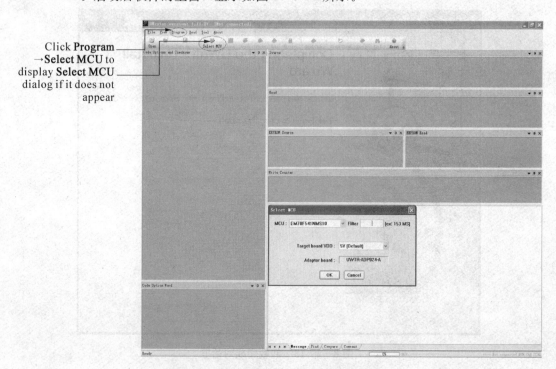

图 8-3-1　UWriter 软件启动后的主窗口

　　如果 UWTR Writer 已经连接了计算机，在软件启动的同时，将立即显示 Select MCU 对话框（如图 8-3-1 所示主窗口中的对话框）。如果没有自动打开，可以手动打开对话框。

从菜单栏开始，依次选择"Program"→"Select MCU"，或者单击工具栏中的"Select MCU"。如果 UWTR Writer 没有连接上 PC，将显示提示信息"Connection is lost"。

需要注意的是，上面的主窗口是空的，没有任何数据。当在 Select MCU 对话框中设定了 MCU 的相关设置之后，主窗口将如图 8-3-2 显示。窗口内的每个子窗口的位置和大小都可以改变，菜单栏和工具箱也可以自己定义。

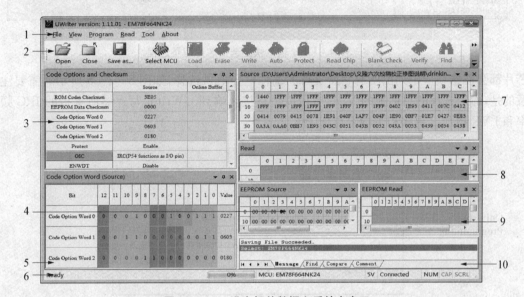

图 8-3-2　设定相关数据之后的主窗口

注：1. Menu Bar；2. Tool Bar；3. Code Option and Cheksum；4. EEPROM Source Window；5. Code Option Word；6. Status；7. Source；8. Read Window；9. EEPROM Read；10. Output Window。

1. MCU 选择对话框

上一节选择"Select MCU"之后，其对话框如图 8-3-3 所示。在对话框中可以选择目标 MCU 和目标板的电压 VDD（Target board VDD）。注意：与 UWTR Writer 连接的 Adaptor Board 的模型号一定要与对话框中的数值匹配。

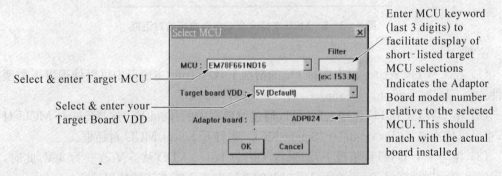

图 8-3-3　UWriter Program"Select MCU"对话框

在选择 MCU 型号时，我们可以通过在 Filter 栏里输入目标 MCU 的关键字（一般为后 3 位）来快速选择芯片型号，图 8-3-4 给出了这种方式的选择过程。

每个 MCU 支持一个或多个编程电压（Target board VDD）。在对话框中，每个系列的

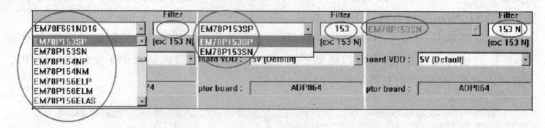

图 8 - 3 - 4　Filter 输入快速选择芯片型号过程

芯片都会在选项框中列出所有它所支持的编程电压值供选择,如图 8 - 3 - 5 所示。需要注意的是,你所选择的目标板的 VDD 电压值会直接影响到 UWriter 写入器所支持的 IRC 频率和 LVR 电压。更多相关内容可参考 8.2.2 节。

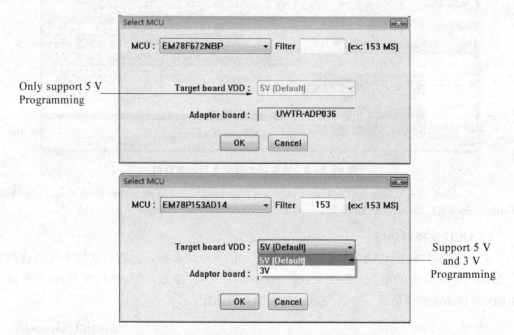

图 8 - 3 - 5　MCU 支持一个或多个电压的对话框

注意:

(1) 在 UWTR Writer 没有连接 PC 的情况下,UWriter 主窗口中可以处理以下类型的文件: *.cds,*.option,*.aop,*.eed,*.txt,*.zip。

(2) 在 UWTR 和 PC 连接之后,可以通过菜单栏中的 Tool Bar 选择 Select MCU 对话框,也可以依次选择"Program"→"Select MCU"来打开 Select MCU 对话框。

(3) 在同一个 UWTR 情况下,如果将 Target board VDD 从 5 V 改变为 3 V,此时,将弹出错误提示对话框,同时将关闭已经打开的 3 V 电压不能支持的代码选择。

(4) 对于工厂固件,在每次设定 Target MCU 之后,将自动弹出 Log Setting 对话框将刚才的操作写入日志。

2. 状态栏

UWriter 编程的状态栏在主窗口的最下方,如图 8 - 3 - 6 所示。

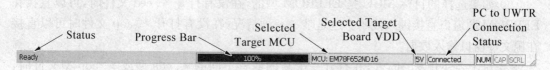

图 8-3-6　UWriter 编程状态栏

各部分的注释如下：

Status（状态）：显示为"Ready"时表明 UWTR 已经准备好处理下一条指令。它也会显示从菜单和工具栏中所选择的指令，当指令正在运行时将显示"Running"。

Process Bar(处理栏)：显示指令执行的进度(用％表示)。

Selected Target MCU(选定的目标 MCU)：显示选择编程所选择 MCU 的型号。

Connection Status（连接状态）：显示 PC 和 UWTR 的连接状态，当 UWTR 没有连接上 PC 时显示"Not connected"，否则显示"Connected"。

Selected Target board VDD(选定目标板的电压)：显示目前所选目标板的电压值 VDD。

8.3.2　加载源文件到 UWTR 缓冲器

1. 打开文件对话框

如图 8-3-7 所示，选择菜单栏中的"File"→"Open"，结果如图 8-3-8 所示，从文件夹中选择目标 MCU 的源文件(例如 *.cds, *.option, *.aop, *.eed, *.txt,或 *.zip 等文件)。

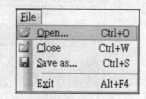

图 8-3-7　"File"
打开源代码

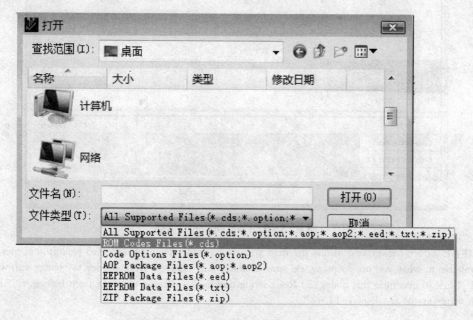

图 8-3-8　从文件夹中打开源文件

注意：

① 对于 EEPROM 型的 MCUs,可以随时打开 *.eed 源文件。

② 如果选择的目标 MCU 是 EEPROM 型的,在没有打开 *.eed 文件时,可以直接在 EEPROM 源窗口直接键入代码。这是唯一一种情况,在没有打开 *.aop 文件时可以直接在源文件窗口输入数据。

③ 对于委外开发的固件,在打开一个新的或者不同的 *.cds 型或 *.aop 型文件时,Log Setting 将自动弹出要求用户载入新的 *.cds 或 *.aop 文件。

④ 对于当前目标板电压(Target Board VDD)不支持 *.aop,*.zip,*.option 这三类文件的 Code Option 时,不能打开这三类文件。应该改变目标板电压(Target Board VDD)设定符合这些文件再打开。

2. 编码选项对话框

当打开 *.cds 文件时,编码选项窗将自动弹出,编码窗口如图 8-3-9 所示。用户必须选择所需要的选项,然后单击"OK"按钮来提交你的选择且将其应用到编码选项和校验窗口中。同时,用户可以通过选择菜单栏中的"Program"→"Set Option"来设置所需的设置。

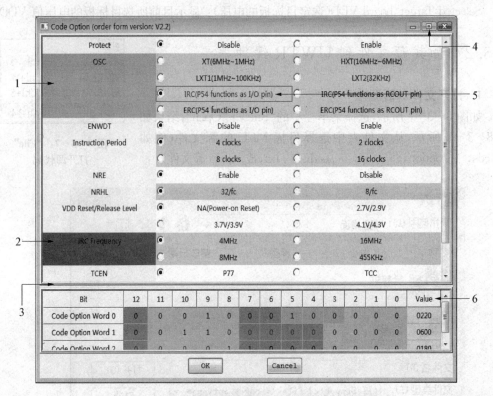

图 8-3-9　Code Option 对话框

注:1. Green background means the item you are currently focusing;2. Red background means the item relative to what you are focusing. Be sure to check this item;3. Drag border to change sub-window size;4. Click to maximize this dialog;5. Read string means the value is different from before;6. All code option words status are displayed here。

当用户选择 Oscillator 为 IRC 模式时,设置的 IRC 频率将在编程过程中校准。在程序中 MCU 应该正确地运行。然而,对于某些频率值,MCU 只能在特定的编程电压(Target board VDD)下工作。因此,编码选项窗口将只显示在前面 MCU 对话框中所选定的 MCU

支持的编程电压,不再显示其他编程电压值供选择。

　　另外,如果用户设定了指定板的电压值 VDD 为 3 V,那么用户选择的电路电压就为 3 V。在这种情况下,如果用户在 Code Option 对话框中设定 LVR 电压时设定的电压值大于 3 V,MCU 将不能恰当地设定。为了避免这种情况发生,当用户设定了 Target board VDD 为 3 V 时,Code Option 中的 LVR 大于 3 V 的值将会被自动屏蔽而不能选择。

　　如图 8 - 3 - 10 所示,当选择 Target board VDD 为 5 V 时,CODE Option 中的所有四种 IRC 频率和 LVR 值全部显示在 Code Option 对话框中,如图 8 - 3 - 11 所示。

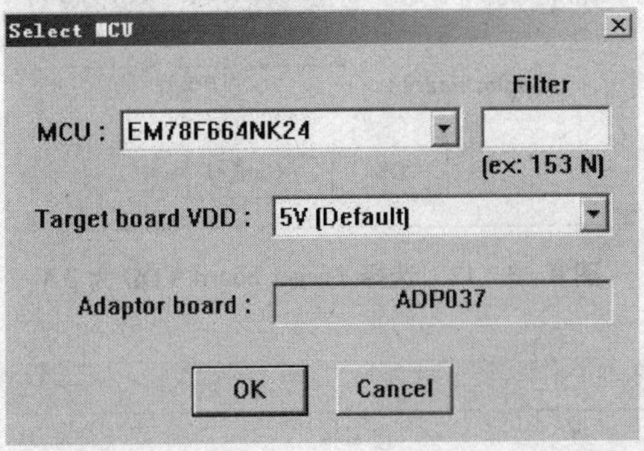

图 8 - 3 - 10　选择 Target board VDD 为 5 V

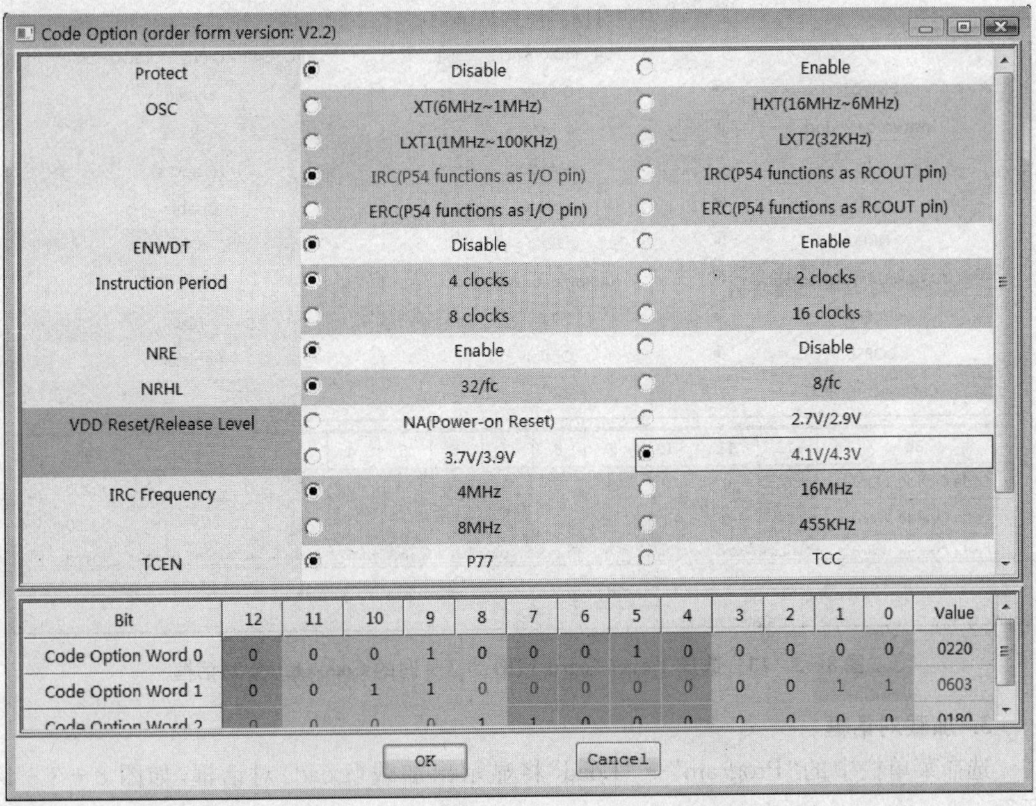

图 8 - 3 - 11　选择 Target Board VDD 为 5 V 时的 Code Option 对话框

如图 8 - 3 - 12 所示,当选择 Target board VDD 为 3 V 时,MCU 不能正常工作,因为 IRC 的频率为 16 MHz,LVR 电压为 3 V。因此 IRC 和 LVR 的值没有在 Code Option 对话框中显示,如图 8 - 3 - 13 所示。

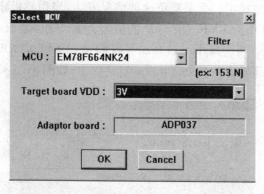

图 8 - 3 - 12 选择 Target board VDD 为 3 V

Bit	12	11	10	9	8	7	6	5	4	3	2	1	0	Value
Code Option Word 0	0	0	0	1	0	0	0	0	0	0	0	0	0	0200
Code Option Word 1	0	0	1	1	0	0	0	0	0	0	0	0	0	0600
Code Option Word 2														0180

图 8 - 3 - 13 选择 Target board VDD 为 3 V 时的 Code Option 对话框

3. 加载对话框

选择菜单栏中的"Program"→"Load"将显示出加载(Load)对话框,如图 8 - 3 - 14 所示。

首先,选择加载区(Load Region),其默认的方式是"在线(Online)",如果用户使用离线编程,可以选择"Offline"选项。另外,默认的编程次数是 0 或 unlimited,如果用户需要设置有限次数,可以输入需要的数值。如果需要使用滚动编码,把"Use Rolling Code for ROM Codes"这项选上。具体细节见 8.3.8 节。

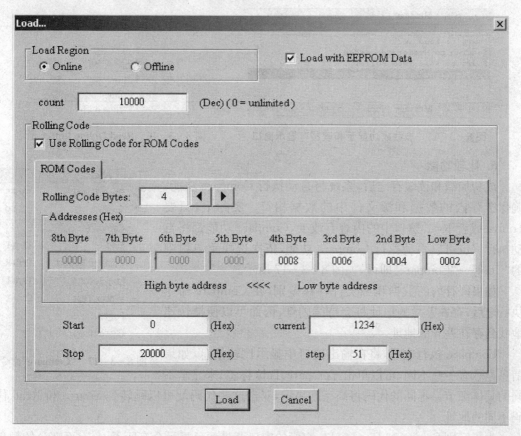

图 8-3-14　UWriter Load 对话框

对于内置的 EEPROM 的 ICs 芯片,"Load with EEPROM Data"选项可以选择,当选上这个选项时,UWriter 就可以同时加载 ROM 代码和 EEPROM 数据到缓存器。当它没有选上时,UWriter 只可以下载 ROM 代码到缓存器,同时,"EEPROM Source"窗口的所有数据都将显示为"—"。对于没有内置 EEPROM 的 ICs,则这项是不可以选择的。

在以上过程中一些特殊的内置 EEPROM 的 ICs 将强制这项为默认位选上,同时这个选项是灰色不可改动的。此时,UWriter 可以同时加载 ROM 代码和 EEPROM 数据到缓存器。

最后,设置好相关选项后,单击"Load"按钮,开始加载数据到缓存器,加载时,窗口将出现提示信息,如图 8-3-15 所示。

4. 读缓存器

在加载完成之后,系统将自动从缓存器里读取数据。也可以手动读取缓存,随时可以从菜单栏依次选择"Read"→"Read Online Buffer",如图 8-3-16 所示。在读取成功后,输出窗口中将输出读取成功的信息,如图 8-3-15 所示。

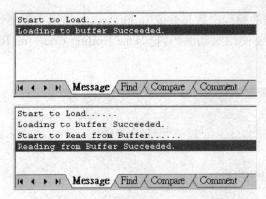

图 8 - 3 - 15　加载成功显示和读缓存显示窗口

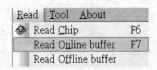

图 8 - 3 - 16　Read Online Buffer 命令

5. 比较功能

成功加载和读缓存之后，系统将自动执行 Compare 功能，确保缓存内的数据和源文件中的数据相符。实际上，只要 Source 或者 Read 窗口中的内容有改变，Compare 功能都将自动执行。也可以手动执行 Compare 功能，依次选择菜单栏中的"Tool"→"Compare"即可，如图 8 - 3 - 17 所示。

如果缓存内的数据和源文件存在差别，在 Compare 命令执行之后，存在差异的地址将会持续闪烁，因而可以便捷快速地找到存在差异的地址。

Compare 执行之后，将在输出窗口中显示比较信息，如果信息显示有一些不同，可以单击 Compare Tab（标签）来显示不

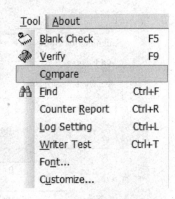

图 8 - 3 - 17　"Compare"命令

同的具体细节。不同的代码将高亮度显示，双击这些代码就可以跳转到 Source 和 Read 代码不同的地址。

为了区别 Source 和 Read 窗口，它们的窗口背景颜色显示会有所不同（上面部分的颜色比下面部分的颜色深）。当地址显示换页时，背景颜色也会改变。

当背景颜色不变时说明代码是正确匹配的，如果背景闪动则说明代码存在不同。Compare 的输出窗口如图 8 - 3 - 18 所示。

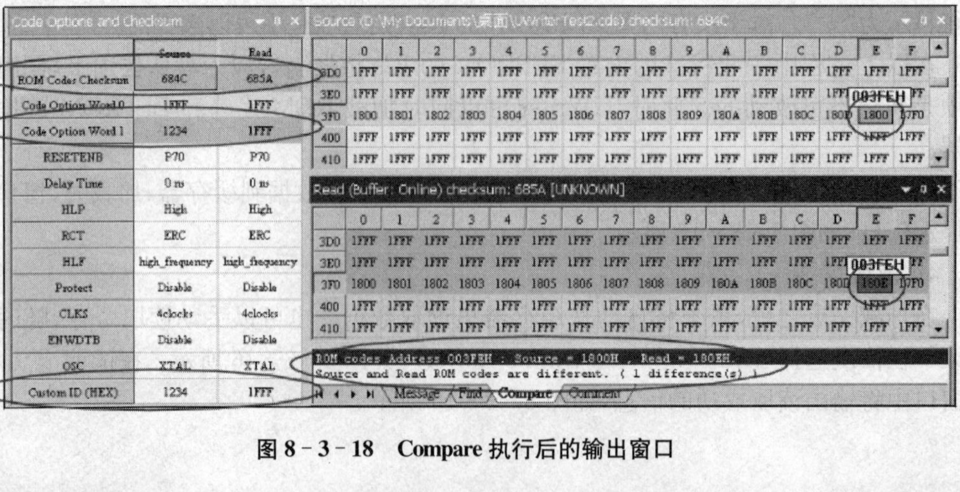

图 8 - 3 - 18　Compare 执行后的输出窗口

8.3.3　保存文件

如图8-3-19所示，依次选择菜单栏中的"File"→"Save as"，然后选择文件类型即可将文件保存。例如，如果需要将文件保存为AOP文件，可以选择下拉菜单中的"AOP Packege Files（*.aop)"，如图8-3-20所示。需要注意的是：目前版次的UWriter暂不支持AOP、CDS等格式的保存。

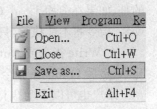

图8-3-19　"Save as"命令

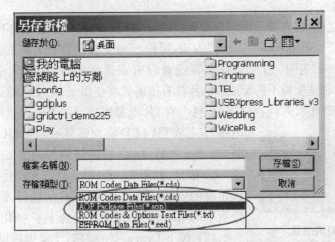

图8-3-20　选择保存文件类型

8.3.4　OTP/FLASH芯片编程

ICs有两种编程方式，分别是在线（Online）编程和离线（Offline）编程。不管哪种编程方式，当编程成功时，LCD和LED灯将会显示绿色的"Pass"，否则，LCD将显示"Fail"，LED将显示琥珀色。

1.在线编程

在完成正确安装，源文件正确下载，同时选择了在线编程后，就可以将OTP/Flash芯片正确插入Textool上。然后依次选择菜单栏中的"Program"→"Write"或选择"Program"→"Auto"即可开始编程，如图8-3-21所示。

如果选择的是Write命令，下一步会读入数据，然后将OTP/FLASH的代码和源文件比较。接下来将在输出窗口中输出执行结果。

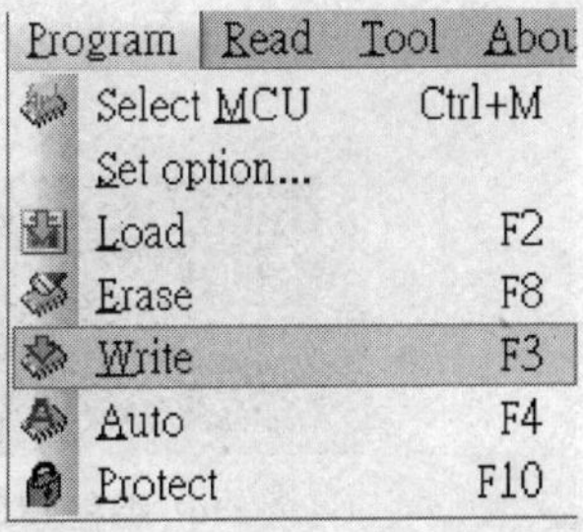

如果选择的是Auto命令，它的执行基本与Write指令相同，但是在执行Auto之前它将自动执行Blank Check命令以确保Textool插槽上的OTP/FLASH芯片是空的（即为可写入的）。如果芯片是空的，它将自动执行Write命令。如果芯片不是空的，且芯片是Flash芯片，它将首先擦除芯片的数据，然后执

图8-3-21　"Write"命令

行 Write 命令。如果芯片不是空的,且芯片是 OTP 芯片时,Write 将停止执行。需要注意的是,如果在前面 Load 对话框的设定中,已经设定了写入次数或者设定为滚动编码时,write 指令将不能执行,只能执行 Auto 指令。

在 Write 指令或 Auto 指令成功执行后,Read Chip 指令将自动执行,而且内部频率将显示,然后 Compare 指令将自动比较源文件和编程芯片中的代码。

用户也可以手动执行 Read Chip,依次选择主菜单中的"Read"→"Read Chip"。其他 Load 对话框、Source 窗口、Read 窗口、Compare 等参考 8.3.2 节。然后拿掉 Textool 上的芯片,重复上述过程。

2. 离线编程

在离线编程之前,首先要做到断开 UWTR Writer USB 接口,如果有如下错误信息必须纠正然后再编程:① "Adapt-Board Error"表明,适配板与下载的目标 MCU 的源代码不匹配;② "Check on Socket"表明,芯片没有安装或者没有正确插放在 Textool 中;③ "IC doesn't Match"表明,芯片和适配板不匹配或者芯片没有正确插放在 Textool 中。然后执行以下步骤:

(1) 断开 USB 接口并纠正错误后,将 UWTR 电源连接器插上电源适配器(直流+18 V

图 8‐3‐22 LCD 开始显示和接下来的显示

电压)。UWTR LCD 将立即显示 UWTR Writer 烧写器的版本。2 s 之后,LCD 将跳转到源码的 Checksum 和 Code Option 信息,如图 8‐3‐22 所示(在此过程中要确保适配板正确的安装,源代码已经正确的选择,同时 Load Region 选项中的 Load 对话框中已经选上了 Offline)。

(2) 按下 Down/Up 按钮,浏览编程设置状态信息。

按下 Down 按钮的结果依次为:"编码选择"→"显示 IC 型号"→"Rolling Code"→"概要总数"→"写入的总数"→"IRC/WDT 频率"。继续按下 Down 按钮将显示一开始时的信息过程,如图 8‐3‐23 所示。

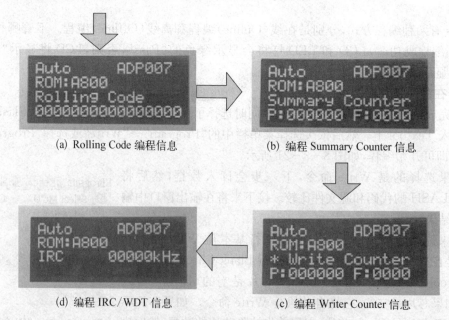

(a) Rolling Code 编程信息

(b) 编程 Summary Counter 信息

(d) 编程 IRC/WDT 信息

(c) 编程 Writer Counter 信息

图 8‐3‐23 按下 Down 后显示的信息

（3）按下 Mode 按钮然后按 Up/Down 按钮可以浏览编程模式，若需要选择某种模式，当浏览到该页时再按 Mode 按钮即可选择该模式（按 Down 按钮将按如图 8-3-24 所示界面依次循环出现）。

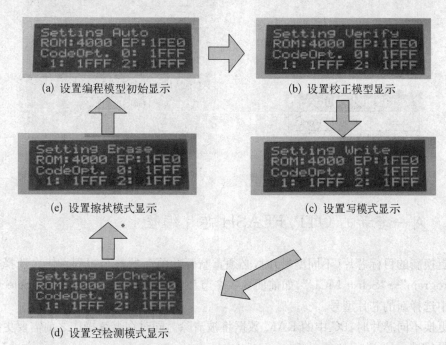

(a) 设置编程模型初始显示　　　　　　　　(b) 设置校正模型显示

(e) 设置擦拭模式显示　　　　　　　　　　(c) 设置写模式显示

(d) 设置空检测模式显示

图 8-3-24　按下 Mode 后按 Down 的显示

注：*表示如果目标芯片是 Flash 型的，"Setting Erase"模式将在此间隔显示，
否则将跳过"Initial Display"显示。

（4）将目标芯片正确安装在 Textool 上，按红色的 Program 按钮启动运行。

（5）LCD 显示编程状态时绿色 LED 熄灭。

（6）编程完全成功时，蜂鸣器将鸣响一声，LCD 显示"Pass"，同时，LED 亮起绿色灯光。

（7）编程失败时，蜂鸣器将鸣响两声，LCD 显示"Fail"，同时，LED 亮起琥珀色灯光。

（8）取下刚编程的 IC，将另外空的 OTP/FLASH 芯片正确插在 Textool 上，继续上述整个过程。

8.3.5　计数报告

如图 8-3-25 所示为 UWTR Writer 的次数报告指令。它有两种计数方式，分别是写次数和总次数。

写次数（Write Counter）的显示窗口如图 8-3-26 所示，它记录了写入成功的次数、写入失败的次数和它们的总次数。在加载了源代码之后，它们重新置零。

通过选择菜单栏中的"Tool"→"Counter Report"可以显示总次数（Total），如图 8-3-27 所示。它记录了所有成功的

Tool	About	
🐛 Blank Check		F5
🐾 Verify		F9
Compare		
🔍 Find		Ctrl+F
Counter Report		Ctrl+R
Log Setting		Ctrl+L
Writer Test		Ctrl+T
Font...		
Customize...		

图 8-3-25　"Counter Report"命令

次数和失败的次数以及总次数。与写次数（Write Counter）不同，在加载了源代码之后，它们不会重新置零。只有在按下对话框中的 Reset 按钮后才重新置零。

图 8-3-26　写次数窗口

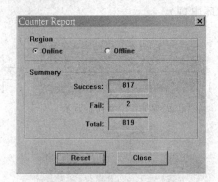

图 8-3-27　次数报告对话框

8.3.6　对一套新的 OTP/FLASH 芯片编程

当更换新的目标芯片（不同型号）时，必须重新开始前面的整个过程。依次选择主菜单中的"Program"→"Select MCU"，如前面 8.3.2 节和 8.3.4 节所介绍的方式在 Select MCU 对话框中选择新的芯片型号。

在更换不同芯片时，PC 中的 RAM 数据将被清除。同时在继续操作之前需要更换合适的适配板（Adaptor Board）。

8.3.7　擦除闪存（FLASH Chip）中的内容

如图 8-3-28 所示，选择主菜单中的"Program"→"Erase"命令清除 FLASH 中已经存在的内容。输出窗口将显示擦除过程和擦除的结果。

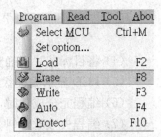

图 8-3-28　"Erase"命令

8.3.8　滚动编码

1. 滚动码的应用

当每个编程芯片的几个固定地址的数据需要专门追踪或者有其他的鉴别目的时，就需要使用滚动码。

2. 可应用于滚动编码 ROM 代码数据

如果 ROM 指令代码为如下所示：

```
MOV  A,K
RETL K
```

就可以使用滚动编码，滚动编码将更换上面的字节"K"。

3. 滚编码使用设置

在使用滚动编码时，对于 Load 对话框需要做相关设置，如图 8-3-29 所示。

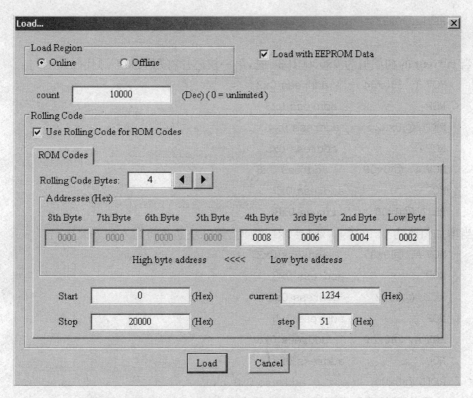

图 8 - 3 - 29　Load 对话框中滚动编码(Rolling Code)设置

对话框各选项说明:

(1) count:设置要编程的芯片数量。如果下面的 Rolling Code 没有选上(即不是使用滚动编码),count 依然可以设置为有限次。但是,如果 Rolling Code 选上了(即使用滚动编码),那么,该项一定要写上 count 值,且不能设置为 0,而且,count 值不能超过上限或者合理的值[滚动编码的字节最大为 count×Step(步进)+当前值]。

(2) Rolling Code Bytes:滚动代码需要改变的指令数。每个指令有一个字节(K)可以更改,滚动编码的最小字节为 2,最大字节为 8。

(3) Address (Hex):设定需要让滚动编码改变的指令的地址。地址是十六进制数值。在此,需要注意地址的高低关系。

(4) Current:设定每"K"字节需要改变的起始值,它为十六进制数值。

(5) Step:即步进,设定每个芯片在编程之后增加的"K"字节的值。它为十六进制数。

例 8 - 3 - 1:基于图 8 - 3 - 29 的设置(请注意图中每个选项的输入值)有如下滚动编码的源代码:

```
MOV A, @0xFF      ; address 0x2
NOP               ; address 0x3
RETL @0xFF        ; address 0x4
NOP               ; address 0x5
MOV A , @0xFF     ; address 0x6
NOP               ; address 0x7
```

```
RETL @0xFF              ; address 0x8
```

当 current 的初始值为 0x00001234 时,第一块芯片将写入如下源代码:

```
MOV A, @0x34      ; address 0x2
NOP               ; address 0x3
RETL @0x12        ; address 0x4
NOP               ; address 0x5
MOV A, @0x00      ; address 0x6
NOP               ; address 0x7
RETL @0x00        ; address 0x8
```

当增加值改为 0x1234+0x51=0x1285 时,第二块芯片将写入如下源代码:

```
MOV A, @0x85      ; address 0x2
NOP               ; address 0x3
RETL @0x12        ; address 0x4
NOP               ; address 0x5
MOV A, @0x00      ; address 0x6
NOP               ; address 0x7
RETL @0x00        ; address 0x8
```

以上步骤将不断重复直到第 10 000 块芯片写入,如果需要开始另外的写入方案,需重新设置 Load 对话框。

8.3.9 UWTR 固件升级

通常,UWriter 程序一定要与 UWTR 固件匹配,同时两者应该有相同的版本号。

如果 UWriter 版本比 UWTR 固件版本老,那么 PC 和 UWTR 之间就不能建立连接。在这种情况下,就需要下载最新的 UWriter 版本程序。

如果 UWriter 版本比 UWTR 固件版本新,那么 PC 和 UWTR 之间能够建立连接。当连接时,UWriter 将立即给出 UWTR 固件升级提示,如图 8-3-30 所示。

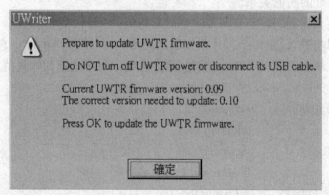

图 8-3-30 UWTR 固件升级提示

如图 8-3-31 警告所示，更新 UWTR 固件时，UWTR 电源必须打开且通过 USB 接口连接 PC。

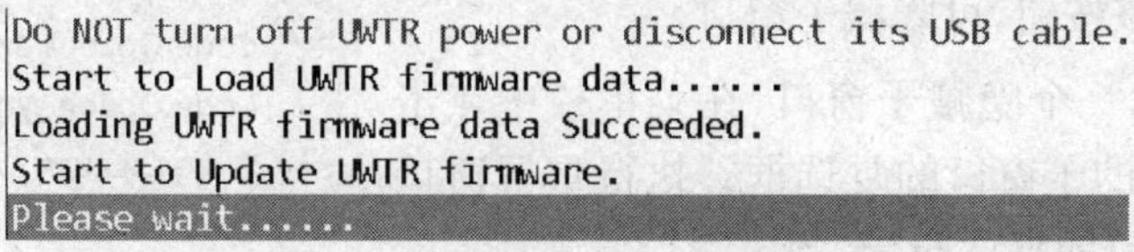

```
Do NOT turn off UWTR power or disconnect its USB cable.
Start to Load UWTR firmware data......
Loading UWTR firmware data Succeeded.
Start to Update UWTR firmware.
Please wait......
```

图 8-3-31　UWTR 固件加载信息

在更新了 UWTR 固件之后，UWriter 将重新连接 UWTR。连接成功后，蜂鸣器将鸣响，输出窗口将显示，"Connecting Succeeded"和"Updating is over"。

```
Wait, connecting in progress...
Connecting Succeeded.
Updating is over.
```

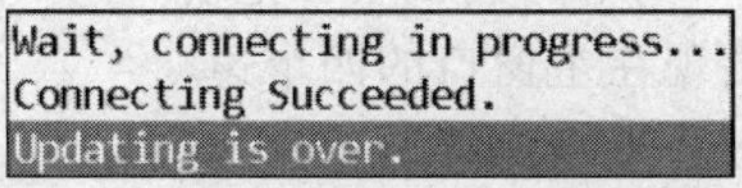

图 8-3-32　UWTR 固件成功加载显示

在以上操作过程中需要注意：在固件升级时不能断开 UWTR 电源，也不能断开 USB 连接。如果在更新期间 UWTR 断开了电源，UWTR 可能会被损坏。

如图 8-3-33 所示，如果用户确实需要恢复老的 UWTR 固件版本，可以单击主菜单中的以下命令："About"→"Force to reinstate the old firmware version into UWTR"，不过，不推荐这种操作。

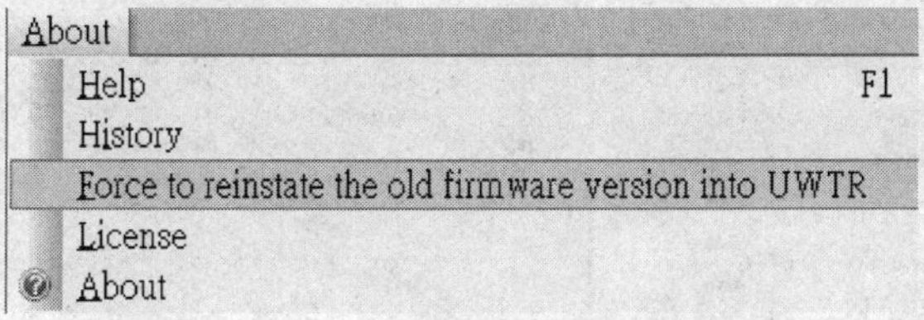

About	
Help	F1
History	
Force to reinstate the old firmware version into UWTR	
License	
About	

图 8-3-33　重装老版 UWTR 固件命令

8.4　UWTR 的其他软件功能

8.4.1　窗口布局的修改

除了输出窗口，所有其他 UWTR 子窗口都可以重新定位、半隐、完全隐藏，或者浮在主窗口上。

1. 用标题栏工具重新定位子窗口

每一个子窗口在其右上角标题栏都有三个小图标（如图 8-4-1 所示），这些图标用于改变子窗口在主窗口中的位置。具体功能说明如下：

图 8-4-1　标题栏工具重新定位子窗口

▼通过点击该按钮，可使子窗口状态变为"漂浮"、"对接"、"自动隐藏"和"隐藏"格式。

■通过点击该按钮,可使子窗口在"对接"和"自动隐藏"两个状态之间直接切换。

✕通过点击该按钮,可隐藏子窗口。

为了重新显示一个隐藏子窗口,在菜单栏中点击"View",启用相关的子窗口的复选框。执行重置窗口布局,将恢复主窗口的默认布局。

2. 通过拖动重新定位子窗口

(1)通过对接协助图标实现新的位置对接。可以通过点击拖放一个子窗口的标题栏,拖动窗口到新位置。对接协助图标(如图8－4－3所示)将出现在拖动子窗口。"主窗口对接图标"出现在主窗口的四个边,而"子窗口对接图标"显示在正处理的子窗口中央。对接图标标明了可以放置子窗口的位置(如图8－4－4所示)。

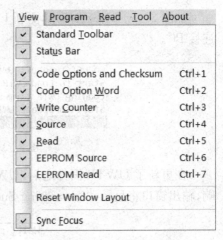

图 8－4－2 "视图"子菜单

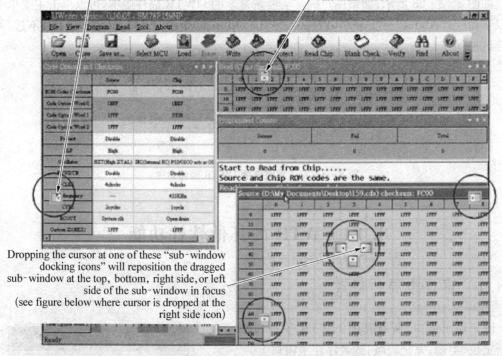

图 8－4－3 对接协助图标实现主窗口

(2)合并子窗口。如果需要合并两个或更多的子窗口为一个单一的子窗口,只需拖放子窗口的标题栏到收纳子窗口,这些子窗口将合并为标签页。要将标签页中某个子窗口激活时,选择并点击该子窗口菜单栏中的选项卡将其激活。由于输出窗口没有标题栏,所以不能将任何子窗口与输出窗口合并。

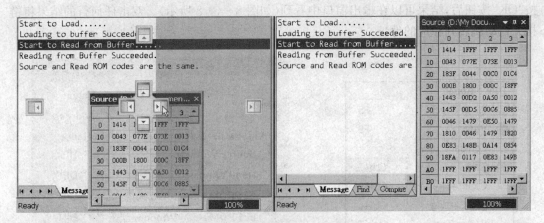

图 8-4-4　右侧子窗口对接图标

（3）转化子窗口为浮动模式。如果将子窗口浮在主窗口上，单击并按住它的标题栏，然后移动光标并且不释放鼠标按钮。当子窗口转换成微型子窗口，就可拖放到主窗口的任何区域中浮动，但远离任意一对接协助图标。

3. 重置窗口布局

如果想要重置窗口为默认值，只要点击"View"下拉菜单中的"Reset window layout"主菜单命令。

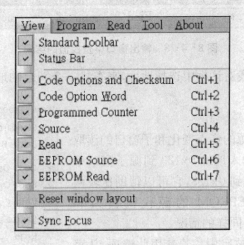

图 8-4-5　"重置窗口布局"命令

8.4.2　窗口布局的修改

1. "寻找"命令

可以在查找对话框中找到特定值或地址（如图 8-4-6 所示），在菜单栏中依次选择"Tool"→"Find"得到如图 8-4-7 所示的窗口。

选项包括源代码窗口、读取窗口、EEPROM 的源代码窗口和 EEPROM 读取窗口。选择"值"来查找一个需要的特定值。可以输入十六进制数、十进制数、八进制数或二进制数。

按“OK”按钮后，结果可以在输出窗口中看到(如图8-4-8所示)。双击任何行的结果将链接并自动跳转到相应的地址。

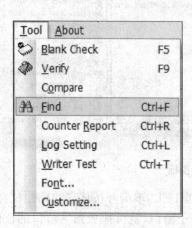

Tool
About
Blank Check F5
Verify F9
Compare
Find Ctrl+F
Counter Report Ctrl+R
Log Setting Ctrl+L
Writer Test Ctrl+T
Font...
Customize...

图8-4-6 “寻找”命令

Find
Find:
Value
Address
Window Selection
Source Window
Read Window
EEPROM Source Window
EEPROM Read Window
Radix
HEX
DEC
OCT
BIN
OK
Cancel

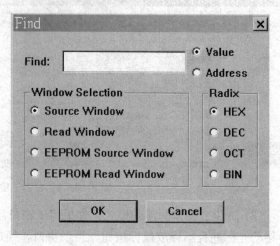

图8-4-7 “寻找”命令对话框

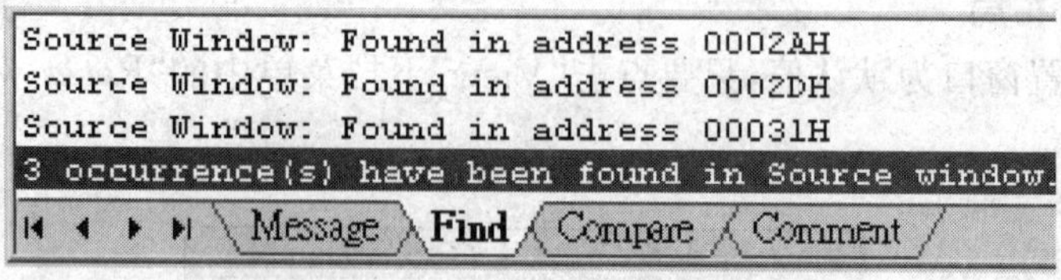

Source Window: Found in address 0002AH
Source Window: Found in address 0002DH
Source Window: Found in address 00031H
3 occurrence(s) have been found in Source window.
Message
Find
Compare
Comment

图8-4-8 输出窗口中查找值的结果

另一个选项是在查找对话框中选择地址，来查找一个特定的地址。此方法将直接跳转到用户所要寻找的地址。

2. 同步聚焦

同步聚焦的意思是源的焦点变化和子窗口的读取是同步的。比如说，当输入地址0x123到源子窗口中时，读子窗口会立即跳转到0x123，它可以帮助比较两个子窗口的内容。EEPROM的源代码窗口和EEPROM读取窗口也有同样的情况。

此选项的默认设置被启用。若禁用此选项，从菜单栏中点击“View”下拉菜单中的“Sync Focus”命令，如图8-4-9所示。

当双击输出子窗口地址时，这个选项也会影响跳转功能。

View
Program
Read
Tool
About
Standard Toolbar
Status Bar
Code Options and Checksum Ctrl+1
Code Option Word Ctrl+2
Write Counter Ctrl+3
Source Ctrl+4
Read Ctrl+5
EEPROM Source Ctrl+6
EEPROM Read Ctrl+7
Reset Window Layout
Sync Focus

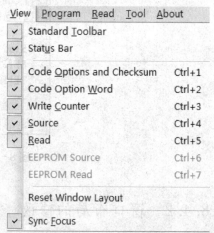

图8-4-9 “同步聚焦”命令

8.4.3 日志设置

如图8-4-10所示，当在线操作时，通过点击“Tool”下拉菜单中的“Log Setting”命令，可以将数据写入日志文件。然后日志设置对话框弹出，如图8-4-11所示。

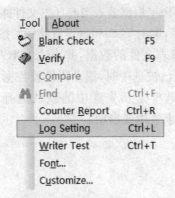

图 8-4-10　"日志设置"命令

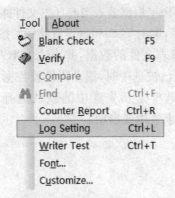

图 8-4-11　"日志设置"对话框

在编辑框中输入产品代码名称后，UWTR 将生成如下的日志文件格式："时间-产品编号　名称-维护控制部件　名称.文本"。其中的"时间"是指打开日志设置对话框的时间。存储日志文件的默认路径是："C 盘：\文件和设置\用户名\桌面\UWTR 日志"。可以通过点击设置路径按钮改变默认路径。

此对话框中的第一个选项的解释如下：

Verify：当执行"Verify"时，写日志文件。

Write (Include Auto)：当执行"写入"或"自动"时，写入日志文件。

然后,输入产品代号,UWTR 将根据输入当前日志文件路径的产品代号自动生成日志文件。如果想改变日志文件的路径,单击"Set Path(设置路径)"按钮,然后选择一个想要的路径。

最后,选择用户想要写入日志文件的数据,并点击"OK"按钮。需要注意的是,只有当"Write (Include Auto)"复选框已被选中时,滚动码设置数据才可以写入日志文件。

对外包厂固件,"验证"复选框是预先选中的默认选择,无法禁用。"Write (Include Auto)"复选框可以根据实际要求禁用或启用。

8.4.4 UWTR 自检

UWTR 自检功能能够测试 UWTR 的所有参数。可以用此功能来确定 UWTR 是否正常工作。应该安装测试板并将 UWTR 连接到电脑,然后单击"Tool"下拉菜单中"Writer Test"执行自检功能。

8.4.5 字体设置

通过从菜单栏点击"Tool"下拉菜单的"Font"命令,如图 8-4-13 所示,可以更改每个子窗口的字体类型和文字大小。由此产生的"Font(字体设置)"对话框如图 8-4-14 所示。

图 8-4-12 "自检"命令

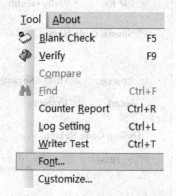

图8-4-13 "字体设置"命令

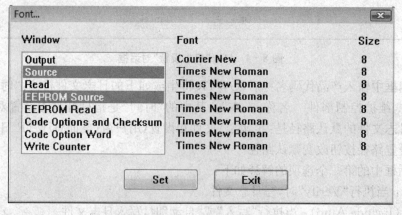

图 8-4-14 "字体设置"对话框

　　通过单击子窗口,用以改变其窗口列表框的字体,还可以在选择的同时按住 Shift 键,同时选择一组子窗口。若要从一组选好的子窗口中去除所选的某一个,按下 Ctrl 键同时选中所要去除的子窗口。当要再选中某一个子窗口时,同样按下 Ctrl 键同时点击所要选中的子窗口。然后按"Set"按钮,以显示 Windows 标准字体设置对话框。用户可以自由地更改字体类型和字体大小设置。所有选定的子窗口将一起被设定为新的字体类型。

8.4.6　自定义 UWTR 用户界面

　　如图 8-4-15 所示,要自定义 UWTR 的用户界面,在菜单栏中点击"Tool"下拉菜单中的"Customize"命令。自定义对话框的五个标签如图 8-4-16 所示。

图 8-4-15　"自定义用户界面"命令

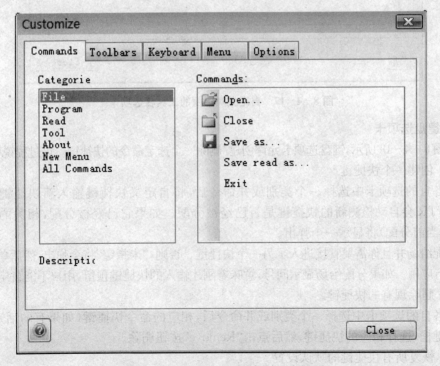

图 8-4-16　自定义对话框的五个标签

1. 命令选项卡

选择"Commands"标签(如图 8 - 4 - 16 所示),显示在选定的类别中所有的可用命令。然后将命令拖放到工具栏、菜单栏,或进入一个下拉菜单命令(从菜单栏)。要恢复默认设置,转到工具栏选项卡,单击"Reset All(全部重置)"按钮。

2. 工具栏选项卡

如图 8 - 4 - 17 所示,工具栏选项卡允许启用/禁用"Tool Bar",而不是"Menu Bar"。然而,如果单击"重置"或"全部重置"按钮,无论是工具栏,或者两者都可以被重置为其默认设置。也可以恢复/删除所有图标的文本标签,通过显示文本标签复选框,点击切换工具栏。

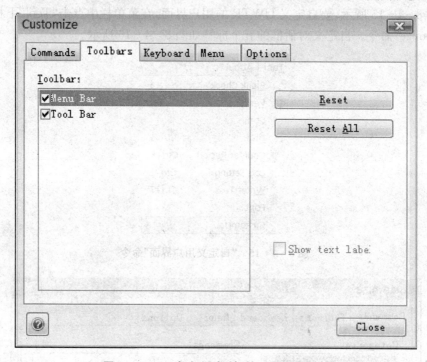

图 8 - 4 - 17 自定义对话框的工具栏选项卡

3. 键盘选项卡

如图 8 - 4 - 18 所示,键盘选项卡允许创建/删除一个选定命令的快捷键。该过程说明如下:

(1) 创建一个快捷键。

从各自的选项卡中选择一个类别或并命令后,将自定义快捷键输入新快捷键文本框中,UWTR 会自动检测新的快捷键是否已经被分配。如果它已经被分配,相关的命令名(快捷键当前分配)将显示一个弹出。

分配给场并且你需要直接进入了另一个快捷键。否则,"未指定"将会弹出,然后单击分配按钮进行应用。如果分配给场显示问号,意味着刚才输入的快捷键预留,用户不能自定义。

(2) 删除现有的快捷键。

从各自的选项卡中选择一个类别或并命令后,相应的命令快捷键(如果有的话)将出现在当前键框,选择相应的快捷键,然后点击"Remove"按钮删除。

(3) 恢复所有快捷键的默认设置。

点击"Reset All"按钮,恢复所有快捷键为默认设置。

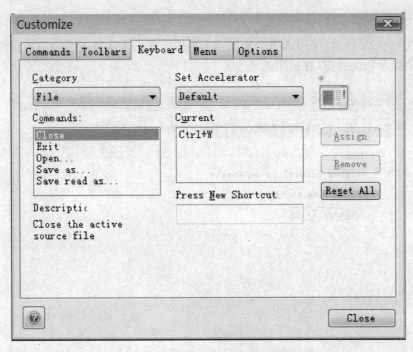

图 8 - 4 - 18　自定义对话框的键盘选项卡

4. 菜单选项卡

如图 8 - 4 - 19 所示,如果要重置菜单栏,在这个标签中按复位按钮,这个功能类似于 8.4.6 节中描述的工具栏选项卡。此外,通过动画菜单下拉列表框中的选项,可以添加动态菜单栏下拉菜单中可选命令。

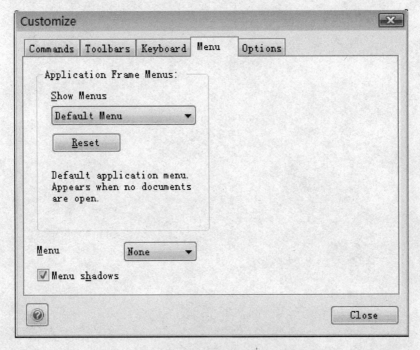

图 8 - 4 - 19　自定义对话框的菜单选项卡

5. 选项标签

如图 8 - 4 - 20 所示，使用选项卡来设置工具栏按钮的大小或者当指向该按钮时指定是否显示屏幕提示和快捷键（在适用的地方）。

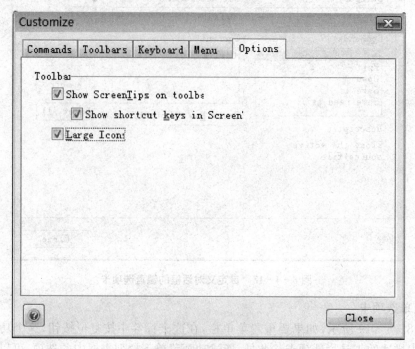

图 8 - 4 - 20   自定义对话框的选项标签选项卡

UWTR 支持的集成电路

A.1 仅由 UWTR1.03.00 版本支持的 EM78 系列

A.1.1 闪存类型

EM78F541N	EM78F542N	EM78F544N	EM78F548N	EM78F561N
EM78F562N	EM78F564N	EM78F568N	EM78F641N	EM78F648N
EM78F651N	EM78F652N	EM78F668N	EM78F672N	

A.1.2 OTP 类型

EM78P132	EM78P141	EM78P142	EM78P143	EM78P153A
EM78P1541N	EM78P202N	EM78P210N	EM78P220N	EM78P256N
EM78P311N	EM78P312N	EM78P330N	EM78P331N	EM78P342N
EM78P349N	EM78P458	EM78P459	EM78P469	EM78P507N
EM78P520N	EM78P570	EM78P5840N	EM78P5841N	EM78P5842N
EM78P809N				

A.2 由 UWTR1.00.00 版本和 1.03.00 版本支持的 EM78 系列

A.2.1 闪存类型

EM78F642N	EM78F644N	EM78F661N	EM78F662N	EM78F664N

A.2.2 OTP 类型

EM78P153S	EM78P154N	EM78P156EL	EM78P156N	EM78P157N
EM78P159N	EM78P257	EM78P259N	EM78P346N	EM78P447N
EM78P447S	EM78P451S	EM78P468L	EM78P468N	